ciscopress.com

思科数据中心系列

策略驱动型数据中心 ACI技术详解

The Policy Driven Data Center with ACI

Architecture, Concepts, and Methodology

〔美〕Lucien Avramov
〔意〕Maurizio Portolani 著

刘军　周超　译

人 民 邮 电 出 版 社

北　京

图书在版编目（CIP）数据

策略驱动型数据中心 ： ACI技术详解 / (美) 阿拉莫夫 (Avramov,L.) ，(意) 珀特兰尼 (Portolani,M.) 著 ；刘军，周超译. -- 北京 ： 人民邮电出版社，2015.4
ISBN 978-7-115-38768-4

Ⅰ. ①策… Ⅱ. ①阿… ②珀… ③刘… ④周… Ⅲ. ①数据库管理系统 Ⅳ. ①TP311.132

中国版本图书馆CIP数据核字(2015)第050364号

◆ 著 [美] Lucien Avramov [意] Maurizio Portolani
译 刘 军 周 超
责任编辑 赵 轩
责任印制 张佳莹 焦志炜
◆ 人民邮电出版社出版发行 北京市丰台区成寿寺路 11 号
邮编 100164 电子邮件 315@ptpress.com.cn
网址 http://www.ptpress.com.cn
北京艺辉印刷有限公司印刷
◆ 开本：800×1000 1/16
印张：20.25
字数：435 千字 2015 年 4 月第 1 版
印数：1 – 3 500 册 2015 年 4 月北京第 1 次印刷
著作权合同登记号 图字：01-2015-1255 号

定价：69.00 元

读者服务热线：(010) 81055410 印装质量热线：(010) 81055316
反盗版热线：(010) 81055315

推荐序一

从业二十余载，我亲身经历了中国企业网络由“无”到“有”，由追随欧美先进企业之“形”到取领先实践之“意”，由“粗放管理”到“卓越运营”的巨变。欣然之余，伴随着对企业网络“供”与“需”两方之间的更深层次接触，我感受到从业者与业务方之间的“距离”感在增大。与数据管理、应用开发等 IT 的其他领域相较，企业网络近年来缺乏“质”的革新，始终围绕着“盒子”在做文章，越做越专，却且行且远。一方面网络技术专业性令系统管理员和开发人员都望而生畏，另一方面网络资源难以做到云时代“按需获取”、“自如扩展”的要求，更不必说和应用与业务事实上的“脱媒”。毫不夸张地说，自 IP 一统企业网络天下以来，这个行业再一次站在了“不破不立”的三岔路口。

思科在 2013 年末推出了 ACI 解决方案，以从应用出发的视角构建企业级数据中心网络，通过开源开放的方式来包容云化的基础架构资源，更重要的是具化网络与应用、与业务之间的关联，从而凸显网络对于企业的价值。当然，天下没有免费的午餐，企业网络从业人员需要用全新的视角来审视自身的工作，从枯燥的网络协议和命令行中抬起头来，更多地去理解企业应用和背后的技术架构，从思考“How：怎么实现”到更多思考“Why & What：为什么实现 & 实现什么”。

ACI（Application Centric Infrastructure，以应用为中心的基础架构）的出现，引领了网络行业，尤其是 SDN 新的发展趋势，并得到了业内的积极响应，为此这本关于 ACI 的技术专著也于 2014 年末孕育而生，本书同时还是思科公司成立 30 周年纪念特别版。

作为 20 年来中国市场和客户值得信赖的合作伙伴，思科中国公司在第一时间组织并推动了该书中文版的出版，以最快速度将这一革命性的网络新技术与中国客户分享。以实现“思科将一如既往地为中国客户提供全球最领先的技术与最佳实践经验，助力客户实现更大的商业价值与创新，为消费者打造前所未有的全新体验，并与客户一道，共同推动中国信息通信产业的变革”的“互信互励，相益相成”的承诺。

我希望读者能在学习 ACI 这项企业网络近年来最重要的革命性技术的同时，能够思考网络从业人员如何增添自身价值，实现“破局”。

——思科全球副总裁，大中华区企业业务部总经理，张思华

推荐序二

以应用为中心的基础架构（ACI）是思科一次前所未有的战略布局，在 IT 市场建立了一个新的标准，更为广大客户提供了新的承诺、新的前景。它不仅仅是一项技术或产品的创新，更是一种思维模式的转变。

今天行业转变正从各个层面重新定义 IT。众所周知，企业内部 IT 消费模式正逐步转变为使用云服务。传统 IT 采用孤立的操作视图，应用、网络、安全、服务器、存储之间没有关联的操作模式将被云架构通用的操作模式取而代之。以硬件为中心的管理模式正在迁移到以应用为中心的管理模式。

而业界对 SDN 的情有独钟正是因为它的概念基于开放、可互操作、可控性、高度可编程性、可扩展性、灵活性等优势。从某种程度上看，SDN 是对传统网络硬件产品模式的巅覆。它正确地提出了一个全新的理念。

思科的 ACI 正是在这样的背景下孕育、开发并投入市场，它真正地将 SDN 的概念付诸实现，并创立了新的网络架构和运维思路。ACI 改变了传统以硬件为核心的产品和服务策略，它提供一个具有集中式自动化功能和策略驱动型应用配置文件的整体架构。ACI 的核心基础是以提供开放式软件灵活性和硬件扩展性有机的结合方式管理和运营支持网络。

本书的两位专家作者 Lucien Avramov 和 Maurizio Portolani 是我多年的思科同事和朋友，他们参与了 ACI 的设想、概念、硬件及软件的开发、整体架构的部署和测试，同时花费了很多精力及时间撰写本书，非常高兴看到本书的问世，更为其中文版作序而感到荣幸。

本书涵盖了数据中心很多相关技术领域，如服务器、网络、存储、虚拟化、安全和运维。前半部从数据中心的架构，云架构的建立谈到 ACI 如何实现完整的策略驱动管理模式，虚拟和物理的集成，以及 ACI（APIC）和 OpenStack 的集成合作及运营管理优势。后半部则着重探讨了 ACI 的网络设计思考，服务的嵌入，自动监测等。最后具体介绍了硬件设计。这是一本由浅入深、内容丰富的综合技术专业书，能帮助广大读者深入了解目前实现 SDN 的最佳实践方案 ACI。更希望国内的同行、IT 专家和思科一起来探讨和描绘 ACI 的蓝图。

——思科大中国区首席技术执行官　曹图强

推荐序三

中国的企业网络建设至今有 20 多年的历史，我们作为第一代的网络“攻城狮”也经历和见证了整个过程。记得曾经有一段时间大家也在谈论所谓“建设企业信息高速公路”的话题。通俗的比喻是：只要把网络建设得足够快（像高速公路一样），不管上面跑什么样的应用（车），都应该没问题。可我现在看看窗外的北京长安街及交汇东三环的 CBD 地区：路足够宽了-6 车道或 8 车道，可怎么还是那么堵车呢？车是比以前多了许多，但比起其它国际大城市来说应该还是可以承受的。回想起来，我们企业的传统应用在信息化初期受到当时条件的限制，应该说对网络带宽和服务的要求还是比较“节俭”的，而且更关键的是信息流的方向上比较单一；而在现在的企业数据中心中新的“大容量”应用不断上线，东西向的数据流的迅猛发展，对承载的网络来说提出了前所未有的要求和挑战。这时候我们是否要重新审视：什么是网络设计与建设的重要依据？最终这是一个网络为什么服务的问题。

网络当然是要为应用服务 - 其实这也是一个比较显而易见的答案。围绕应用的需求和发展，即以应用为中心，我们更加精细地理解未来网络的特征，未来网络所应具备的服务和策略上的特性，这才应该是未来网络设计的基础。

同时，软件定义网络（SDN）作为网络方面一个大的变革趋势，已经在过去的几年里被热烈地讨论着，但最终在企业网络中还没找到合适并具有重大业务影响力的场景，一直还处于实践的摸索阶段。其实我们的一些客户谈到：他们日常压力最大的就是新应用的上线- 通常要经过几个月的努力，从准备硬件软件环境，到测试验证和压力，都要协调 IT 各个部门（应用、系统、网络、安全，等等）的共同努力。而且一旦业务上线，特别是初期，一定要严密监控应用运行的状态和健康状况，这又演变成一个常态的压力。

Application Centric Infrastructure（ACI）是实际上结合以上的需要，提供给企业用户一个更加针对应用的、商用的 SDN 环境，可以根据应用对于网络的连接，策略及服务等方面的需要给予快速的响应，并配合虚拟化实施，从而使新应用的部署时间从几个月缩短到几周，几天甚至几小时。

现在企业尤其是大型企业用户已经在考虑（或已在进行）云计算的实施，一个开放的、开源的云管理平台也是其中非常重要的组成部分。这对原本“简单”的网络提出了更高的要求，同时也拉近了网络和应用的距离。

针对这些问题，我们希望在书中可以找到答案。

——思科中国企业技术总监　　苏哲

推荐序四

组织：思科系统

年营收：近500亿美元

位置：加利福尼亚州，圣荷西

挑战：优化思科的数据中心（其中运行着4000多个生产应用），使其能够快速、安全且低成本地部署关键业务应用。

随着新应用（特别是来自云和移动环境的新应用）成为主要业务推动因素，思科面临的挑战也困扰着越来越多的企业IT部门。传统的IT基础架构阻碍或放缓了企业对应用的部署，不仅是一些新应用的部署，即使是对现有应用的升级也是一大难题。

面对挑战，思科给出了漂亮的解决方案——以应用为中心的基础架构（ACI）——来完成数据中心的升级和转型。ACI 将软硬件、系统和专用集成电路芯片（ASIC）中的创新与基于开放式 API 的动态应用感知网络策略模型完美结合在一起，可将应用部署时间从数月缩短至几分钟。

从ACI诞生之日起，它就不是一个自我封闭的系统。思科通过开放API，引入管理、协调、控制、虚拟化、网络服务和存储合作伙伴，形成了一个开放有活力的 ACI 生态系统，其中包括NetApp、Citrix、EMC、VMware、BMC、Red Hat、Microsoft、IBM、SAP、Symantec和F5 Networks等。同时思科致力于与开源社区OpenStack、OpenDaylight、Open vSwitch等合作，带来了丰富的ACI扩展。作为新一代数据中心的基础架构，ACI得到了行业的广泛认可。

需要特别指出的是，随着新一代数据中心架构的演化，设计和管理数据中心所需要的IT技能也正在发生着快速的变化，除了传统的CCIE网络知识，ACI所需要的Python编程、自动化脚本和基于REST的Web服务模型正逐渐成为网络工程师和架构师的核心技术技能。

本书是业界第一本详细介绍思科 ACI 架构的原理，软硬件结构和用户实例的专著。阅读本书将会是一个相当有趣的体验，作者将新一代数据中心的架构设计原则、概念和方法娓娓道来，让读者深入理解思科创新思维的来龙去脉，更好地掌握新一代数据中心的建设和运维。

——思科全球研发总监　　鲁子奕

推荐序五

纵观网络控制的发展历史，您可能想知道为什么如此简单的概念中出现了如此高深的复杂度。网络管理系统在传统上专注于控制功能，而未将网络视为系统。从核心上讲，任何网络控制方案的目的都是为解决两件事：终端行为控制和路径优化问题。终端行为控制也称为访问控制，在此领域已经有了许多规则来控制哪些终端集能否通信；路径优化问题通过管理众多网络控制平面协议来帮助解决。不幸的是，这种自然的分离已很少有实现了，最终得到的控制模型不仅难以使用，而且在运营上又很脆弱。

IT 不是为了其自身的利益而存在的。任何 IT 组织的目的都是运作业务应用。应用所有者、架构师和开发人员都非常了解他们的应用。他们完全了解应用的基础架构需求和通信所需的其他应用组件。但是，一旦涉及部署，所有这些知识、初衷就会永远埋藏在应用需求与基础架构的实际配置之间的转换实现的细节中。由此导致的不幸后果是，无法轻松地将资源和配置映射回应用。现在，如果需要扩展应用，添加更多组件，或者只是从数据中心撤销它，该怎么办？余下的配置会发生什么？

在我们创立 Insieme 时，首要的目标之一就是要让以下不需要理解网络的人们能够使用它：需要识别其应用如何与数据中心的其他应用组件交互的应用开发人员，需要配置集群扩展的操作人员，需要确保没有企业级的业务规则被违反的合规性管理人员。我们认为，需要转变运营团队与网络交互的方式，这样网络才能在演进中进入下一个逻辑发展阶段。

Lucien 和 Maurizio 阐述了新的策略驱动型数据中心和与它相关联的运营模型。一方面，本书将重点介绍构建现代数据中心来打破此范例所涉及的架构、概念和方法；另一方面，还会详细介绍思科 ACI 解决方案。

——思科全球杰出工程师、首席科学家兼 Insieme Networks 联合创始人，Mike Dvorkin

中文版序

思科给网络界带来了本行业历史上最重要的变革之一：策略模型。策略模型通过思科 ACI（以应用为中心的网络架构）解决方案和产品来实现。策略模型是近几年来讨论得最为火热的话题，这种概念有可能将网络配置从传统的 VLAN、IP 和 ACL 构架转变成更加抽象的模型。

作为本书的作者，我们非常感谢刘军和周超为将本书推向中国市场而做的辛勤工作。我们希望能够为您，在这个网络行业，特别是从数据中心开始发生重大变革时做好准备工作，并相信本书的知识也会扩展到其他很多网络实际应用案例中。

我们希望您能充分利用已有的 ACI 脚本，以及 GitHub 上已有的应用，并且也能贡献您自己的代码。

Lucien Avramov 和 Maurizio Portolani

献辞

Lucien Avramov：

感谢亲爱的父母 Michel 和 Regina 奉献了一生，给了我更好的未来。

Maurizio Portolani：

谨以本书献给我的好友和家人。

前言

欢迎您阅读本书。您即将踏上了解最新的思科数据中心矩阵及其所蕴含的众多创新的旅程。

本书的目的是阐述构建新一代数据中心矩阵所涉及的架构设计原则、概念和方法。本书的一些关键概念，例如策略数据模型、编程和自动化，它们的适用领域已经超越了 ACI 技术本身，构成了网络工程师和架构师的核心技术技能集。

思科以应用为中心的基础架构（ACI）是一种数据中心矩阵，可帮助您在高度可编程的多虚拟机管理程序（Hypervisor）环境中集成虚拟和物理工作负载，该环境是专为任意多服务或云数据中心而设计的。

要全面理解 ACI 的创新之处，需要理解网络领域关键的新行业趋势。

行业趋势

编写本书时，网络行业中的新的运营模式不断涌现。其中许多变化深受服务器领域或应用领域中出现的创新和方法的影响。

下面列出了当前影响新数据中心设计的部分趋势。

- 云服务的采用。
- 配置网络连接的新方法（即自助目录）。
- 更快地将新应用部署到生产中并执行 A/B 测试的能力。此概念与缩短为给定应用配置一个完整的网络基础架构所需时间的能力相关。
- “快速失败”的能力，即能够在有限的时间内向生产环境部署应用的新版本，当在测试期间出现错误时，迅速让其终止服务。
- 使用和管理服务器相同的工具（例如 Puppet、Chef、CFengines 等）管理网络设备的能力。
- 需要服务器和应用团队与运营团队（DevOps）之间进行更好的交互。
- 处理“长流”的能力，即在不影响剩余流量的情况下执行备份或普通的批量传输的能力。
- 使用脚本，以更加系统化且不易出错的编程方式对网络进行自动化配置的能力。
- 软件开发方法的采用，例如敏捷和持续集成。

其中一些趋势被统称为“应用加速”，这是指以比以往更快的方式建立新服务器和网络连接，缩短应用从开发到生产（以及在需要时返回到测试）的周期的能力。

什么是“应用”？

根据使用“应用”这个词汇的人的周围环境或工作角色的不同，其含义会有所不同。对于网络专业人员，应用可能是 DNS 服务器、虚拟化服务器、Web 服务器等。对于在线订购工具的开发人员，应用是订购工具本身，它包含多种服务器：演示服务器、数据库等。对于中间件专业人员，应用可能是 IBM WebSphere 环境、SAP 等。

出于本书的目的，在思科 ACI 上下文中，应用指的是为一组给定的工作负载提供连接的一组网络组件。这些工作负载的关系就是 ACI 中所说的“应用”，该关系由 ACI 所称之的“应用网络配置文件（将在图 1 之后介绍）”来表示。

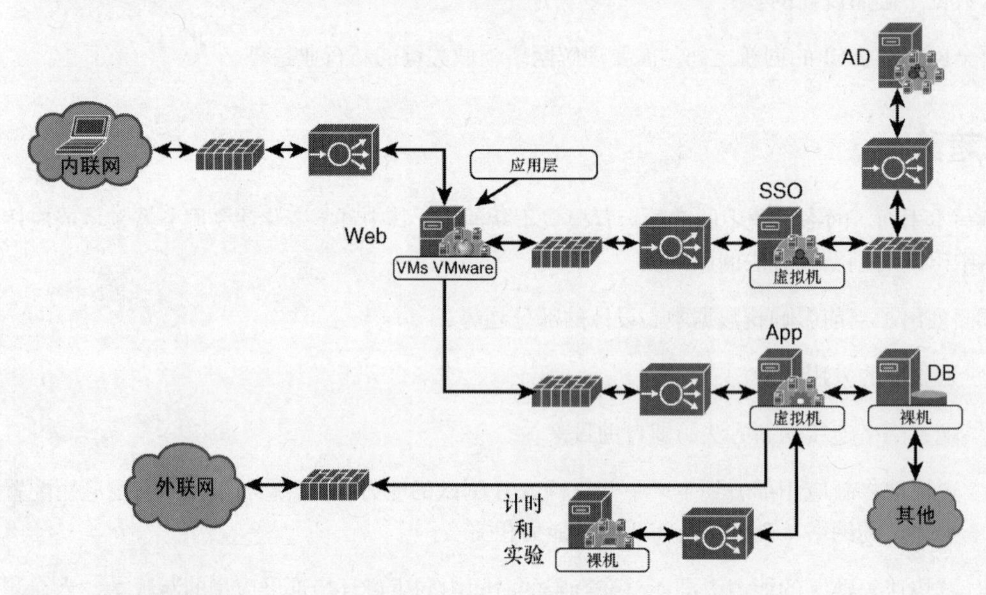

图 1 “应用”的示例

图 1 提供的示例演示了某个应用，它可从公司内联网访问，并连接到提供了一些业务功能的外部公司。例如，这可能是一个差旅预定系统、订购工具、计费工具等。

在 ACI 中，此关系可使用应用网络配置文件（ANP）的概念来表示，该概念是对组建模块所在的特定 VLAN 或子网的抽象。网络连接的配置使用策略来表示，策略定义哪些终端使用（或提供）其他终端所提供（或使用）的服务。

使用 ACI 不需要深入理解这些应用关系。这些关系常常以 VLAN 和访问控制列表的方式隐含在现有的网络配置中。因此，可只使用 ANP 和相关策略作为现有配置的容器，而无需映射到精确的服务器与服务器间的通信模式。

ANP 的使用价值是，它使网络管理员能够以更抽象的方式表达网络配置，网络配置与业务应用（比如订购工具、差旅预定系统等）的组建模块具有更密切的对应关系。定义应用后，可在测试环境中对它们进行验证并立即迁移到生产环境。

应用抽象的需要

即使没有 ACI，各种应用如今也可以在数据中心运行。网络管理员通过使用 VLAN、IP 地址、路由和 ACL 来在组建模块之间建立连接，转换 IT 组织支持给定工具的需求。但是，没有 ACI，管理员就无法真正以与网络具有对应关系的格式来直接表达这类配置，他们唯有选择表达一种非常开放的连接策略，确保公司内部的服务器可彼此通信，DMZ 或外联网上的服务器可与外部通信。这需要管理员加固 ACL 和设置防火墙，限制服务客户端和其他服务器在一组给定服务器中的访问范围。

此方法所产生的配置不是很容易移植。它们在实现它们的特定的数据中心环境硬编码。如果必须在不同的数据中心中构建同样的环境，则必须执行重新配置 IP 地址和 VLAN 并判读 ACL 这样的单调工作。

ACI 彻底改良了这一过程，引入了创建应用网络配置文件，创建配置模板来表达计算网段之间的关系的能力。然后，ACI 将这些关系转换为路由器和交换机可实现的网络构造（例如 VLAN、VXLAN、VRF、IP 地址等）。

什么是思科 ACI

思科 ACI 矩阵由一些独立组件组成，这些组件发挥着路由器和交换机的作用，但却是作为单个实体来配置和监测。它的操作类似于一种分布式的交换机和路由器配置，提供了高级的流量优化、安全性和遥测功能，将虚拟和物理工作负载缝合在一起。控制器称为应用策略基础架构控制器（APIC），是该矩阵的中央管理节点。此设备将 ANP 策略分发给该矩阵中所包含的设备。

思科 ACI Fabric OS 在该矩阵的组建模块上运行，在编写本书时，这些组建模块是思科 Nexus 9000 系列节点。思科 ACI Fabric OS 是面向对象的，支持针对系统的每个可配置元素来执行对象编程。ACI Fabric OS 将策略（例如 ANP 和它的关系）从控制器呈现到一个在物理基础架构中运行的具体模型中。这个具体模型类似于已编译的软件；它具有交换机操作系统可执行的模型形式。

思科 ACI 的设计适用于许多类型的部署，包括公有云和私有云、大数据环境，以及众多虚拟和物理工作负载的主机托管业务。它提供了几乎实时地具现化新网络和同样快地删除它们的能力。ACI 旨在简化自动化，可轻松集成到通用编排工具的工作流中。

图 2 演示了包含主干-叶节点架构和控制器的 ACI 矩阵。物理和虚拟服务器可连接到 ACI 矩阵，也可接收与外部网络的连接。

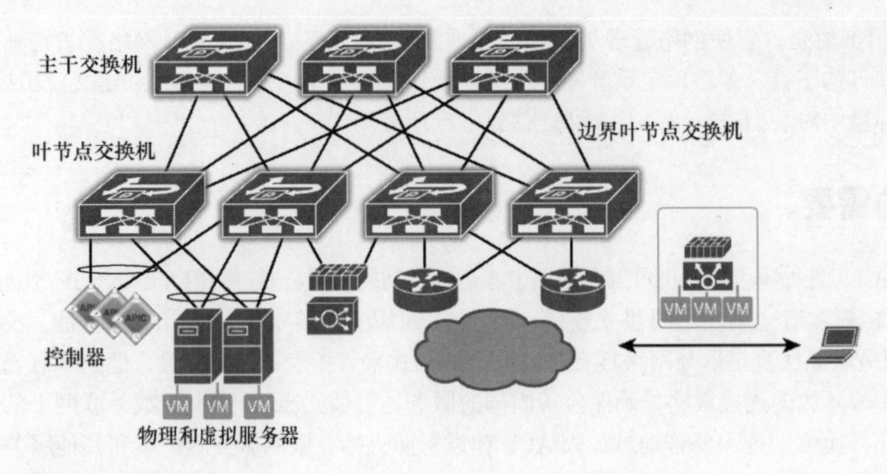

图 2　ACI 矩阵

思科 ACI 创新

思科 ACI 引入了以下众多创新。

- 整个矩阵作为单个实体来管理，但没有集中化的控制平面。
- 矩阵通过对象树来管理，该对象树包含可使用 REST 调用来访问的方法和类。
- 引入了新的管理模式，该模式基于陈述式方法而不是命令式方法。
- 允许将应用之间的关系清晰地映射到网络基础架构。
- 是专为多租户模式而设计的。
- 支持多个虚拟机管理程序。
- 允许定义抽象配置（或模板），使配置更容易移植。
- 更改了网络配置的表达方式，即从用 VLAN 和 IP 地址表达更改为用策略来表达。
- 使用 flowlet 负载均衡、动态流优先化和拥塞管理来彻底改造等价多路径和服务质量（QoS）。
- 引入新的遥测概念，例如健康评分和原子计数器的概念。

本书结构

第 1 章：数据中心架构考虑因素

本章介绍不同服务器环境的网络需求，以及如何在网络设计上满足它们。

第 2 章：云架构的组建模块

在编写本书时，大多数大规模数据中心部署都是按照云计算原则设计的。不管是运营商还是大型企业，他们所构建的数据中心都是如此。本章演示构建云的设计和技术需求。

第 3 章：策略数据中心

本章阐述对业务应用进行建模的思科 ACI 设计方法。此方法提供了将软硬件功能映射到应用部署的独创方法组合，可以是通过思科应用策略基础架构控制器（APIC）GUI 来图形化地映射，或者是通过思科 APIC API 模型以编程方式映射。本章将详细介绍 APIC 概念和原则。最后，ACI 矩阵不仅适用于全新部署，许多用户还会考虑如何将 ACI 矩阵部署到现有的环境中。因此，本章最后一部分介绍如何将 ACI 矩阵与现有网络相集成。

第 4 章：运营模型

命令行界面（CLI）是对配置进行交互式更改的好工具，但它们的设计既不利于自动化，也不利于轻松地解析（CLI 抓取既不高效又不实用）或自定义。此外，CLI 没有能力与 Python 等复杂脚本语言可提供的解析能力、字符串操作或高级逻辑抗衡。本章介绍新管理员和操作员必须熟悉的关键技术和工具，还将介绍如何在基于 ACI 的数据中心使用它们。

第 5 章：基于虚拟机管理程序的数据中心设计

本章介绍在数据中心使用虚拟机管理程序时的网络需求和设计考虑因素。

第 6 章：OpenStack

本章详细介绍 OpenStack 及其与思科 ACI 的关系。本章的目的是解释 OpenStack 的概念，提供思科 ACI APIC OpenStack 驱动程序架构的详细信息。

第 7 章：ACI 矩阵设计方法

本章介绍 ACI 矩阵的拓扑结构，以及如何以基础架构管理员和租户管理员身份来配置它。本章的内容涵盖物理接口、PortChannel、虚拟 PortChannel 和 VLAN 命名空间的配置，这些都是基础架构配置的一部分。本章还会介绍租户配置中的分段、多租户、与物理和虚拟服务器的连接，以及外部连接等议题。

第 8 章：在 ACI 中实现嵌入式服务

思科 ACI 技术提供了使用服务图的方法来实现 4 层至 7 层功能的嵌入式服务。业界通常将在终端之间的路径中嵌入 4 层至 7 层设备的能力称为服务嵌入。思科 ACI 服务图技术可被视为嵌入式服务的超集。本章介绍服务图概念，以及如何使用服务图来设计嵌入式服务。

第 9 章：高级遥测

本章介绍了 ACI 提供用来隔离问题的集中化故障排除技术。本章包含原子计数器和健康评分等议题。

第 10 章：数据中心交换机架构

本章详细解释了数据中心交换机的架构。本章内容分为 3 节：硬件交换机架构、数据交换的基本原理和数据中心的服务质量。

术语

节点：物理网络设备。

主干节点：放在数据中心核心部分的网络设备，它通常是具有高密度端口和较高速率的设备。

叶节点：位于数据中心接入层的网络设备，它是定义数据中心网络矩阵的第一层网络设备。

矩阵：一组叶节点和主干节点，它们一起定义数据中心网络物理拓扑结构。

工作负载：虚拟机，用来定义单个虚拟实体。

双层拓扑结构：通常由主干-叶节点矩阵拓扑来定义。

三层拓扑结构：包含接入层、汇聚层和核心层的网络拓扑结构。

服务：由以下设备（未穷举）定义的类别：负载均衡器、安全设备、内容加速器、网络监控设备、网络管理设备、流量分析器、自动化和脚本服务器等。

ULL：超低延迟。其特征是网络设备的延迟低于 1 微秒。目前的技术可达到纳秒级别。

HPC：高性能计算。使用结构化数据方案（数据库）或非结构化数据（NoSQL）的应用，其中性能的可预测性、低延迟和扩展性很重要。流量模型是东西向的。

HFT：高频交易。通常发生在金融交易环境中，要求数据中心矩阵上的延迟达到最低，以便向最终用户提供尽可能实时的信息。流量模型是南北向的。

Clos：多级交换网络，有时称为“胖树”，来源于 Charles Leiserson 在 1953 年发表的一篇论文。Clos 的理念是构建一个超高速、非阻塞的交换矩阵。

作者简介

Lucien Avramov（CCIE 19945），思科资深技术营销工程师。Lucien 的技术专长是 Nexus 数据中心产品和 ACI 技术。Lucien 设计过世界各地的数据中心网络，在交换机架构、QoS、超低延迟网络、高性能计算设计和 OpenStack 领域拥有丰富的经验。Lucien 是 Cisco Live 大会的杰出演讲者和前 TAC 技术主管，拥有多项行业认证，撰写过 IETF 的 RFC，还拥有一项有效的技术专利。Lucien 拥有计算机科学硕士学位和法国阿莱斯国立高等矿业学校通用工程专业学士学位。在闲暇时，Lucien 喜欢在世界各地徒步旅行、骑自行车和跑马拉松。读者可在 Twitter 上@flying91 找到他。

Maurizio Portolani，思科全球杰出技术营销工程师，专长从事数据中心网络设计。他作为联名作者编写了 Cisco Press 的《数据中心基础》一书，拥有多项有关最新数据中心技术的专利。他曾就读于都灵理工大学（工程学学士）和巴黎中央理工大学（工程师文凭），主修电子学。

技术审稿人简介

Tom Edsall 是思科 Insieme 事业部的首席技术官、思科科学院院士，以及 Insieme Networks 的联合创始人，同时也是以应用为中心的基础架构产品的开发主管，负责系统架构和产品的传道授业解惑。Insieme Networks 在 Network World 中被描述为“过去 18 个月中网络行业最令人期待的事件之一”。之前就有消息透露说，思科投资创建了这家孵化公司来应对软件定义的网络趋势。在 Insieme（最近被思科回购），Edsall 领导了以应用为中心的基础架构（ACI）的开发，这包括组建应用感知交换矩阵的新的 Nexus 9000 交换机系列，以及同时管理虚拟和物理网络基础架构的集中控制器。

Tom 自 1993 年起就一直效力于思科，期间曾短期担任过孵化公司 Andiamo Systems（开发 SAN 交换机）的 CTO 兼联合创始人。作为思科顶尖的交换机架构师之一，他一直负责 MDS、Nexus 7000 及 Catalyst 5000 和 6000 产品线的设计。他设计的两款产品 Catalyst 6000 和 Nexus 7000 获得了著名的思科先驱奖（Cisco Pioneer Award）。在此期间，他在网络行业获得了 70 多项专利，最近作为作者之一，他所撰写的论文《CONGA：数据中心的分布式拥塞感知负载均衡技术》获得了 SIGCOMM 2014 年最佳论文奖。

加入思科之前，Tom 是 Crescendo Communications（思科收购的第一家公司）的联合创始人及高级工程管理团队成员。Edsall 拥有斯坦福大学的 BSEE 和 MSEE 学位，他还是该校的访问学者和特约讲师。

Mike Cohen 是思科产品管理总监。Mike 的职业生涯始于 VMware 虚拟机管理程序团队的最初的工程师，随后在 Google 和 Big Switch Networks 从事基础架构产品管理。Mike 拥有普林斯顿大学电气工程专业的 BSE 学位，以及哈佛商学院的 MBA 学位。

Krishna Doddapaneni 负责 ACI 的交换基础架构和 iNXOS 部分的研究。之前他在 SAVBU（思科）（收购公司 Nuova Systems 的一个部门）担任总监。在 Nuova Systems，他负责实现第一代 FCoE 交换机。他负责开发过多代 Nexus 5k/2k 产品线。在加入 Nuova 之前，他是 Greenfield Networks（被思科收购）的第一位员工。他拥有德州农工大学计算机工程专业的理学硕士学位。他在网络领域拥有许多专利。

致谢

感谢 Mike Dvorkin、Tom Edsall 和 Praveen Jain 创立了 ACI。

Lucien Avramov：

首先，感谢我的家人、好友、同事、客户和导师在写作期间对我的支持，使我真正了解自己。这对我很重要。感谢 Mike Dvorkin 分享自己的知识、人生观和友谊。感谢好友 Mike Cohen 总是抽空并愿意辛勤地审阅和发表自己的观点。感谢 Tom Edsall 提供了宝贵的反馈意见并为我们这个项目预留了足够时间。感谢 Takashi Oikawa 的善意和睿智。在写作期间，我结交了许多朋友并留下了难以置信的共同回忆。写一本书基本上是个人的一场独自旅行，其回报就像登上顶峰一样。在与合著者共同写作时，旅程会变得更充实：我很幸运在此过程中结识了一位好友，Maurizio Portolani。

其次，感谢 Ron Fuller 介绍我荣幸地参加本书项目。感谢我在思科的同事一路上为我提供支持：感谢 Francois Couderc 分享了宝贵的知识，花时间思考本书的章节安排，提供建议和审阅；感谢 Chih-Tsung Huang、Garry Lemasa、Arkadiy Shapiro、Mike Pavlovich、Jonathan Cornell 和 Aleksandr Oysgelt 一路上的鼓励、审阅和支持。深深感谢 Cisco Press 的团队：Brett Bartow 的和蔼可亲、随叫随到和耐心对我很重要，让我有机会编写本书。感谢 Marianne Bartow 花了大量的时间进行质量评审。感谢 Bill McManus 进行编辑。感谢 Chris Cleveland 一路上的支持。感谢 Mandie Frank 做的所有工作，包括让此项目按时完成；感谢 Mark Shirar 在设计上提供帮助。

最后，感谢在我的专业生涯中给予我机会的人，首先是 Jean-Louis Delhaye 在 Airbus 多年来为我提供的指导并自那时起成为我的好友，Didier Fernandes 在思科给予我引荐和指导，Erin Foster 给予我机会加入思科并将我调到美国，Ed Swenson 和 Ali Ali 在 Cisco TAC 为我提供了一份全职工作，John Bunney 带着我一起组建 TAC Data Center 团队并给予我指导。感谢 Yousuf Khan 给予机会，先加入技术营销团队，后加入 Nexus 团队，最终加入 ACI 团队，并在此过程中为我提供指导；感谢 Jacob Rapp、Pramod Srivatsa 和 Tuqiang Cao 引领并开拓了我的职业生涯。

Maurizio Portolani：

我个人想要感谢许多人，他们让我拓展了视野，看到了与 ACI 给网络带来的变化密切相关的现代软件开发方法和技术。特别感谢 Marco Molteni 在 XML 与 JSON 和 Yaml 的技术对比方面提供深入的哲学观点，以及在 GitHub 和 Python 方面给予我的启发。我还想特别感谢 Amine Choukir 带来在持续集成上的洞察力，以及 Luca Relandini 带来自动化方面的专业知识。

目录

第1章

数据中心架构考虑因素

本章介绍数据中心架构所需考虑的因素。其中将介绍设计时的考虑因素和设计过程中使用的方法，以便对于数据中心矩阵项目，使架构师能高效地选择端到端的网络设计，为其演进提供所需的增长能力。

在数据中心网络设计过程中，在架构选择和最终设计方面需要注意以下一些关键考虑因素。

- 要托管在数据中心的应用和这些应用将使用的存储类型。
- 数据中心的需求和限制，包括物理决策和POD模型。
- 不同类型的数据中心设计。

大多数的数据中心矩阵部署是用于虚拟化数据中心的。本章还介绍了数据中心的其他应用场景：大数据、超低延迟、高性能计算和超大规模数据中心。数据中心呈现出朝主干-叶节点架构发展的趋势，该架构是全书中介绍的以应用为中心的基础架构（ACI）的组建模块。

1.1 应用和存储

设计数据中心时，最常见的方法是使用三层方法。此方法包括经典的接入层、汇聚层和核心层，常被称为三层拓扑结构。数据中心设计正在从这种三层方法向更特定的数据中心演变，呈现出朝两层主干-叶节点架构发展的现代趋势。理解数据中心的不同技术趋势和项目需求，将引导读者考虑设计中的多个基本问题。这种理解将给读者以关键的知识来帮助设计最佳的解决方案，从而满足数据中心项目的需求。本节介绍当前实现端到端数据中心设计的推荐方法。

本章将介绍如何使用最新的设计方法来满足以下工作负载类型的需求。

- 虚拟化数据中心
- 大数据
- 高性能计算（HPC）
- 超低延迟数据中心
- 超大规模数据中心

许多数据中心都拥有上述几个类别的工作负载组合。对于这些类型的数据中心，需要构建一种多用途的矩阵；例如，基于思科 Nexus 9000 交换机系列产品的矩阵。

1.1.1　虚拟化数据中心

现代数据中心包含大量虚拟化服务器。本章将介绍针对虚拟化工作负载的设计考虑因素。

简介

虚拟化数据中心占目前数据中心矩阵项目部署的大多数。这些部署包括小型、中型商业企业，以及大型企业。完整的思科数据中心矩阵产品系列被广泛使用，从虚拟机管理程序级交换机（例如 Nexus 1000v）到 Nexus 9000 产品系列，包括拥有刀片机箱服务器或机架式服务器的思科统一计算系统（UCS）服务器。光纤通道存储是整合在以太网上的，可与其他以太网流量和 IP 流量共存。还可使用 NFS 存储流量来存储虚拟机（VM）。FCoE 并不是必须的；许多虚拟化数据中心的部署都使用 IP 存储。

虚拟化数据中心是围绕着一种或多种必须共存的或通信的虚拟机管理程序类型而构建的。该数据中心网络不仅需要处理虚拟化流量，而且它还必须是高度可用的。它需要在发生工作负载移动事件时最大程度地减少 VM 中断，例如当 VM 需要转移到另一台主机上的时候。不同虚拟化数据中心的一个重要区别在于网络矩阵本身。第一条连接到架顶式（ToR）交换机的电缆在某种意义上讲已属于“矩阵”，因为它承载着从多台主机传输到连接的第一台物理网络设备的流量，这台设备是 ToR 或接入交换机。连接的第一台交换机现在可能会是一台虚拟交换机设备。：例如 vSwitch、vEthernet、vNIC 等带有字母 v 前缀的每个熟知的网络设备。

构建数据中心网络矩阵时，一定要考虑到将来会在每台主机上运行的虚拟机数量和应用数量，这些信息可为使用超载比提供指导。虚拟化具有多个层面。例如，运行虚拟环境的云提供商可能允许其用户也运行自己的虚拟机管理程序。这会创建出一个处理多个虚拟化级别的数据中心环境。因而不同封装的数量将得以扩展。这会在虚拟机管理程序内创建更多层级，当连接到第一个虚拟访问端口时，在这些层级中的不同属性（服务质量 QoS、带宽限制、安全、端口镜像等）会被实现。

在虚拟化层中，不同类型的流量都可以作为 IP 或以太网的应用流量，例如视频、语音和存储。因此，虚拟化数据中心设计会使用各种 QoS 功能来对使用和连接第一台 ToR 交换机相同的上行链路的各种流量模式提供不同的优先级。在虚拟化数据中心运行的典型应用类型常常采用所谓的三层应用模型：由特定的应用、数据库和 Web 服务器组合而成。每一层通常运行在一台专门的虚拟机上。在企业部署中，数据库常常托管在裸机服务器上。

定义和虚拟化概念

数据中心的虚拟化不仅仅限于服务器。因此，现代数据中心使用以下技术。

- 服务器虚拟化
- 存储虚拟化
- 服务虚拟化
- 网络虚拟化
- 编排管理（管理虚拟化）

服务器虚拟化

服务器虚拟化是最常见的硬件虚拟化类型。在运行单个操作系统及其应用时，目前的 x86 计算机硬件在很大程度上并未得到充分使用。借助虚拟化，通过在同一台物理计算机上运行多个虚拟机和应用，硬件资源就能得到更有效的利用，如图 1-1 所示。物理服务器与虚拟机之间存在着一个虚拟机管理程序软件层，用于模拟在逻辑上与真实物理主机服

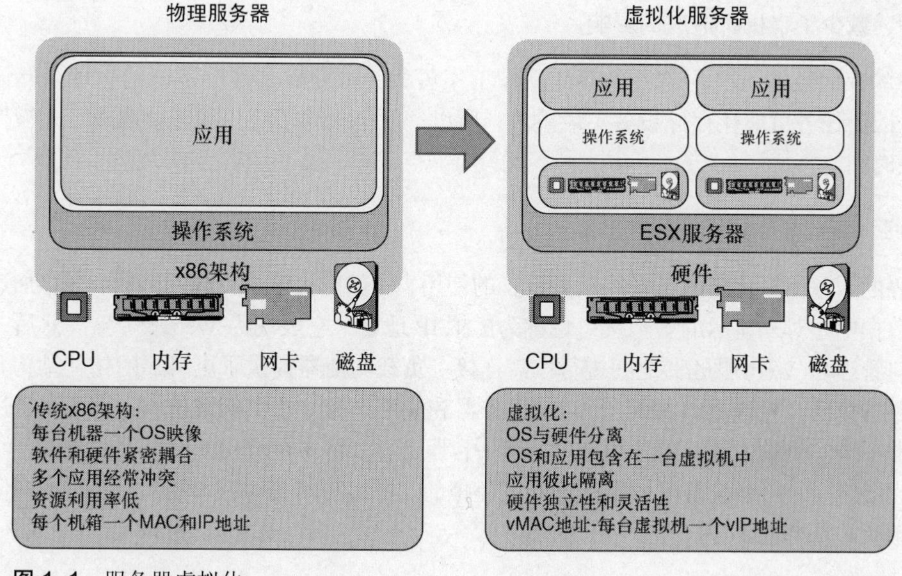

图 1-1 服务器虚拟化

务器隔离的专用物理计算机。它允许多个操作系统共享一台硬件主机，同时运行相互独立的功能和应用。虚拟机以文件形式存储，这使在相同或不同的物理主机上的自愈功能成为可能。由于服务器虚拟化优化了数据中心项目（也称为整合项目），因而物理服务器能得到更高效的使用。

1.1.2　存储虚拟化

存储虚拟化是特定数据中心项目中所有物理存储设备的一种逻辑和抽象的视图。用户和应用通过存储虚拟化来访问存储，而无需知道存储位于何处，如何访问或如何管理。这将进一步支持跨多个应用和服务器来共享功能：存储被视为一个没有物理边界的资源池。存储虚拟化适用于大型的存储区域网络（SAN）阵列，本地工作站硬盘驱动器的逻辑分区，或者独立磁盘冗余阵列（RAID）。存储虚拟化提供以下4个重要优势。

- **资源优化**：存储设备不再专门用于特定的服务器或应用，在全局上优化了可供数据中心服务器群组中的所有服务器和应用使用的存储空间。当需要更多存储空间时，可向共享池添加物理存储。
- **更低的操作成本**：存储配置是集中化的，不需要为每台服务器配置其自己的存储。存储管理工具允许添加、维护和操作共享存储。该方法不仅降低了存储的总运营成本，还节省了大量时间。
- **更高的存储可用性**：在传统环境中，维护、存储升级、断电、病毒等所导致的计划内或计划外宕机，会导致最终用户的应用中断。借助存储虚拟化和冗余，可快速配置新存储资源，减少了宕机所造成的影响。
- 改善的存储性能：应用创建的存储操作工作负载，可分散到多个不同的物理存储设备上。因为任务可能让存储设备不堪重负，所以这就会改善了应用执行读取或写入操作的完成时间。

服务虚拟化

数据中心的服务虚拟化指的是一些服务设备的使用，例如防火墙、负载均衡器、缓存加速引擎等。数据中心对外显示的虚拟接口也称为虚拟IP地址，它表现为Web服务器。然后，该虚拟接口管理与Web服务器之间进行按需连接。负载均衡器提供了更可靠的拓扑结构和安全的服务器访问，允许用户将多个Web服务器和应用作为一个实例来访问，而不是采用每台服务器一个实例的方法。向外部用户显示一台服务器，将多台可用的服务器隐藏在一个反向代理设备之后。网络设备可以是物理的或虚拟的。在编写本书时，市场上有多种虚拟防火墙和虚拟负载均衡器。

网络虚拟化

虚拟化服务器还需要变更网络基础架构，才能保证虚拟机之间的隔离。其主要变化是服务器内的网络接入层转移到了虚拟机管理程序级别上，而在传统的裸机服务器上，从物理网线连接到的第一个访问端口，并一直到最终的服务器都是接入层。网络虚拟化可采用以下一种或多种技术。

- 使用 VLAN
- 使用虚拟可扩展局域网（VXLAN）
- 使用虚拟路由与转发（VRF）

编排

编排指的是协调地配置虚拟化资源池和虚拟实例。这包括虚拟资源到物理资源的静态和动态映射，以及管理功能，例如容量规划、分析、计费和服务等级协议（SLA）。服务通常抽象为一个客户门户层，其中最终用户选择服务，然后该服务使用各种域和中间件管理系统并按以下步骤自动配置（如图 1-2 所示）。

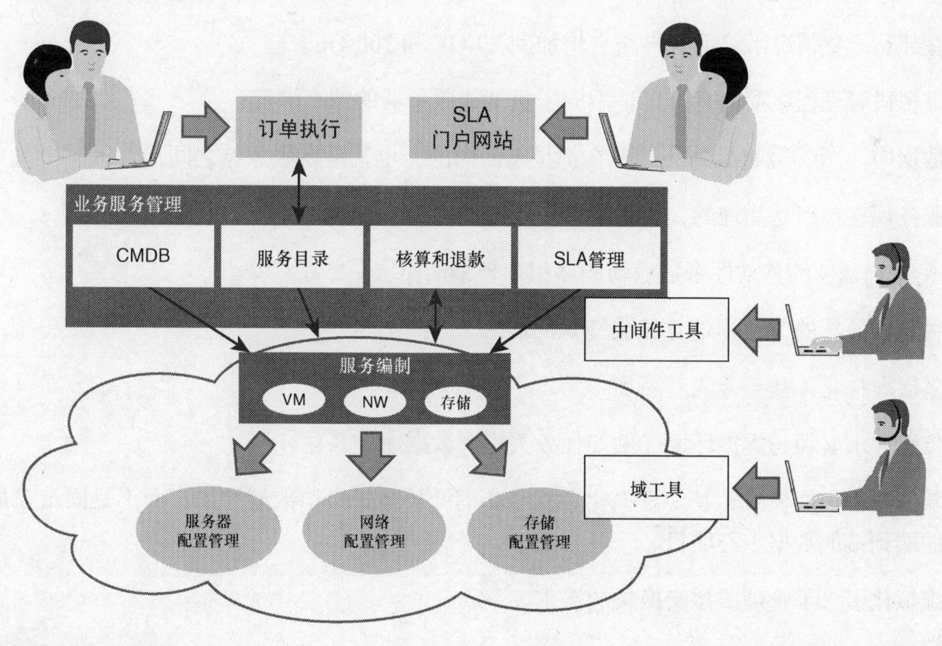

图 1-2 协调

- 配置管理数据库（CMDB）
- 服务目录

- 核算
- SLA 管理
- 服务管理
- 服务门户

网络和设计需求

在网络上使用虚拟化数据中心的影响包括下列内容。

- 要管理的物理端口更少，虚拟端口更多。
- 风险增加。一个机架拥有数百台虚拟机，这意味着宕机或升级的影响更高，这就需要高可用性。
- 提高可扩展性的需求。虚拟机越多，MAC 地址和 VLAN 就越多。
- 移动性使容量规划变得非常困难。必须使用更高的带宽来超载配置上行链路。
- 由于整合的原因，服务器在接入层演进为 10GB 以太网（GE）。
- 在超载配置情况下，上行链路会增加到 40-GE 和 100-GE。
- 虚拟机管理程序的网卡绑定，不同于机架式服务器的网卡绑定。
- 数据中心 70%至 80%的流量现在都是东西向的（也就是在服务器之间传输）。
- 服务现在不仅是物理的，而是虚拟和物理的。
- 通过 VLAN 的移动性来适应新的多租户模型的需求。
- 物理服务器的 VM 本地化相关知识的需求。
- 多层虚拟化（基于云的产品）。
- 传统需求必须与虚拟环境（例如任务关键型数据库）共存。
- 新的按需付费模式，其中虚拟化数据中心的增长是随机架数量增加，而不是固定在最初的端到端的数据中心项目。
- 虚拟化引入了管理虚拟交换机的需求。

存储需求

虚拟化使 NFS 可用于存储虚拟机，使以太网光纤通道（Fibre Channel over Ethernet，FCoE）可用于存储虚拟机管理程序。目前的趋势是向 IP 存储以及虚拟机管理程序存储发展。正因为如此，高带宽容量或 QoS 对于保障存储阵列与生产计算节点之间的存储数据传输来说至关重要。

1.1.3 大数据

本节详细介绍大数据数据中心趋势。

定义

Gartner 和其他市场分析公司指出，大数据可由它的主要属性来粗略定义：数据量、速率、种类和复杂性。大数据由结构化和非结构化数据组成。尽管大量的记录都是结构化数据，并且常常高达数 PB，但非结构化数据（绝大部分由人为生成）通常占总数据量的更大比例。多元化和一些生态系统因素导致了生成如此多的信息。

- **移动趋势**：移动设备、移动事件和共享、传感器集成。
- **数据访问和使用**：Internet、互联系统、社交网络，以及汇聚性接口和访问模型（Internet、搜索和社交网络，以及消息传递）。
- **生态系统功能**：信息处理模型中的重大变化和开源框架的出现；通用计算和统一网络集成。

大数据是社交网络和基于 Web 的信息公司的基础元素。因此，大数据（尤其是来自于外部时）可能包含错误、不正确的内容和缺失。此外，大数据通常不包含唯一标识符。这些问题为实体解析和实体消歧带来了重大的挑战。对于通过关联邻近数据来为客户提供服务和实现服务差异化的 Web 门户和互联网公司来说，数据生成、使用和分析为他们带来了业务上的竞争优势。

一些对互联网极具影响力的公司出于以下原因使用大数据。

- 针对性的营销和广告。
- 相关的附加销售促销。
- 行为社会模式分析。
- 对数百万用户的工作负载和绩效管理进行基于元数据的优化。

大数据正在进入企业中

传统企业数据模型对应用、数据库和存储资源的需求逐年增长，这些模型的成本和复杂性也在不断增加，以满足大数据的需求。这一快速变化推动了描述大数据存储、分析和访问方式的基础模型的变化。新模型基于横向扩展、无共享的架构，给企业带来了决定使用哪些技术，在何处使用它们和如何使用的新挑战。不再有一体化适用的解决方案，传统的三层网络模型（接入/汇聚/核心）现在正在扩展，纳入了新的组建模块来解决这些挑战，使用新的专用信息处理框架来满足大数据需求。但是，这些系统还必须满足集成到当前业务模式、数据战略和网络基础架构的内在需求。

大数据组件

企业堆栈中业已增加了两个主要的组建模块来容纳大数据，如图 1-3 所示。

- **Hadoop**：通过分布式、共享文件系统来提供存储功能，通过名为 MapReduce 的任务来提供分析能力。
- **NoSQL**：提供实时截取、读取和更新流入的大量非结构化数据和非模式化数据的能力。其示例包括：单击流、社交媒体、日志文件、事件数据、移动趋势、传感器和机器数据。

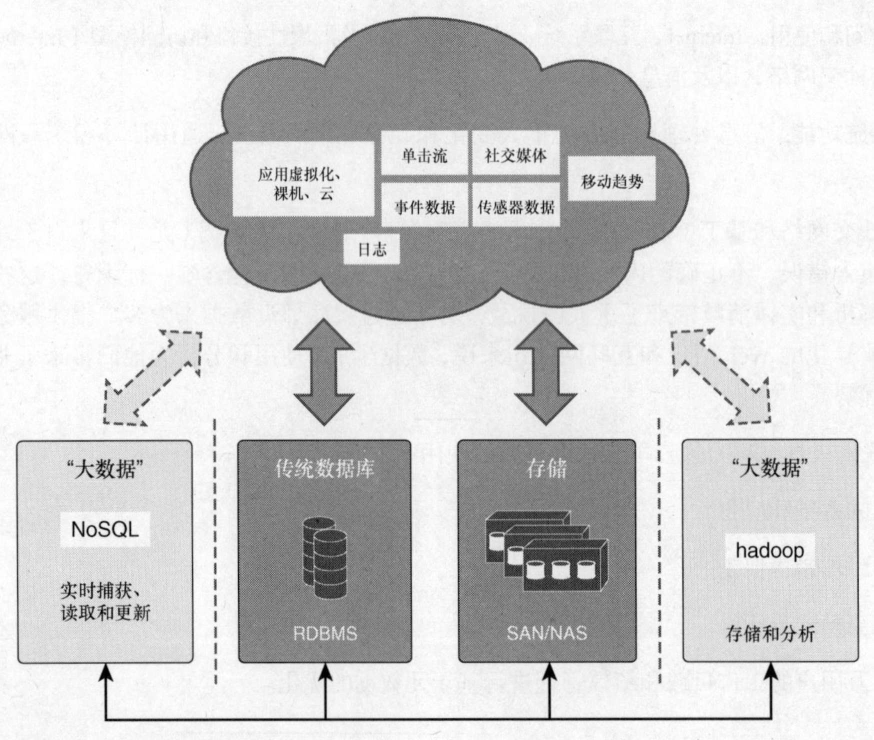

图 1-3 大数据企业模型

一种趋势是将此数据存储在闪存或 RAM 存储器中，以供更快速的访问。NoSQL 已变得更加流行，这是因为要处理的数据量比 SQL 类型的数据库结构更大。

网络需求

大数据组件需要与企业当前的业务模式相集成。通过使用为大数据而优化的思科 Nexus 网络基础架构，可让这种新的、专用的大数据模型集成完全透明，如图 1-4 所示。

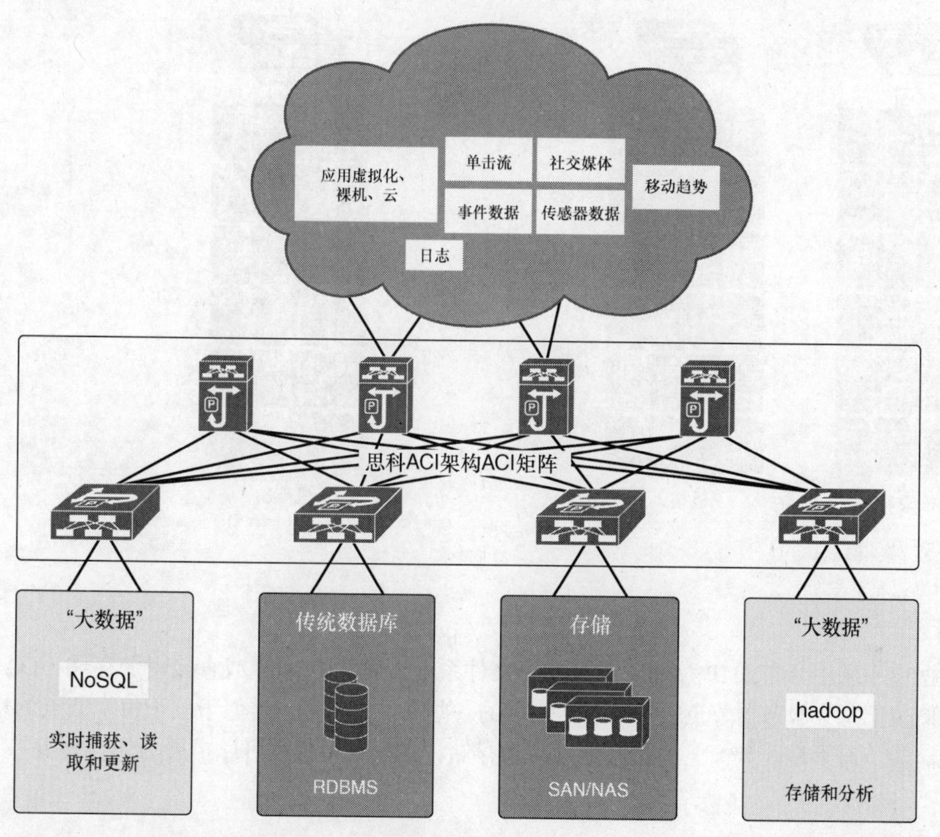

图 1-4 大数据模型集成进企业网络架构

包含 Hadoop 组建模块的集群设计：POD

分而治之的策略，对多种处理大量数据的工作负载来说非常有效。一个大型工作负载可被拆分或映射到更小的子工作负载，然后通过合并、浓缩和化简来自子工作负载的结果来获取最终的结果。Hadoop 的初衷是利用工作负载的这一功能，将更小的子工作负载分配给使用通用硬件搭建的廉价节点所组成的庞大集群，而不是使用昂贵的容错硬件。此外，处理大量数据需要存储空间。Hadoop 采用分布式的集群文件系统，它可被扩展以容纳这些海量数据。集群的构建，使整个基础架构具有自愈和容错能力，尽管拥有极高的组件平均无故障时间（MTBF）比率，但是个别组件的失效，仍会显著降低系统级 MTBF 比率，如图 1-5 所示。

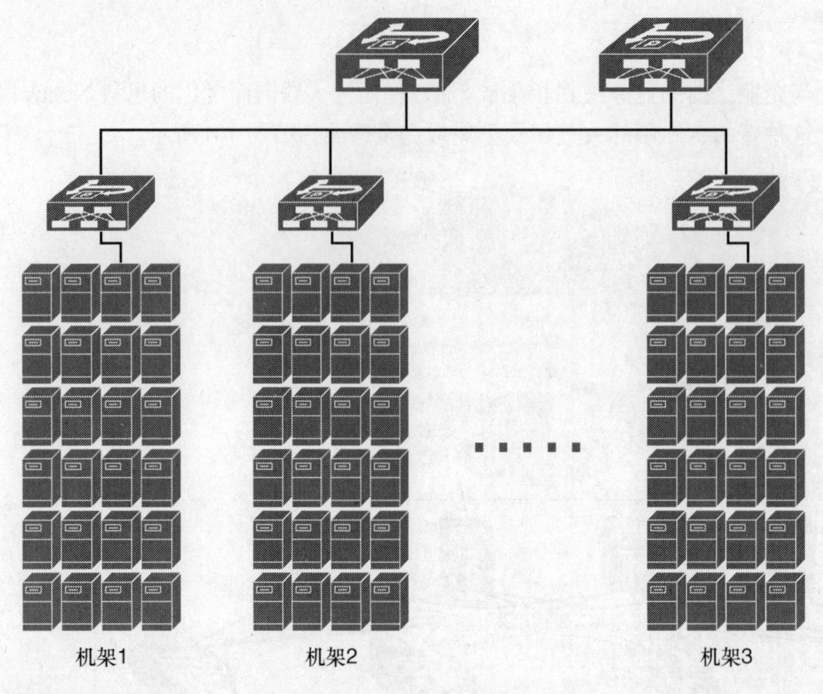

图 1-5　集群设计

存储需求

大数据应用采用分布式 IP 存储。它是共享文件系统，通常为 NFS 或直接附加存储（DAS）。该存储位于每个服务器节点上。大数据领域的一些高性能应用，类似于位于每个节点的易失性存储器（而不是硬盘）上的超低延迟应用存储。在此环境中也可以扩展为闪存硬盘。

设计考虑因素

一个能正常运行且具有自愈能力的网络对有效的大数据集群来说至关重要。但是，分析证明，网络以外的因素对集群的性能具有更大的影响。而且一些相关的网络特征和它们潜在的影响也值得考虑。图 1-6 显示了在广泛测试期间验证的主要参数的相对重要性。

可用性和自愈能力

网络设备的失效可能影响 Hadoop 集群的多个数据节点。然后，受影响的节点上的任务需要在其他正常运行的节点上重新安排，这就增加了它们的负载。此外，Hadoop 基础架构可能启动一些维护作业，例如数据再平衡和复制，以弥补失效节点上的损失，这进一步增加了集群上的负载。这些事件是导致集群性能降级的关键因素。项目因为会需要更长的时间才能完成，这降低了安排新作业的能力。

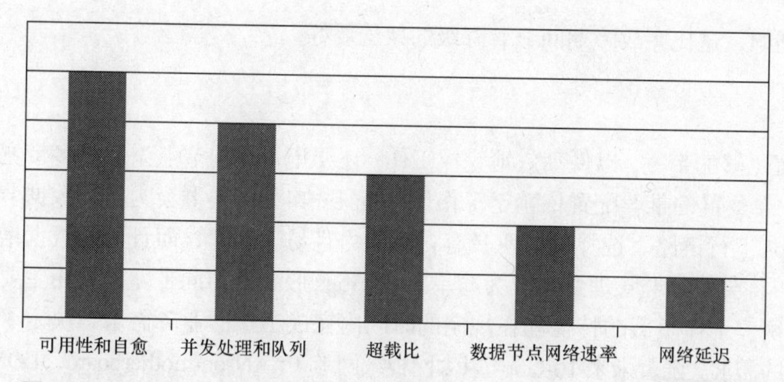

图 1-6 影响工作完成的参数的相对重要性

构建一个随时可用且具有自愈能力的网络很重要。首先需要关注网络架构：需要部署不仅提供了所需冗余，而且也可随集群增长而扩展的架构。允许在数据节点之间包含多个冗余路径的网络设计的技术，在本质上比拥有一两个故障点的技术更好。

架构框架布局好后，就需要考虑单台设备的可用性。运行经业内证明具有自愈能力的操作系统的交换机和路由器，会向服务器提供更高的网络可用性。可在不破坏数据节点的情况下进行升级的交换机和路由器，也提供了更高的可用性。此外，经证明易于管理、易于排除故障和升级的设备，有助于确保更短的网络宕机时间，从而提高了网络（进而增加集群）的可用性。

突发处理和队列深度

在 Hadoop 类型的大数据作业中，操作和过程将会是突发的。无法有效处理突发流量的网络将会丢弃数据包，因此设备需要优化缓冲区来承受突发流量。任何因缓冲区不可用而被丢弃的数据包都会导致重新传输，大量重传这些数据包会导致作业需要更长的时间才能完成。在选择交换机和路由器时，一定要确保其架构采用了可有效处理突发流量的缓冲区和队列策略。第 10 章“数据中心交换机架构”给出了突发和缓冲区使用的示例。

超载比

优秀的网络设计必须考虑到网络中的关键位置在真实负载下发生不可接受的拥塞的可能性。如果 ToR 设备从服务器接收 20Gbps 流量，但仅仅配置了两个 1-Gbps 上行链路（总共 2 Gbps）（超载比为 20:2 或 10:1），那么它就可能会丢弃一些数据包，导致糟糕的集群性能。但是，超载配置网络会需要很高的成本。一般可接受的超载比是，服务器接入层约为 4:1，接入层与汇聚层或核心之间为 2:1。如果需要更高的性能，应考虑更低的超载比。在某些设备发生故障时，如何增加超载比？确保为网络中的关键点（例如核心）配置了足够的资源。多路径技术，例如具有或没有 VXLAN 或 ACI 的 3 层等价多路径，会实现与每台设备的故障率呈线性关系的超载比增幅，这比在故障期间显著降级的架构要好。

数据节点网络速率

必须为数据节点配置足够的带宽，以便高效地完成工作。还要记得在向节点添加更多带宽时所要求的性价比。一个集群的推荐配置依赖于工作负载特征。典型的集群会为每个数据节点配置一到两个 1-Gbps 上行链路。选择经证明具有自愈能力且易于管理，而且可随数据增长而扩展的网络架构，将会使集群管理变得更为简单。10-Gbps 服务器访问带宽的使用主要取决于成本/性能的权衡。工作负载的特征和在规定的时间内完成工作的业务需求，决定了对 10-Gbps 服务器连接的需求。随着未来 10-Gbps 以太网板载网卡（LAN-on-motherboard，LOM）连接器在服务器上的更加普及,更多的集群会更有可能采用 10Gb 以太网数据节点上行链路。Nexus 2000 矩阵扩展器（FEX）并不是 Hadoop 环境中的通用最佳实践。

网络延迟

可以看出，交换机和路由器延迟的变化对集群性能的影响是有限的。从网络角度讲，任何与延迟相关的优化都必须从网络级分析开始。“先架构，后设备”是一种有效的策略。与具有较高的总体延迟但较低的单台设备延迟的架构相比，在整体上始终具有较低延迟的架构会更好。应用级延迟对工作负载的影响比网络级延迟大得多，应用级延迟主要是由应用逻辑造成的（Java 虚拟机软件堆栈、套接字缓冲区等）。在任何情况下，网络延迟的细微变化都不会给作业完成时间带来明显的影响。2 层网络不是必须的。有些设计允许带有 BGP 或 OSPF 协议的 L3 在计算节点上运行。

1.1.4 高性能计算

本节详细介绍高性能计算数据中心趋势。

定义

高性能计算（HPC）指的是整合了比常规工作站更高性能的计算能力，以解决工程、工业、科学、商业等方面的大型问题的工程实践。

网络需求

网络流量在数据中心内通常为东西向的流量模式。规模性部署可通过 POD 模型来实现，此议题将在“设计考虑因素”一节中介绍。可预测性和超低延迟是关键。提供类似低延迟的数据中心网络矩阵（无论服务器是否连接到同一个机架、同一个集群或同一列中）都会减少 HPC 应用的计算时间。足够的吞吐量和缓冲区（能够随计算节点的增长而弹性扩展）是关键。

HPC 和大数据在网络需求和设计上是非常相似的，其主要区别是：大数据基于 IP，而 HPC

通常基于以太网而不是 IP。相对于大数据而言，这限制了为 HPC 构建数据中心矩阵的选择机会。其他网络属性仍旧是相似的。可采用 2 层数据中心矩阵协议（例如思科 vPC 和 VXLAN）来构建大型 HPC 集群。

HPC 的网络需求可总结为如下所示。

- 2 层网络
- 90%以上的流量都是东西向的
- 没有虚拟化
- 1-GE 网卡升级为 10-GE 和 40-GE
- 核心网络采用 10-GE 或 40-GE

存储需求

当存储包含在每台主机上时；此模型称为分布式存储模型。存储由 HPC 应用处理。HPC 存储通常不需要光纤通道，任何特定的存储网络也不受交换机上的地址约束。

设计考虑因素

流量可以是 IP，也可以是非 IP（在以太网上传输）。本书不会探讨非以太网的超级计算能力。借助如今的以太网技术，非以太网流量可以被封装并通过标准以太网介质传输到标准的、整合的以太网数据中心（例如，通过使用思科 Nexus 产品建立的数据中心）。思科的实现方法是构建基于以太网的 HPC 集群。

典型的 HPC 环境使用包含 32 个节点的集群。一个节点代表了机架式服务器中的一个逻辑实体，它拥有 24 核 CPU 和一张 10-GE 网卡。这为每个机架提供了 768 个 CPU 核心。典型的 HPC 环境初始时可以仅有一个包含 32 个节点的机架。通常的部署至少拥有 4 个机架，共有 128 个节点。

定义 POD 的大小很重要。项目的初始大小至关重要。随着项目的增长，可重复采用 POD 概念来添加更多 HPC 集群。本节中提供的示例演示了一个 POD，它包含 128 节点的服务器和相应的交换机，它们形成了一个逻辑计算实体。

思科的 HPC 实现方法是整合了 UCS-C 机架式服务器和名为 usNIC 的特定 HPC 网卡。思科用户空间 NIC (usNIC）提供了从 Linux 用户空间直接访问 NIC 硬件的能力。它通过 linux Verbs API（UD）和 OpenMPI 实现了操作系统旁路机制。此 NIC 提供了 1.7 微秒的端到端延迟，还在 512 个 CPU 核上提供了高达 89.69%的 HPL 效率。此 NIC 的优势取决于以太网标准，而不是 RDMA 网络介质的使用。请注意，RDMA 解决方案可通过基于以太网的 RDMA 协议将思科 Nexus 交换机和 ACI 结合起来。iWarp 是另一种能够加速的 TCP 协议，它的性能慢于 usNIC。

HPC 网络需要尽可能快速，以在节点之间提供尽可能低的延迟。在编写本书时，延迟最低的产品是思科 Nexus 3548 交换机，它可提供仅有 190 纳秒（ns）延迟的线速转发。它可用作叶节点层的 ToR，也可在超载比足够时用在主干层上。网络矩阵需要承载以太网流量；因此，思科 vPC 和思科 VXLAN 等矩阵技术非常适合构建一个能够承载从任何主机到另一台设备的 HPC 流量的以太网矩阵。HPC 设计的典型网络超载比为 2:1。要想实现更低成本的设计，可增加超载比，最高通常为 5:1。

设计拓扑结构

在 HPC 拓扑结构中，典型的设计为一层或两层网络基础架构。这也可称为主干/叶节点设计类型，其中的主干发挥着汇聚设备的作用。设计拓扑结构的目的是在给定的服务 NIC 速率下提供必要的端口数量。最常见的是从接入层到网络层的 10-GE 设计；可使用 40-GE 上行链路来连接聚合设备。在选择设计时，必须考虑到端到端的延迟。图 1-7 描绘了可用于 HPC 集群的不同拓扑结构，它们可划分为 10-GE 矩阵和 40-GE 矩阵。这些矩阵都是非阻塞矩阵，拥有端到端、不含超载比的 10-GE 或 40-GE 速率。最佳实践是将 10-GE 服务器访问连接与 40-GE 主干交换机相聚合。

图 1-7 描绘了包含 160 个服务器节点的 HPC 集群，它使用了 2:1 的超载比。

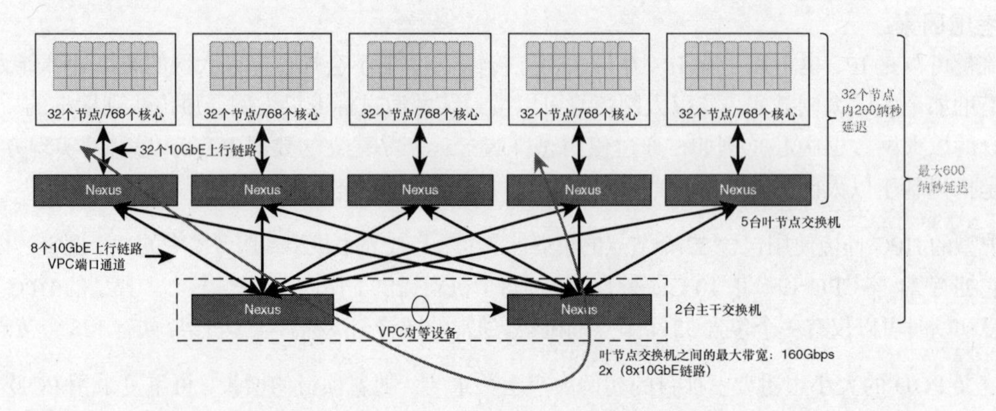

图 1-7 一个 HPC 集群示例，其中包含 160 个具有 2:1 超载比的节点

1.1.5 超低延迟

本节详细介绍超低延迟数据中心趋势。

定义

超低延迟（ULL）数据中心设计是一场实现零延迟的竞赛。这些数据中心的目标是设计具有最低的端到端延迟的最快的以太网络。

将端口密度降到最低限度，对应用进行集群化，可以将每种环境的网络设备数量严格控制到最低。在大多数典型的ULL设计中，整个ULL数据中心的服务器端口数量都在500个以下。高频交易（HFT）环境是最具代表性的ULL数据中心，每个机架通常使用24到48个端口。HFT数据中心在交易所的数据中心设施上搭建，这样可以减少信息从交易所本身传递到HFT公司的延迟。

在HFT数据中心，必须尽可能快地以最低延迟从股票交易所获取信息。构建最快网络的能力使HFT公司能够向客户提供更有竞争力的解决方案。因此，HFT客户选择此公司而非另一家的主要标准是其数据中心的延迟。

HFT数据中心设计与其他设计具有很大的不同。例如，此环境中没有虚拟化，使用了具有内核旁路技术的NIC来最大限度地减少服务器处理端的延迟，并避免CPU延迟。在网络端，由于CX-1线（双绞线）比光纤使用距离长5米，故为首选。该设计常常是非阻塞性的，它提供了10-GE到40-GE的端到端速率。拥塞和排队对数据中心交换机的影响被尽可能地降低。如果要减少对缓存的需求，可将应用拆分到多台服务器上，以减少速率不匹配或网络设备上的多打一的流量等因素。东西向和南北向流量模式在网络中是分离的，通常位于不同的数据中心拓扑结构上。这消除了网络端对QoS的需求。在ULL环境中，所有设计都是为了避免对QoS的需求。

现在所获得的延迟几近于0，IP/以太网交换的性能延迟低至50纳秒，这是线路上最小帧的串行延迟：以10-GE的速率传输64字节（byte），而且减少数据中心交换设备延迟的主要工作已非常成熟。这使设计模式现在转为注重NIC、服务器、闪存以及最重要的应用优化。

图1-8演示了网络端上的不同组件以及中间件和应用的延迟的数量级。这并不是一个详尽的列表，只是一个帮助理解延迟水平的概览列表。

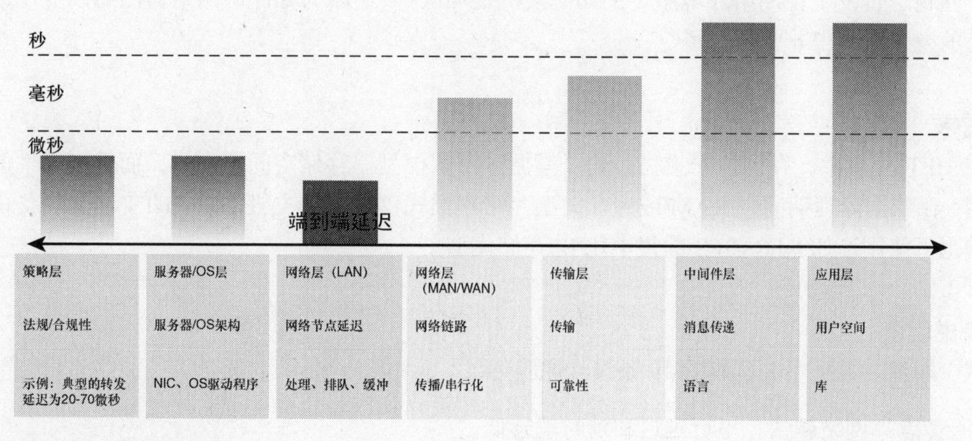

图1-8　延迟数量级

网络需求

对于超低延迟，网络需求如下。

- 最快的网络，以最少的功能提供最佳的性能。如有可能，首选线速设备（非阻塞交换）。
- 最终设计必须速率统一；没有速率不匹配（例如 1GE–10-GE）。网络设备到服务器端口的常见端到端速率是 10-GE。随着 40-GE/100-GE 和 40-GE/100-GE NIC 在业界变得更加普遍，交换机延迟进一步降低，将会出现采用更高速率的趋势。
- 没有队列，不用 QoS。
- 支持 3 层交换的数据中心交换设备，和支持 3 层交换的数据中心网络矩阵。
- 支持 2 层和 3 层组播。
- 网络地址翻译（NAT）。
- 最快速的流量复制。
- 支持数据分析和脚本功能。

减少延迟的要求还催生了一个新的数据中心架构设计领域：数据分析。因为不可能改进无法度量的指标，并且低至 1.5Mb 的瞬时拥塞事件就可能导致 1 毫秒（ms）的网络延迟（这已是非拥塞期间交换机延迟的 100 万倍），所以监测也成为了数据中心的要求。以这样的超低延迟运行的生产环境需要监测。在应用出现问题时，数据中心运维团队必须检查网络，确定此问题是否发生在网络环境中（例如交换机缓冲区）。正因为如此，网络监测和以应用为中心的视图就变得非常重要了。

存储需求

在 HFT 环境中，存储位于主机本地，遵循分布式模型。存储空间非常小，而且出于性能原因，在数据处理期间以 RAM 或闪存类型存储器形式仅存在于主机之上。HFT 网络的备份存储也可使用诸如 NFS/CIFS 的集中化 IP 存储模型。

设计考虑因素

减少端到端数据中心延迟的 10 条设计原则如下。

- **速度**：网络越快，串行延迟和延时就越低。
- **物理介质类型**：双绞线铜缆目前比光纤更快；在以一定速度并在一定距离内建立互联的

情况下，微波可能比光纤更快。例如，与两个城市间的传统裸光纤互联相比，通过微波在芝加哥与纽约市之间建立互联，由于裸光纤在可视范围外，因此在两个城市之间的传输距离更长。

- **交换模式**：与存储转发交换相比，直通交换在不同的数据包大小方面提供了可预测的性能。
- **网络中的缓冲区容量**：究竟需要多大的缓冲区容量才能提高性能？缓存膨胀会影响数据中心的延迟性能。大规模、吞吐量敏感型 TCP 流量会加深队列深度，给小规模、延迟敏感型流量带来延迟。
- **网络设备上使用的功能集**：这对端到端延迟具有直接影响。例如，CDP、STP 和 LLDP 等协议造成的延迟是不使用它们时的 2.5 倍。
- **机架式服务器**：比刀片服务器拥有更低的延迟，并且非虚拟化操作系统也会减少延迟。
- **CPU/内存选择**：这在服务器中非常重要，因为它决定了计算的性能。
- **使用的网络适配器卡和协议**：可将延迟降低达 4 倍（从 20 微秒到 5 微秒）。
- **可视性和数据分析**：这是理解延迟影响的关键。精确时间协议（PTP），IEEE1588 v2 有助于提供跨网络和计算设备的准确时钟，以达到监测效果。
- **安全**：安全措施会显著增加延迟，可能会使解决方案离超低延迟或者甚至低延迟相差甚远。但有些方法可以在网络中绕过这一问题。

拓扑结构设计

本节介绍的两种主要的拓扑结构设计是源复制和 HFT。

源复制

源复制提供了将市场数据信息复制到处理市场数据的不同目标服务器（称为源处理器）的最快方式。借助思科 Nexus 3548，可用 50 纳秒的延迟实现从北向南的流量复制。源处理器进而从交易所的数据源接收流量，而网络附加的延迟只有 50 纳秒。返回流量（从南到北，用于订单交易）可实现 190 纳秒的延迟。这种设计的目的是最大限度地减少交易所的数据源与源处理器服务器之间的交换机数量、电缆长度等。图 1-9 描绘了包含 Nexus 3548 的源复制设计示例，其中从交易所的数据源传来的从北到南流量的交换机延迟可以低至 50 纳秒。借助思科 Nexus 9000 独立式的架顶交换机，可实现约 0.600 微秒的性能；使用 ACI 交换机，延迟控制在 1 微秒范围内。

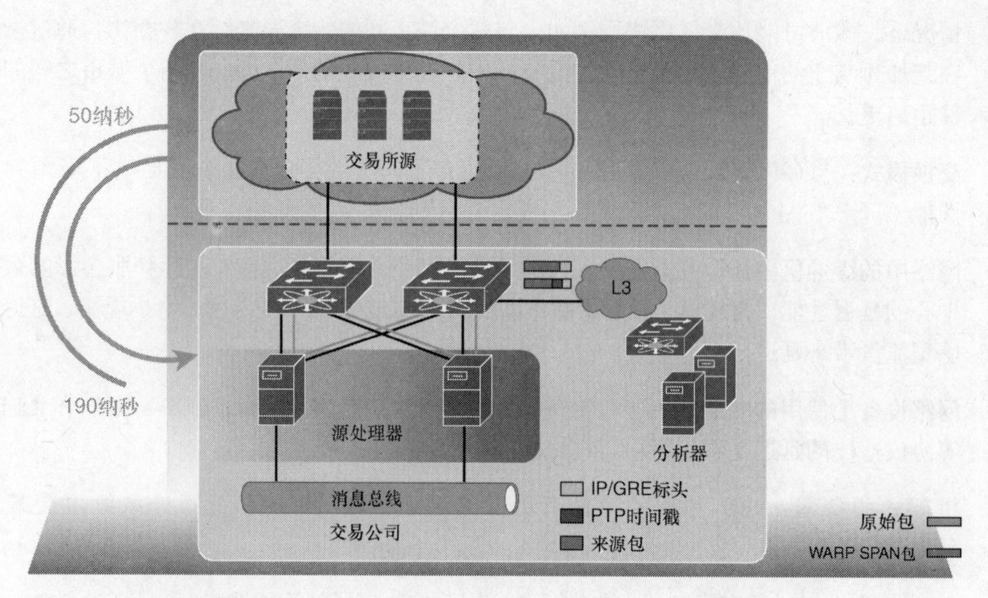

图 1-9 源复制设计示例

HFT 示例

在 HFT 拓扑结构中，典型的设计为一层或两层网络基础架构。这也称为主干/叶节点设计类型，其中的主干发挥着聚合设备的作用。设计拓扑结构的目的是在给定的服务 NIC 速度下提供必要的端口数量。最常见的是从接入层到网络层的 10-GE 设计。可使用 40-GE 上行链路来连接聚合设备。在选择设计时需考虑端到端的延迟。图 1-10 描绘了可用于 HFT 集群的不同拓扑结构，它们可划分为 10-GE 矩阵和 40-GE 矩阵。这些矩阵是非阻塞矩阵，拥有端到端、无超载比的 10-GE 或 40-GE 速率。最佳实践是将 10-GE 服务器访问连接与 40-GE 主干交换机相聚合。但是，引入的速率变化造成了 in-cast 缓冲区场景，这增加了并发对网络的影响。因此，只有在它提供了最低的端到端的延迟时，才应考虑这种设计类型。目前最快的解决方案是采用 Nexus 3548 双层 10-GE 矩阵设计。

图 1-10 提供了 HFT 的拓扑结构设计；第一个包含最多 12 台服务器，第二个包含最多 48 台服务器和 10-GE 带宽、无阻塞且每台服务器中有两张 NIC。

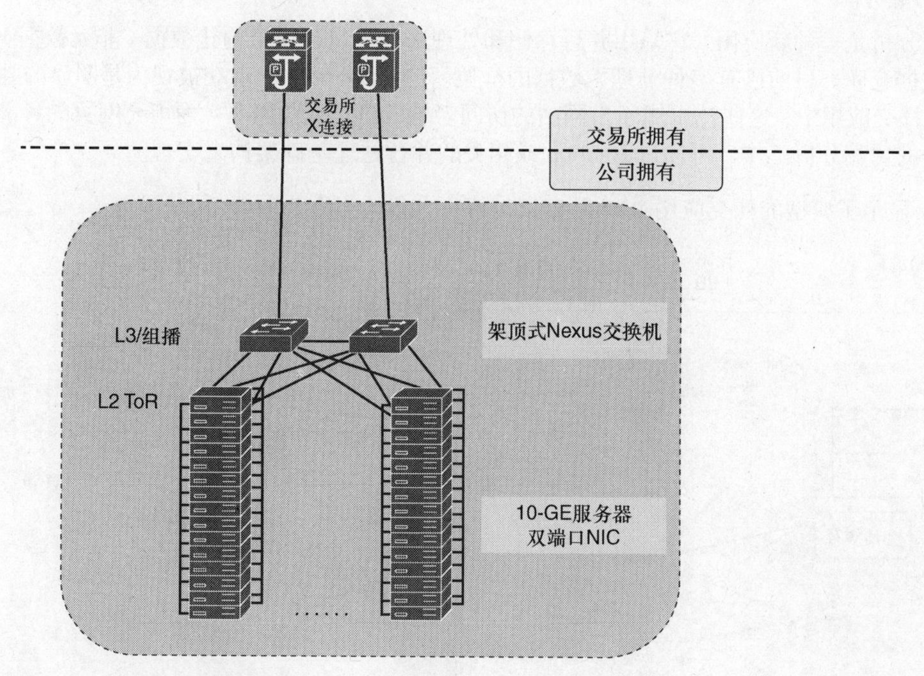

图 1-10 HFT 主机托管设计

1.1.6 超大规模数据中心

本节详细介绍 MSDC 数据中心趋势。

定义

超大规模数据中心（MSDC）并不是行业标准术语，而是思科用于表示此类数据中心的名称。MSDC 系统是一种基于 Clos 矩阵（拓扑结构），使用思科平台构建的参考架构。MSDC 系统的目的是建设拥有数十万台服务器的非常大型的数据中心，这些服务器通过 10-GE 接口以非阻塞方式连接到一个拥有 3 层邻接关系的网络。甚至可以让路由协议从主机本身对接进入网络设备，进而给来自主机的路径提供判断和优化的能力。在拥有结构化和非结构化数据模型的 Web 搜索引擎、社交网络和云托管设备中，通常会见到这种类型的数据中心。

MSDC 架构由两种关键的细分应用类别所驱动：内容服务和大数据分析。

内容传送应用包括：Akamai 公司的内容传送网络（CDN）、Apple 的 iTunes、YouTube 的视频，Facebook 照片等。通过数十万台设备向数百万用户提供媒体内容的大规模应用的挑战，所要求使用的工具和技术通常是没有现成产品的。服务提供商需要自行搭建这些集群或网格。如今这些自产的基础架构成为了这些服务提供商的差异化优势。其中一些提供商，例如 LinkedIn、Facebook 和 Google，已开源了它们的基础架构以发展其生态系统。

大数据分析是一种新应用，它采用并行存储和处理来分析包含非结构化数据（非元数据）的大型数据仓库。目前已有多种处理大数据的框架。但开源 Hadoop 现在被视为是明显的胜出者。在社交应用中，这些技术用于为网站的访问者生成自定义的网页。为填充网页的各部分而执行的后端分析工作，可通过 Hadoop 或相关的并行处理基础架构来实现。

图 1-11 显示了典型的社交应用 Web 基础架构解决方案的工作流。

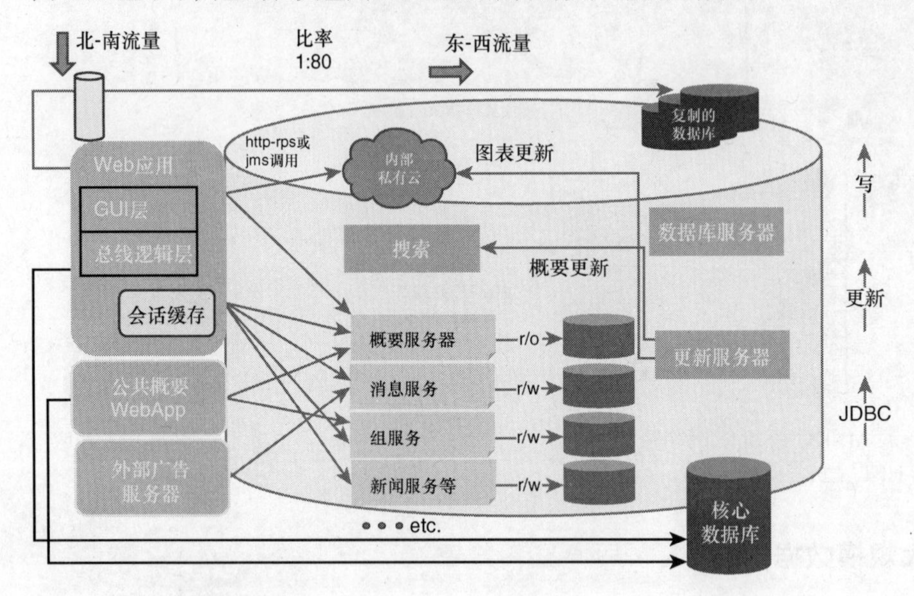

图 1-11 典型社交网络应用

MSDC 客户系统的特征已总结在表 1-1 中。

表 1-1 MSDC 客户设计的系统的特征

MSDC 系统特征	描述
多根、多路径网络拓扑结构	针对数据中心的传入/传出流量而优化的传统网络架构，对这些数据中心来说这并不够。这些数据中心的大部分流量都在服务器之间传输。为优化这种东西向的流量（两段式带宽），客户采用了以前仅在 HPC 细分市场使用的拓扑结构。例如，Web 搜索客户在其拥有大约 20000 台服务器的搜索引擎应用中使用扁平化的蝶型拓扑结构
扩展计算集群上的分布式计算	这些客户使用应用中的并行性来改善延迟和吞吐量。基于集群的计算是包含分布式应用组件的标准
包含 NoSQL、分片和缓存的并行和分布式数据库	为这些应用提供了持久性功能的数据库非常大，但不会成为串口查询和 SQL 语义的瓶颈。数据存储在 Bigtables 中或分片到多个节点中，然后使用 MapReduce 等并行框架来检索，或者缓存在 MemCache 等分布式缓存存储中
内存中计算	为了处理到达这些数据中心的对同一个数据集的大量请求，客户部署了内存型数据库和缓存来改善页面视图的延迟
功耗成本节省	数据中心运维预算在功耗上分配了足够的资金，使这些客户能发现、资助和部署创新，减少数据中心的功耗/热/碳占用

网络需求

以下 3 种主要需求，推动着数据中心网络去适应 MSDC 系统。

- **规模超出当前限制**：业界正处在由集中且密集的计算型数据中心朝应用交付整合型数据中心的根本性转变之中。站点的设计规模远远超出如今的数据中心网络设备和协议所发布的配置限制。
- **数据流量流向的更改**：数据中心应用已将主要的网络流量方向从北-南（进/出数据中心）向东-西（在集群中的服务器之间）转变。新的模式需要一种横向扩展的网络架构，类似于计算/存储基础架构中的横向扩展架构。
- **包含层数更少的多根拓扑结构的横向扩展**：MSDC 是业界少数正在大力发展的横向扩展架构之一。此架构的关键功能是使用了多级 Clos 拓扑结构的分布式核心架构，而该拓扑结构使用 3 层协议。

协议作为控制平面。Clos 拓扑结构也称为非阻塞拓扑结构或胖树拓扑结构。

下面总结了 MSDC 系统的网络需求。

- 规模（非阻塞网络的大小）。
- 端口密度。
- 带宽。
- 1 GE，与叶节点交换机的主要连接为 10-GE 的连接，从叶节点到主干是更高速的连接。
- 可变的超载比，不断调整超载比的能力。
- IP 传输：TCP/UDP。
- 3 层矩阵扩展至主机层（主要为 OSPF 和/或 BGP；可能会有 EIGRP）。
- IPv6。

目前，更先进的拥塞控制、传输机制和负载均衡算法（PFC、DCTCP 等）的研发工作正在积极地开展之中。但是，最常见的功能是用于上行链路转发路径选择的基于主机的等价多路径（ECMP）和简单的尾部丢包队列管理。

存储需求

MSDC 存储通常是分布式的，直接托管在服务器上。在一些情况下，它托管在专用存储设备上。

设计考虑因素

MSDC 类型的数据中心的关键设计考虑以下因素。

- 主干和叶节点的拓扑结构。
- 3 层协议的控制平面。
- 开放硬件和开放软件。
- 包含基于租户和基于应用的多租户支持。

设计拓扑结构

图 1-12 展示了一个 MSDC 系统，它使用三级 Clos 拓扑结构，可扩展到以 1:1 的超载比连接多达 12,288 个节点端口，或者以 3:1 的超载比连接 36864 个节点端口。所有主机都是具有 10-GE 接口的物理节点。它还支持使用 3 层协议的邻接方式，使用 1-Gbps 连接支持多达 122880 个（1:1）和 368640 个（3:1）物理节点。该系统不依赖于生成树协议来实现自愈。相反地，它使用 ECMP 管理多个路径，ECMP 充当着叶节点交换机上的路由协议。该网络提供了可用在每一跳（从叶节点开始）上的 3 层查找功能。该网络具有边界网关或边界叶节点，这些节点提供了与互联网或 DCI 链接的 10-Gbps 吞吐量。

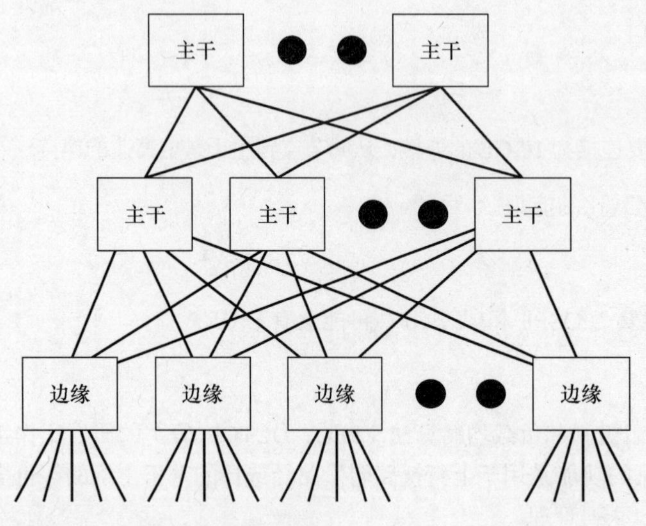

图 1-12 MSDC 设计拓扑结构

1.1.7 设计拓扑结构示例

虚拟化数据中心、大数据、HPC、ULL 和 MSDC（主干-叶节点）设计拓扑结构可使用思科

ACI或独立的思科Nexus 9000交换机来实现。图1-13中总结了CLOS非阻塞架构的3个示例，其中每个10G的面向主机端口可发送线速流量。此设计示例是基于思科Nexus 9396叶节点交换机及思科Nexus 9336、9508和9516主干交换机（每台交换机拥有36个40GE主干线卡）。给定的示例包含N个主干；其目的是展示一个中小型到大型架构的示例。该计算基于主干数量N，主干中的端口数量或主干线卡：36个40GE端口，叶节点交换机为48个下行10GE端口提供了12个40GE上行链路。主干类型与图1-13中显示的公式中描述的非阻塞叶节点端口的潜在数量之间存在着直接关联。这里的主干和叶节点之间的互联使用了一个40-GE端口。未来预计在面向叶节点的级别上会是40-GE，主干和叶节点之间的互联使用100-GE。同样的方法也适用于该设计，但端口密度可能会更改。

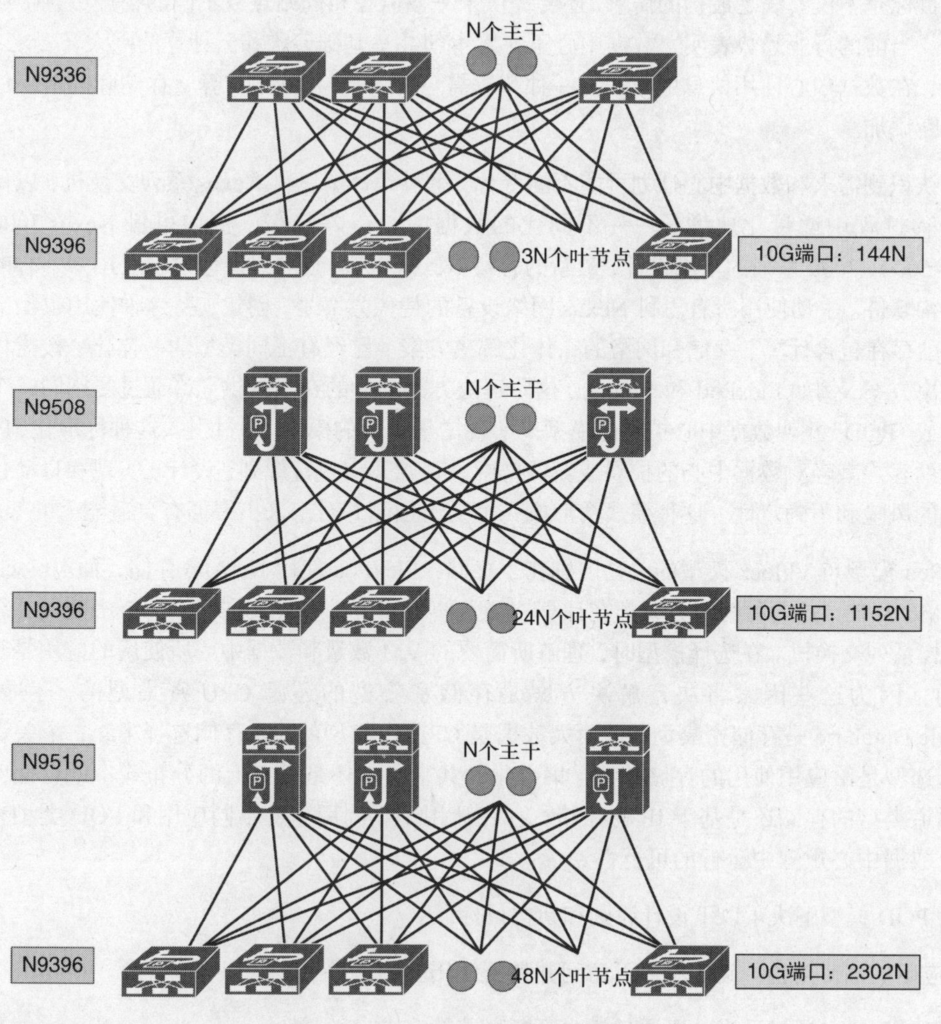

图1-13 拥有40-GE互联的ACI矩阵/N9K CLOS结构示例

1.2 基于 POD 的设计

本节介绍 POD 的概念，具体分析来自于思科和 NetApp 的 FlexPod 架构。

1.2.1 共享基础架构和云计算的 POD 模型或数据模型

数据的使用方式在不断动态地演进。如今，数据中心项目具有固定的预算，特定的范围和需求。一旦设计最终确定后，这些需求会转换为某种网络拓扑结构、交换机数量等。大多数项目的目标是不仅要满足最初的需求，还要提供未来按需在相同站点或不同的物理位置扩展的能力。当前的行业趋势表明，数据中心正在发生朝共享基础架构和云计算的巨大转变之中。因此，在数据中心使用信息的方式是一种“按需付费模式”，其中计算、存储和网络组件可以不断添加。

正是认识到需求和数据中心计划可能不断变化，思科设计了思科 Nexus 系列交换机，以保证在迁移过程中增量化地增长——不同代的数据中心矩阵共存，例如思科 Nexus 7000、6000-5000、2000 系列的三层设计，最新的思科 Nexus 9000 独立式或包含以应用为中心的基础架构软件。手动使用所有思科 Nexus 网络设备的替代方案是，创建支持这种使用模型的设计；已存在包含计算、存储和网络的一体化解决方案。已经有不同类型的一体化、按需付费的解决方案，例如 FlexPod 和 Vblock。这些解决方案的目的在于提供允许通过复制同一个块模型或“POD”并朝数据中心扩展此模型来实现增量增长的模型。通过引入这种标准化，POD 可帮助客户减轻对数据中心的扩展或新数据中心基础架构执行规划、设计、实现和自动化所涉及的风险和不确定性。这种模式会形成一个易于预测并对未来扩展拥有自适能力的架构。

FlexPod 模型与 Vblock 模型的关键区别在于存储：FlexPod 使用 NetApp 存储，而 Vblock 使用 EMC 存储。这两种解决方案都在计算功能上使用了思科 UCS，在网络功能中使用了思科 Nexus 系列交换机。在选择模型时，理解所需要的 VM 数量和数据中心所使用的应用是很重要的，因为这些因素将决定解决方案是存储密集型的还是 CPU 密集型的。例如，Oracle Database 是存储密集型的，而大数据是 CPU 密集型的。在存储选择上，一个关键的技术选型是给应用使用的存储类型：集中化的共享存储还是主机上的分布式本地存储？光纤通道类型的存储还是基于 IP 的存储？存在让用于不同用途的不同应用和 POD 类型在同一个数据中心矩阵中运行的可行性。

这种 POD 模型解决了以下设计原则和架构目标。

- **应用的高可用性**：确保服务可访问并易于使用。
- **可扩展性**：通过适当的资源量解决不断高涨的需求。

- **灵活性**：提供新服务或资源恢复能力，而无需修改基础架构。
- **可管理性**：通过开放标准和 API 实现高效的基础架构操作。
- **性能**：确保需要的应用或网络性能得以满足。
- **全面的安全性**：帮助不同的组织建立自己的具体策略和安全模型。

通过使用 FlexPod、Vblock 和 Hitachi，在创建详细的文档、信息和成功案例，帮助客户将其数据中心转型为这种共享基础架构模型的过程中，该解决方案架构和它的许多用例都得到了全面的检验和验证。此产品组合包括但不限于以下内容。

- 最佳架构设计实例。
- 工作负载调整和扩展指南。
- 实现和部署说明。
- 技术规范（什么是和什么不是 FlexPod 配置的规则）。
- 常见问题（FAQ）。
- 针对各种不同用例的思科验证设计（CVD）和 NetApp 验证架构（NVA）。

1.2.2 FlexPod 设计

FlexPod 是一种最佳数据中心架构实践，它包含以下 3 个组成部分。

- 思科统一计算系统（思科 UCS）
- 思科 Nexus 交换机
- NetApp 矩阵附加存储（FAS）系统

这些组件依据思科和 NetApp 的最佳实践来连接和配置。FlexPod 可纵向扩展来实现更高的性能和容量（根据需要单独添加计算、网络或存储资源），或者它可针对需要多种一致部署的环境而横向扩展（部署额外的 FlexPod 堆栈）。此模型提供了一种基准配置，而且还能够灵活地调整和优化来适应许多不同的用例。

通常，解决方案越灵活越可扩展，能够跨每种实现而提供相同特性和功能的单一统一架构的维护就会变得越来越困难。这正是 FlexPod 的关键优势之一。每个组件系列提供了一些平台和资源选项来扩展或缩减基础架构，同时支持 FlexPod 的配置和最佳连接实践所要求的相同特性和功能。

POD 设计方法使数据中心项目能够按需增长，保持包含计算、网络和存储的相同的初始架构，并随着项目需求扩大而扩大规模。

1.3 数据中心设计

数据中心网络基础架构设计，还包括定义交换机如何互联和如何保证网络中的数据通信。在包含接入、汇聚和核心的三层设计方法中，思科 vPC 是数据中心最常用的部署技术。还有一种被称之为“主干-叶节点”的新型两层矩阵的设计方法。这两种方法都会在本章后面的“采用主干-叶节点的 ACI 基础架构的逻辑数据中心设计”小节中介绍。

物理数据中心有 3 种基本的设计方法：列端式（EoR）、列中式（MoR）和架顶式（ToR）。该命名约定表示网络交换机在数据中心列中的位置。

这些部署模型的选择将基于以下的数据中心项目需求

- 故障域大小
- 可供机架和数据中心使用的功率
- 每个机架的服务器数量
- 每台服务器的 NIC 数量
- NIC 速率
- 布线制约因素
- 操作制约因素
- 市场上可用的交换机形态规格
- 可用的预算
- 超载比

这个列表并不是最全面的，这只是为了解释主要的列中式或架顶式方法的最终选择决策背后的概念。目前的发展趋势是使用 ToR 方法来设计数据中心。这并不意味着 ToR 是唯一可采用的设计方法，因为每个数据中心的需求是不同的，但它是目前最常见的部署方法。

1.3.1 列端式

EoR 是经典的数据中心模型，其中的交换机放在数据中心机柜列的一端。每个机架有电缆连接到列端网络设备，如图 1-14 所示。EoR 模型减少了需要管理的网络设备数量，优化了网络的端口利用率。在此模型中，机架中的服务器布局决策所受的约束更少。

要实现冗余设计，可使用两束铜线来连接每个机架，二者都连接到相反的 EoR 网络基础架构。此模型的不足在于，必须在每列上要预先水平铺设大量的电缆，以及从列的每端通过架空托架或地下连接大量的电缆。此外，它会为每列生成一个很大的网络故障域。当服务器是虚拟化的，而且每台服务器运行数十到数百个 VM 时，这方面的影响会更大。这些不足使 EoR 模型不适合在现代数据中心中采用，在现代数据中心中，机架以各种不同的方式部署，而且不同机架的速率和电缆的需求可能会不同，所以需要经常重新布线。EoR 模型非常适合具有高可用性的机箱式交换机，其中服务器接入端口事实上是连接到模块化的机箱式交换机上的。

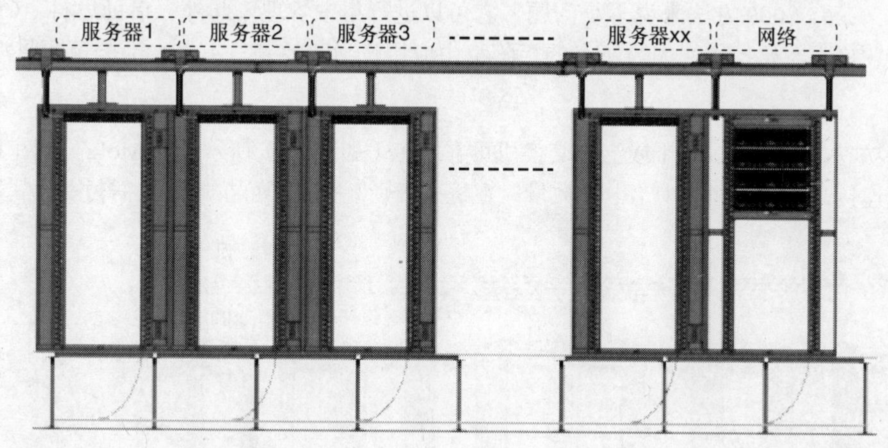

图 1-14　EoR 连接模型

列中式

MoR 是 EoR 模型的一种变形。MoR 模型定义了将服务器连接到位于机柜列中部的交换机的架构。MoR 模型减少了对从列的一端连接到另一端的更长的电缆的要求，因为使用 MoR，网络位于中部。MoR 不仅在电缆长度上，而且在电缆类型上减少了布线成本。7 至 10 米长的 CX-1 双绞线可用于将设备与 MoR 网络设备互联，而不需要包含配线架在内的更长的光纤。

架顶式：现代数据中心方法

前面已经提到，ToR 方法是目前最常用的。它更适合 POD 设计并且包含一个故障域。ToR 模型定义了将服务器连接到位于同一个机架内的交换机的架构。这些交换机通常使用水平光纤电缆来连接到汇聚交换机。此模型提供了接入层向优化的高带宽网络和低成本低运维开销布线设施架构的清晰的迁移路线图。它还支持按需付费的计算机部署模型，这增加了业务敏捷性。数据中心的接入层给架构师带来的挑战最大，因为他们需要选择布线架构来支持数据中心计算机的互联需求。

ToR 网络架构和布线模型建议使用光纤作为连接机架的主干电缆，而在机架上主要使用铜线或光纤介质来连接服务器。来自每个机架的光纤的使用还有助于保护基础架构投资，因为在采用任何其他传输机制之前，不断演变的标准（包括 40-GE 和 100-GE）更可能使用光纤实现。例如，40-GE 能够使用在现有的多模 10-GE 光纤基础架构上开发的思科 QSFP BiDi 光模块作为收发器来运行。通过限制机架内的铜线的使用，ToR 模型可将最常更改的布线隔离到最常变更的数据中心组件中：即机架本身。对于来自机架的光纤的使用提供了一种灵活的数据中心布线基础架构，以支持从 1-GE 过渡到现在的 10-GE 和 40-GE，同时支持在未来过渡到 100-GE 和更高速率。ToR 方法的主要不足在于要管理的交换机数量。这对思科 Nexus 2000 方法来说不是问题，它可以进行集中管理。此外，借助思科 ACI 矩阵，此问题更不需要担忧，因为所有的矩阵都由应用定义和控制。本书大部分篇幅将涉及 ACI 矩阵。

采用 ToR 方法，叶节点、主干或汇聚交换机可在 EoR（如图 1-15 所示）或 MoR（如图 1-16 所示）上连接，同时显著减少了电缆数量，在机架级别上提供了可扩展的按需付费模式。

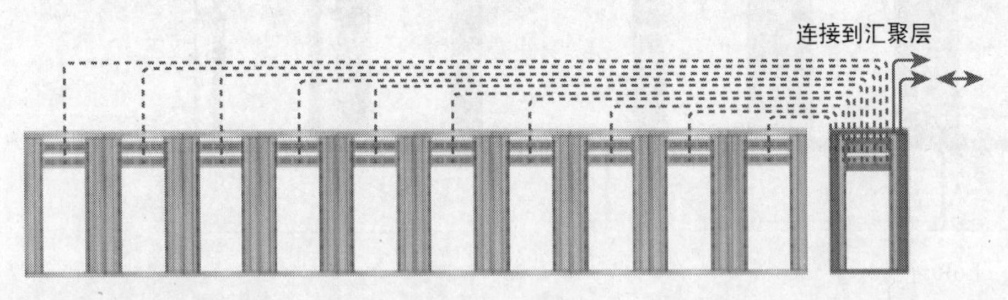

图 1-15　包含 EoR 聚合/主干/叶节点的 ToR 部署

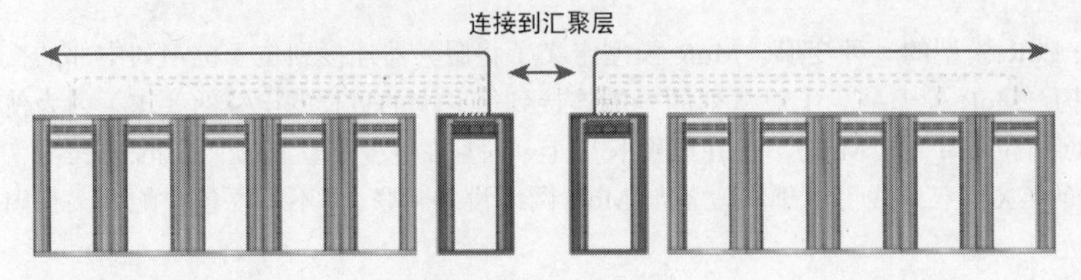

图 1-16　包含 MoR 聚合/主干/叶节点的 ToR 部署

在 ToR 上，服务器与上行链路带宽之间典型的超载比为 5:1。这就是最初为 ToR 配置基于 48 个端口的非阻塞交换机的原因，其中 40 个端口是面向服务器的，8 个端口用于上行链路。根据部署需求，可实现非阻塞 ToR 设计或较高的超载比设计。例如，HFT 环境需要非阻塞且无超载比的网络，而高度密集的虚拟化环境或虚拟桌面需要更高的比率。根据是否是虚拟化环境，双宿主或单宿主服务器可通过 1-GE、10-GE 或 40-GE NIC 卡来部署。在 100-GE 或更高速率的 NIC 变得可用时，同样的原则也将适用。

机架大小正从标准的42个机架单元（RU）和19英寸宽的插槽演变为更密集和更高的模型。机架大小有许多选择，目前最宽为23英寸，高度选项涵盖从44个RU到包含57个RU的超高的自定义机架设计。一个RU表示1.75英寸的高度。在当前的设计中，48个RU的大小变得更常见，因为它将42个RU的大小拉伸到更密集的形式，而且仍符合货运卡车、入户门大小等的实际情况。

通常需要2至4个RU用于管理带外网络、接线板、配置电缆等。因为能够容纳40个RU的服务器密度是常见的需求，这就为ToR交换机留出了4至6个RU。ToR交换机的通风气流是从前往后的，而且不需要在交换机之间增加空间。它们应堆叠在服务器上。可以通过更换思科Nexus交换机中的风扇盘和电源，将气流方向更改为从后往前。在列端式设计中可以看到这种从后往前的气流设计。

单宿主服务器设计

对于单宿主服务器，通常在机架中部署单个ToR交换机。ToR交换机为服务器提供了交换端口，还提供了连接到汇聚层的上行链路端口，汇聚层可能是MoR、EoR等。通常，ToR交换机的所有端口都拥有相同的功能。没有特定的专用上行链路端口，除了思科Nexus 2000产品系列之外，其上行链路端口是特定的，而且它们只能连接到上游的Nexus 5000、5500、6000、7000、7700或9000产品。通过采用网络vPC、VXLAN、IP或最新的端到端以应用为中心的ACI基础架构来支持上行流量，矩阵技术或连接技术可以在2层或3层中使用。

对于双宿主服务器，会在机架中部署一对ToR交换机。在此场景中，给定服务器上的每张NIC连接到一台不同的ToR交换机。

服务器可以在以下场景中运行。

- 双活第2层
- 双活第3层
- 主备模式

矩阵或连接技术可拥有与具有ToR的矩阵的第2层和第3层冗余连接，或者具有采用vPC技术的第2层的冗余性。在ToR上游，可使用与单宿主服务器设计类似的技术。

1.3.2 采用主干-叶节点ACI基础架构的逻辑数据中心设计

传统的网络是基于生成树协议的冗余模型搭建的。后来，vPC的使用带来了双活连接方式，与STP主备拓扑结构相比，该双活连接获得了两倍带宽的增强。过去5年来在数据中心最常用的就是vPC设计和拓扑结构，但本节并不介绍它们。数据中心设计的新趋势是，使用主干-叶节点两层设计，ACI矩阵所采用的也是这种设计。本节介绍主干-叶节点架构和设计，然后介绍ACI主干-叶节点的优势。

数据中心网络通常是在物理上配置于单个管理域内。不同于传统的企业网络，数据中心的大部分流量都是东西向传输（在数据中心内的服务器之间）而不是南北向（在数据中心内的服务器与外部之间）。数据中心内的设备倾向于均匀分布（服务器、网络工具、NIC、存储和连接）。在服务器端口方面，数据中心网络可涵盖3000个到100000个端口。它们对成本也更加敏感，但没有传统企业网络那么丰富的功能。最后，数据中心内的大多数应用都会被量身调整来使用这些常规特征。

主干-叶节点数据中心架构旨在满足这些需求，它由一个拓扑结构、一组开放协议和每个网络节点中最少的功能组成。它的物理拓扑结构的最简单形式是基于两层、“胖树”拓扑结构，也称为Clos或非阻塞拓扑结构。此拓扑结构包含一组叶节点设备，它们连接到一个完整的二分图中的一组主干设备。也就是说，每个叶边界设备连接到每个主干，反之亦然，如图1-17所示。

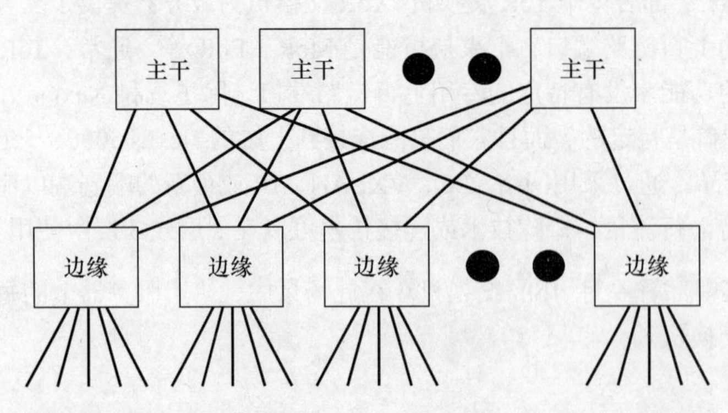

图1-17 主干-叶节点架构

此架构拥有以下4个基本特征。

- 胖树拓扑结构。
- 通过细粒度的冗余性获得非常高的网络可用性。
- 基于开放、可交互操作、标准的技术。
- 扩展管理具有同质性、定期性和简单性。

此架构的优势包括以下几点。

- 可扩展性。
- 灵活性。
- 可靠性。

- 可随时启用。
- 开放、可互操作的组件。
- 低拥有成本和运维成本。

每个节点是一台全功能的交换机。例如，每个节点可接收标准网络数据包并转发它，就像典型的交换机或路由器那样。此外，每个节点有一个关联的控制平面，用于确定该节点的转发状态。

此拓扑结构大量使用了多路径以在节点之间获得所需带宽。用于主干-叶节点架构的转发模式可基于 2 层转发（网桥）或 3 层转发（路由），具体可根据特定客户的需求。每种方式都有其实际（且能感觉到）的优势和不足。本节不讨论这些优劣的权衡。例如，ACI 架构依赖于路由主机方法或主干-叶节点架构的 3 层转发。

主干-叶节点架构提供了细粒度冗余性的优势，意味着许多组件会并行工作，因此任何一个组件或少量组件的故障都不会给网络的整体功能带来重大影响。如果交换机失效了，对网络管理员来说这并不是很重要。这会是一个微妙但非常有趣的概念。细粒度冗余性的优势可通过一个比较示例来很好地演示。对于传统的数据中心网络设计，在树的顶部有两台交换机，如果其中一台交换机出于任何原因发生故障，网络将会损失 50%的性能。一台交换机发生故障的概率与它的可靠性相关，典型的可靠性目标为 5 个 9，也就是说有 0.00001%的几率失去网络性能的 50%。尽管这是个很小的几率，但客户显然喜欢更好的。

在基于主干-叶节点的网络中，主干中有 20 台交换机。要损失同样的带宽量，也就是 50%，就要 10 台交换机同时失效。这显然是非常不可能的，为了得到具体的数字，让我们做一个假设和简单的计算。假设出于某种原因，交换机的可靠性非常差，只有两个 9；也即交换机发生故障的几率为 1%。这些交换机中的 10 台同时发生故障的几率为 0.01^10 或 0.00000000000000001%。这与高度可用的交换机的 0.00001%的几率相比不是很差。这里的基本理念是，在设计网络时会假设一些组件是会发生故障的，而不是尝试让网络组件完美无瑕。没有组件是“大而不倒”的。例如，MSDC 客户应采用此方法计算所需资源和基础架构。与说服某人任何单个组件极不可能发生故障，因此他们就可以高枕无忧相比，说服某人其网络的设计能很好地处理故障会更容易。

同样的观点也可应用于网络的运维方面。在交换机的软件必须升级时，甚至在该交换机支持思科在线软件升级（ISSU）时，人们通常非常担忧该升级对网络服务的影响。借助细粒度冗余性，管理员只需让该交换机停止运行，升级它，重新启动它，或者执行其他必要的操作，而无需担心对整体网络设备的影响。在主干-叶节点架构中，高可用性由整个矩阵来处理，无需让单台设备支持 ISSU，以预防应用中断。

最后，端口间的延迟会很低，并且延迟是固定的。假设队列延迟为 0，许多 MSDC 客户想要获得稳定的任意端口到任意端口的延迟。

在主干-叶节点架构中，无论网络有多大，数据包从一个端口传输到任何其他端口的最大延迟是相同的。该延迟是边缘设备延迟的两倍加上主干的延迟。随着业界和思科开发了更优化延迟的新交换机，主干-叶节点架构将无缝地采用这些进步。事实上，使用思科目前正在开发的交换机很容易为 100000 个非阻塞 10-GE 端口实现最大 1.5 毫秒的延迟。因此，此网络甚至可满足低延迟网络需求。类似的考虑因素适用于缓存和转发表大小。这些是交换机已实现的功能。如果需要更大的缓冲，则使用具有更大缓存区的交换机。表项大小也是如此。这种依据开发小组可能拥有的具体权衡因素和市场考虑因素而设计每个网络组件的自由，是主干-叶节点架构所提供的灵活性。超大规模、固定的每端口成本以及较低、一致的延迟，都是主干-叶节点架构非常有吸引力的特征。

ACI 架构依赖于本节所介绍的主干-叶节点模型。ACI 矩阵还采用了中央管理点，同时保留了独立设备分布式控制平面。这允许该矩阵提供单一的交换机操作模式，同时获得主干-叶节点架构的所有好处。

1.4 小结

在数据中心网络设计过程中，在架构选择和最终设计上需要注意以下一些关键的考虑因素。

- 要托管在数据中心的应用和这些应用所使用的存储类型。
- 数据中心的需求和限制，包括物理 POD 模型设计。
- 不同类型的数据中心设计。

主干-叶节点架构发展的趋势，解决了这些考虑因素和数据中心的需求。ACI 矩阵依赖于本章介绍的主干-叶节点架构和 ToR 设计方法。此矩阵设计方法适应于不同应用和存储类型的所有发展趋势，在数据中心设计中提供了一定的灵活性，读者可将同一种技术用于不同的应用和存储实例。

表 1-2 总结了 5 种不同的应用趋势和矩阵选型。新的主干-叶节点 ACI 架构适合所有的使用场景，后续章节将介绍 ACI 所带来的好处。

表 1-2 5 种不同的应用趋势和每种趋势的网络选择总结

应用类别	存储	结构	结构技术	端口数量	超额订购率
ULL	分布式 IP	L2、L3	ACI、vPC、路由	小于 100	1:1
大数据	分布式 IP	L2、L3	ACI、vPC、路由	小于 100 到 2000	高
HPC	分布式非 IP	L2	ACI、vPC、FabricPath	小于 100 到 1000	2:1 到 5:1

续表

应用类别	存储	结构	结构技术	端口数量	超额订购率
MSDC	分布式 IP	L3	ACI、路由、OTV	1000 到 10000	高
虚拟 DC	分布式 FC 或 IP 针对较小规模的分布式 IP	L2、L3	ACI、vPC、VXLAN、路由、OTV	小于 100 到 10000	高

备注：图 1-1 和图 1-2 由 Cisco Press 出版社提供:《云计算与数据中心自动化》

第2章

云架构的组建模块

在编写本书时，大多数大规模数据中心的部署都是按照最新的云计算原则而设计的。运营商或大型企业所构建的数据中心也是如此。本章演示构建云的设计和技术需求。

2.1 云架构简介

美国国家技术与标准研究所（NIST）将云计算定义为“一种支持便捷、按需地通过网络访问可配置计算资源（例如网络、服务器、存储、应用和服务）的共享池的模型，它可快速配置和发布，只需极少的管理工作或和服务运营商交互”（参见 http://csrc.nist.gov/groups/ SNS/cloud-computing）。

数据中心资源（例如服务器或应用）以弹性服务的方式提供，这意味着容量可按需添加，并且在计算或应用不需要时，可将为其服务的资源下线。Amazon Web Services（AWS）常常被视为采用此概念和如今出现的许多类似服务的先驱。

云计算服务常常依据两个不同类别来分类。

- **云交付模型**：公共云、私有云或混合云。
- **服务交付模型**：基础架构即服务、平台即服务或软件即服务。

云交付模型指定在何处配置计算能力，常常使用以下术语。

- **私有云**：在企业内部提供的服务。设计为私有云的数据中心向内部用户提供共享资源。私有云由租户共享，举例而言，其中每个租户可能是一个业务部门。
- **公共云**：由服务运营商或云运营商（例如 Amazon、Rackspace、Google 或 Microsoft）提供的服务。公共云通常由多个租户共享，举例而言，其中每个租户可能是一个企业。

- **混合云**：通过私有云提供一些处理工作负载的资源，通过公共云提供其他资源。将一些计算工作迁移到公共云的能力，有时称为云并发（cloud burst）。

服务交付模型表明了用户会采用哪些云服务。

- **基础架构即服务（IaaS）**：用户请求专用的机器（虚拟机）来安装应用、存储和网络基础架构。示例包括 Amazon AWS、VMware vCloud Express 等。
- **平台即服务（PaaS）**：用户请求数据库、Web 服务器环境等，示例包括 Google App Engine 和 Microsoft Azure。
- **软件即服务（SaaS）或应用即服务（AaaS）**：用户在云上而不是在自己的场所内运行应用，例如 Microsoft Office、Salesforce 或 Cisco WebEx。

使用 IT 服务的云模型，而且特别是对于 IaaS，基于的概念是用户通过自助门户来从目录中提供服务，其配置工作流是完全自动化的。这可确保使用服务的用户不需要等待 IT 人员分配 VLAN，安装负载均衡器或防火墙等。其重要优势在于，用户的请求可以接近实时地完成。

直到最近，配置仍是通过 CLI 来执行，并且是逐台机器地进行操作。现在，ACI 提供了可通过使用可扩展标记语言（XML）或 JavaScript 对象表示法（JSON）的非常紧凑的描述来大规模地实例化“虚拟”网络的能力。

Cisco UCS Director （UCSD）和 Cisco Intelligent Automation for Cloud（CIAC）等工具将 ACI 服务与计算配置编排在一起（例如通过 Cisco UCS、VMware vCenter 或 OpenStack），以向整个基础架构（业界将此称为虚拟私有云、虚拟数据中心或容器）提供快速的配置服务。

图 2-1 概要描绘了云基础架构的组成部分。云服务（b）的用户（a）订购一个独立的环境（c），该环境由包含防火墙负载均衡和虚拟机（VM）的容器来表示。CIAC 提供服务目录功能，而 UCSD 和 OpenStack 发挥组件管理器的作用。

此请求由服务目录和门户通过编排层（d）来处理。编排层可由多个组件构成。举例而言，思科提供了 CIAC，它与各种组件管理器进行交互来配置计算、网络和存储资源。

图 2-1 还解释了应用中心型基础架构（ACI），以及更准确地说是思科应用策略基础架构控制器（APIC）会融入到云架构中的何处。

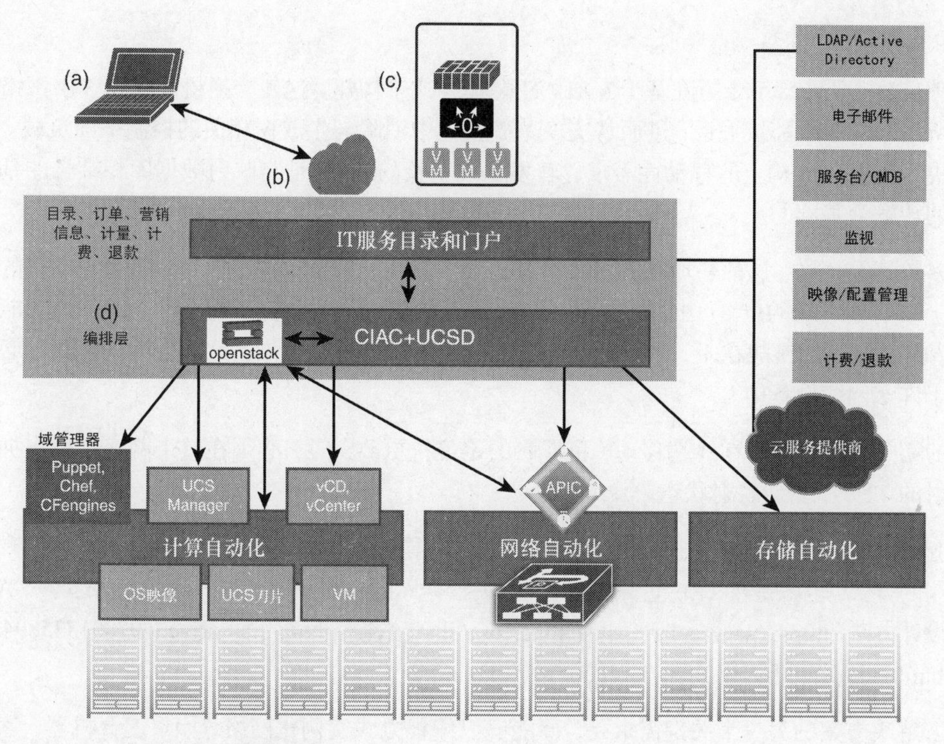

图 2-1 基础架构的组建模块

2.2 云的网络需求和 ACI 解决方案

为云部署提供支持的网络基础架构必须满足以下多个需求。

- 扩展到非常多的虚拟机。
- 支持工作负载之间的 2 层邻接关系。
- 支持多租户。
- 高度可编程。
- 支持嵌入负载均衡器和防火墙。
- 支持嵌入虚拟负载均衡器和虚拟防火墙。

第一和第二条需求几乎是不兼容的，因为如果数据中心是使用传统的生成树技术构建的，它会引起两个问题。

- 控制平面上的生成树可扩展性限制。

- 耗尽 MAC 地址表。

为了满足这些需求，ACI 矩阵基于 VXLAN 叠加方式来构建，这使交换机能够在 3 层网络上保持所认知的 2 层邻接关系，进而从交换基础架构中消除与生成树相关的控制平面负载。为了解决 3 层基础架构上的移动性需求，转发是以全长的/32 地址与映射数据库相结合的基于主机的转发为基础的。

像大多数情况一样，这种叠加需要网络边缘的数据路径从报文中的租户终端地址（即它的标识符）映射到终端的位置（即它的定位符）。这种映射在被称为隧道终端（TEP）的功能中执行。此种映射的挑战在于，需要针对非常大的数据中心进行扩展，这是因为映射状态必须存在于许多网络设备中。

扩展的第二个问题是，在终端移动（也即它的定位符更改）时，必须在整个网络中所有拥有该映射的 TEP 中更新映射状态。

ACI 解决方案通过结合使用在数据报文所经过的数据路径中，以线速和在数据路径中实现缓存机制的方式，也就是在 TEP 上，通过实现中央数据库的映射解决了这些问题。（第 7 章“ACI 矩阵设计方法”https://www.safaribooksonline.com/library/view/the-policy-driven/ 9780133589436/ch07.html - ch07 详细解释了 ACI 中的流量转发）。

构建云解决方案的另一个关键需求是，要能够以编程方式实例化网络。如果逐台机器、逐条链接地管理网络，脚本或自动化工具必须访问各台机器并跟踪工作负载在何处，才能在链接上启用 VLAN 中继。它还必须确保端到端路径依据抽象模型而配置。ACI 通过使用集中化的配置点，APIC 控制器，同时仍旧在矩阵中的每个节点上保留各个控制平面功能，来解决了此问题。该控制器将整个网络展现为树中的一个对象分层结构。它将与工作负载相关的网络属性描述为逻辑属性，而不是物理属性。所以，是要定义工作负载的连接需求，而不需要说明特定工作负载是在哪个物理接口上。

此外，该矩阵还展现了所有交换机的网络属性，所以它们都可以通过表述性状态传递（REST）调用对单台大型交换机/路由器进行配置和管理。APIC REST API 接受并返回包含 JSON 或 XML 文档的 HTTP 或 HTTPS 消息。编排工具可使用 REST 调用来轻松地对网络基础架构进行编程（第 4 章“运营模型”演示了这种新模型，以及如何使用 REST 调用和脚本来自动化配置）。

通过将网桥域、VRF 上下文和应用网络配置文件的所有配置表示为 fvTenant 类型的对象的子对象，在管理信息模型中就可以实现多租户模型。网络传输的分段使用不同的 VXLAN VNID 来加以保证。

防火墙和负载均衡器的嵌入也已实现自动化，以简化包括物理或虚拟防火墙和负载均衡服务的虚拟容器在内的创建工作（第 8 章“在 ACI 中实现嵌入式服务”将更详细地演示服务的建模，以及如何将它们嵌入到矩阵中）。

2.3 Amazon Web Services 模型

本节介绍 Amazon Web Services 提供的一些服务和 AWS 命名约定。AWS 提供了非常广泛的服务，本节的目的不是描述所有这些服务。虽然如此，但本节对网络管理员还是很有用，原因有二。

- 作为流行 IaaS 服务的参考。
- 将私有云扩展到 Amazon Virtual Private Cloud 中的潜在需要。

下面的列表提供了一些关键的 AWS 术语。

- **可用性专区**：区域内的一个明确的位置，它与其他可用性专区内的故障绝缘，而且提供了与同一区域内其他可用性专区的廉价、低延迟的网络连接。
- **区域**：同一个地理区域内的可用性专区集合，例如 us-west、us-east-1a、eu-west 等。
- **访问凭据**：用于访问分配给指定用户的 AWS 资源的公钥。
- **Amazon Machine Image （AMI）**：给定虚拟机（Amazon 称之为实例）的映像。
- **实例**：运行给定 AMI 映像的虚拟机。
- **弹性 IP 地址**：与实例关联的静态地址。

Amazon Elastic Compute Cloud（EC2）服务支持在用户选择的区域和用户选择的可用性专区内启动 AMI。实例由防火墙保护。实例也带有一个 IP 地址和一个 DNS 条目。EC2 服务也可附带 Elastic Load Balancing，后者将流量在 EC2 计算实例上分发。Auto Scaling 可帮助基于利用率来配置足够的 EC2 实例。Amazon CloudWatch 提供了每个 EC2 实例的 CPU 负载、磁盘 I/O 速率和网络 I/O 速率的信息。

备注 更多信息可在以下地址找到：
http://docs.aws.amazon.com/general/latest/gr/glos-chap.html
http://docs.aws.amazon.com/AmazonCloudWatch/latest/DeveloperGuide/Using_Query_API.html

Amazon Simple Storage Service（S3）可通过基于 SOAP 的 Web 服务 API 进行访问，或者借助使用标准的 HTTP 动作（GET、PUT、HEAD 和 DELETE）的 HTTP API 来访问。对象可使用协议名称、S3 终端（s3.amazonaws.com）、对象键和所谓的桶名称来标识。

所有资源都可使用 Amazon SDK 来创建和操控，这些 SDK 具有各种编程语言版本，例如 Python 和 PHP SDK，它们可分别在以下 URL 上获得：

http://aws.amazon.com/sdk-for-python/ http://aws.amazon.com/sdk-for-php/

借助此方法，可彻底实现以下自动化功能。

- 定位服务器资源
- 附加存储
- 提供 Internet 连接
- 设置交换和路由
- 启动服务器
- 安装操作系统
- 配置应用
- 分配 IP 地址
- 配置防火墙
- 扩展基础架构

备注 有关更多信息，请参阅图书：
《借助 Amazon Web Services 在云中轻松托管网站》，作者为 Jeff Barr（SitePoint，2010 年）。

可通过多种方式访问 AWS 托管的 Amazon Virtual Private Cloud（VPC）。一种方式是配置一台跳转主机，可使用 AWS 生成的公钥通过 SSH 登录到它。另一种方法是通过 VPN 将企业网络连接到 Amazon VPC。

2.4 服务器自动化配置

在包含数千台物理和虚拟服务器的大规模云部署中，管理员必须能够以一致且及时的方式配置服务器。

出于以下原因，网络管理员将会对本节感兴趣。

- 本节中的一些技术也可用于维护网络设备设计。
- 思科 ACI 重用了一些在这些技术中经证明对维护网络配置的任务很有效的概念。
- ACI 的完整设计必须包含对这些技术的支持，因为附加到 ACI 的计算节点将使用到它们。

服务器自动化配置的总体方法包括以下步骤。

- PXE 引导服务器启动（物理或虚拟服务器）。

- 使用 Puppet/Chef/CFEngine 代理将该操作系统或自定义的操作系统部署在该服务器上。

由于上述原因，云部署的典型设置需要以下组件。

- DHCP 服务器
- TFTP 服务器
- NFS/HTTP 或 FTP 服务器用于提供启动文件
- Puppet 大师或 Chef，或者类似工具

2.4.1 PXE 启动

现代数据中心的管理员很少通过可移动介质（例如 DVD）安装新软件。管理员反而采用 PXE（预启动执行环境）启动映像服务器。

启动过程按以下顺序进行。

1. 主机启动并发送 DHCP 请求。
2. DHCP 服务器提供 PXE/TFTP 服务器的 IP 地址和位置。
3. 主机将对 pxelinux.0 的 TFTP 请求发送到 TFTP 服务器。
4. TFTP 服务器提供 pxelinux.0。
5. 主机运行 PXE 代码并请求内核（vmlinuz）。
6. TFTP 服务器提供 vmlinuz 代码和启动配置文件的位置（NFS/HTTP/FTP 等）。
7. 主机从服务器请求启动配置。
8. HTTP/NFS/FTP 服务器提供启动配置。
9. 主机请求安装包，例如 RPM。
10. HTTP/NFS/FTP 服务器提供 RPM。
11. 主机运行 Anaconda，即安装后的处理脚本。
12. HTTP/NFS/FTP 服务器提供这些脚本和 Puppet/Chef 安装信息。

2.4.2 使用 Chef、Puppet、CFengine 或类似工具部署操作系统

大型数据中心的管理员需要处理的重要任务之一是，通过必要级别的补丁软件、最新的软件包，并启用需要的服务，来保持计算节点的更新。

用户可创建VM模板或黄金映像并将它们实例化来维护配置，但此过程会生成文件尺寸极大的映像，而且在每次需要变更时，重复此过程都将是一项漫长的任务。将配置或库的更新信息传送到以模板生成的所有服务器上，也是非常困难。更好的方法是使用工具，例如Chef、Puppet或CFengine。借助这些工具，可创建一个基本的黄金映像或VM模板，并在次日推送到服务器上。

这些工具提供了使用从底层操作系统抽象出的语言来定义节点最终状态的能力。例如，不需要知道使用“yum”还是“apt”来安装文件包，只需定义一个需要给定的文件包即可。不需要在不同的机器上使用不同的命令来设置用户、文件包、服务等。

如果需要创建Web服务器配置，可使用高级语言来定义它。然后，该工具创建必要的目录，安装需要的文件包，并启动在最终用户指定的端口上进行监听的进程。

这些工具的关键特征是，它们基于例如“声明性”模型（因为它们定义了想要的最终状态）和幂等配置的原则（因为可重新运行相同的配置多次，而始终会得到同样的结果）。策略模型依赖于声明性方法（可在第3章“策略数据中心”中，找到声明性模型的更多细节”）。

借助这些自动化工具，可以在实际执行给定操作之前就模拟其结果，实现变更，预防配置漂移。

Chef

下面这个列表提供了Chef使用的一些关键术语的参考信息。

- **节点**：服务器（但可能是网络设备）。
- **属性**：节点的配置。
- **资源**：软件包、服务、文件、用户、软件、网络和路由。
- **秘诀（Recipe）**：一组资源所想要的最终状态。它由Ruby定义。
- **细则（Cookbook）**：特定配置所需要的一组秘诀、文件等。细则基于一种特定的应用部署，定义该应用部署需要的所有组件。
- **模板**：包含在运行时解析的嵌入式Ruby代码（.erb）的配置文件或代码段。
- **运行列表**：特定节点应该运行的秘诀列表。
- **Knife**：Chef的命令行工具。
- **Chef客户端**：在节点上运行的代理。

正常情况下，管理员从Chef工作站的“Knife”执行配置，在该工作站的本地拥有一个配置存储库。细则保存在Chef服务器上，它将配置推送到节点，如图2-2所示。

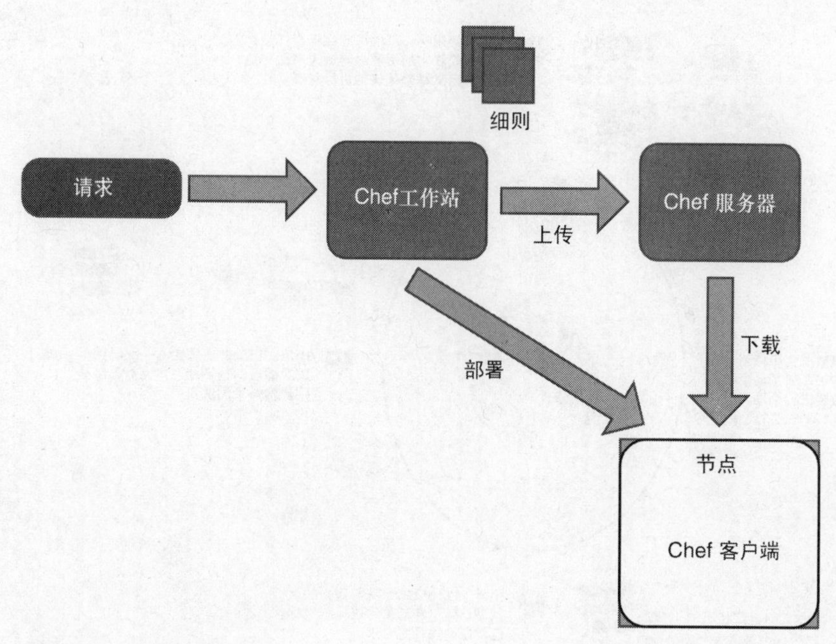

图 2-2 Chef 流程和交互

与要在设备上执行的操作相关的秘诀，会在 Chef 工作站上配置，并上传到 Chef 服务器。

Puppet

图 2-3 演示了 Puppet 的操作原理。使用 Puppet 语言，可以定义想要的资源（用户、软件包、服务等）状态，模拟在清单文件中定义的目标最终状态的部署，然后将该清单文件应用到基础架构上。最后，可以跟踪所部署的组件，跟踪变更，纠正偏离了目标状态的配置。

以下是 Puppet 中使用的一些重要术语的列表。

- **节点**：服务器或网络设备。
- **资源**：配置对象：文件包、文件、用户、组、服务和自定义服务器配置。
- **清单文件**：使用 Puppet 语言（.pp）编写的源文件。
- **类**：指定的 Puppet 代码块。
- **模块**：围绕特定用途而组织的一组类、资源类型、文件和模板。
- **目录**：要应用到一个特定节点上的所有资源的经过汇编的集合，以及这些资源之间的关系。

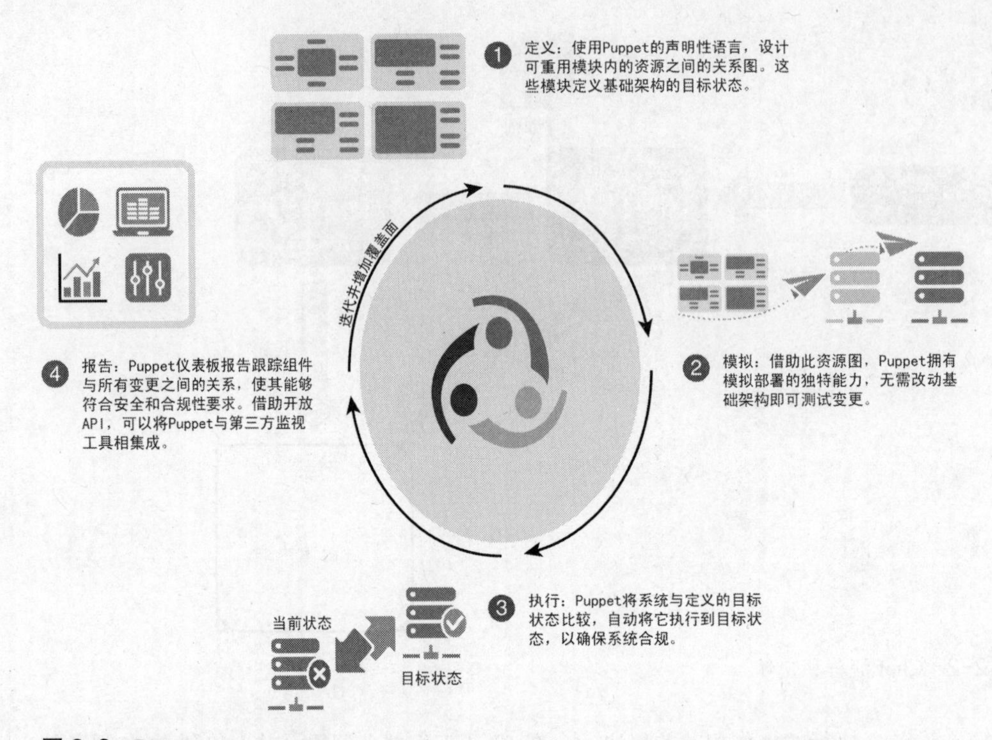

定义：使用Puppet的声明性语言，设计可重用模块内的资源之间的关系图。这些模块定义基础架构的目标状态。
迭代并增加覆盖面
模拟：借助此资源图，Puppet拥有模拟部署的独特能力，无需改动基础架构即可测试变更。
报告：Puppet仪表板报告跟踪组件与所有变更之间的关系，使其能够符合安全和合规性要求。借助开放API，可以将Puppet与第三方监视工具相集成。
当前状态
目标状态
执行：Puppet将系统与定义的目标状态比较，自动将它执行到目标状态，以确保系统合规。

图 2-3　Puppet

2.5　用于基础架构即服务的编排器

Amazon EC2、VMware vCloud Director、OpenStack 和 Cisco UCS Director 都是 IaaS 编排器，它们统一了虚拟机、物理机器、存储和网络的配置，可启动针对特定用户环境（称为容器、虚拟数据中心或租户）的整个基础架构。

这些工具支持以下常见的操作。

- 创建 VM
- 启动 VM
- 关闭 VM
- 重启 VM
- 变更服务器的所有权
- 创建映像的快照

2.5.1 vCloud Director

VMware 支持使用 vCloud Director 来实现云应用。vCloud Director 构建于 vCenter 之上，后者进而通过大量运行 vSphere 的主机来协调 VM。图 2-4 演示了 vCloud Director 的特性，它提供了租户抽象和资源抽象，它还为云计算服务的用户提供了 vApp Catalog。

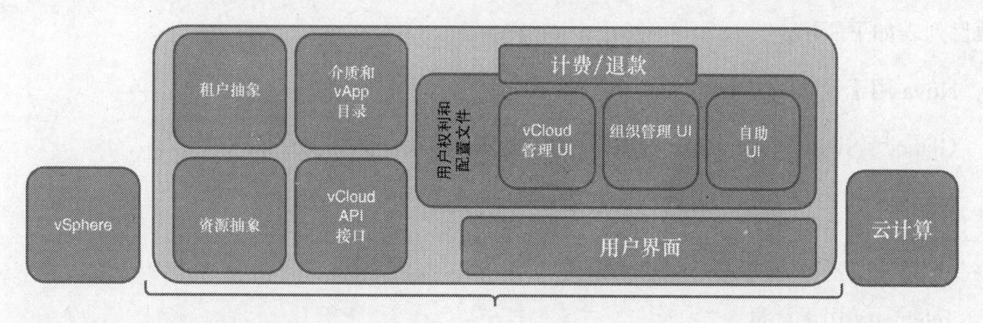

图 2-4　vCloud Director 组件

图 2-5 展示了 vCloud Director 如何以不同方式组织资源并在一个分层结构中提供它们，“组织”位于该分层结构的顶层。在“组织”内，有多个 vDC。

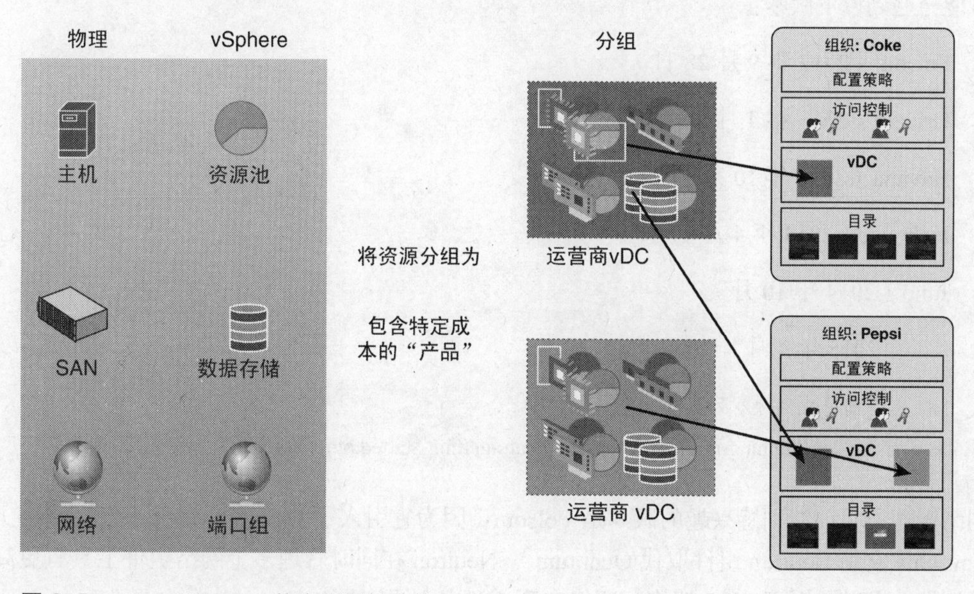

图 2-5　vCloud Director 的资源组织结构

2.5.2 OpenStack

第 6 章“OpenStack”将介绍与 ACI 相关的 OpenStack 的详细信息。本节的目的是解释

OpenStack 如何融入到云架构中。

项目和版本

OpenStack 的每个功能区域都是一个独立的项目。对于云部署，不需要使用完整的 OpenStack 功能集，可以仅使用一个特定项目的 API。

项目列表如下所示。

- Nova 用于计算
- Glance、Swift 和 Cinder 分别用于图像管理、对象存储和块存储
- Horizon 用于仪表板、自助门户和 GUI
- Neutron 用于网络和 IP 地址管理
- Telemetry 用于计量
- Heat 用于编排

由于不同的版本在功能上可能有着很大的变化，所以版本命名非常重要。在编写本书时，将可能会遇到以下版本：

- Folsom（2012 年 9 月 28 日）
- Grizzly（2013 年 4 月 4 日）
- Havana（2013 年 10 月 17 日）
- Icehouse（2014 年 4 月 17 日）
- Juno（2014 年 10 月）
- Kilo（2015 年 4 月）

备注 可在以下地址找到版本列表:
http://docs.openstack.org/training-guides/content/associate-getting-started.html#associate- core-projects

网络管理员目前特别感兴趣的版本是 Folsom（因为它引入了 Quantum 组件来管理网络）和 Havana（它用 Neutron 组件取代 Quantum）。Neutron 在同时管理多个网络组件上具有更高的灵活性，尤其是对于 ML2 架构，这将在第 6 章中介绍。

Neutron 的插件概念非常重要。它是网络供应商向 OpenStack 架构中嵌入功能的途径。Neutron 提供了 OpenStack 可使用的插件，该插件通过通用 API 来配置其特定的网络设备。

多虚拟机管理程序支持

OpenStack 通过 Nova 组件来管理计算，该组件控制着以下各种各样的计算实例。

- 基于内核的虚拟机（KVM）。
- Linux 容器（LXC），通过 libvirt 控制。
- Quick EMUlator（QEMU）。
- 用户模式 Linux（UML）。
- VMware vSphere 4.1 update 1 和更高版本。
- Xen、Citrix XenServer 和 Xen Cloud Platform（XCP）。
- Hyper-V。
- Baremetal，它通过可插拔的子驱动程序来配置物理硬件

安装程序

安装 OpenStack 会是一个很大的话题，因为在过去安装 OpenStack 是很复杂的。事实上，思科对此已经采取措施，提供了一个 OpenStack 快速脚本安装程序，以方便 OpenStack 的部署。目前已经有许多其他的安装程序。

安装 OpenStack 用于概念验证用途时，常常会听到以下术语。

- **一体化安装**：将 OpenStack 控制器和节点的组件放在同一台机器上。
- **双角色安装**：将 OpenStack 控制器放在一台机器上，将一个计算节点放在另一台机器上。

要开始使用 OpenStack，通常需要下载一个提供了最新的，完整的、而且是最佳版本的 devstack 发行版。Devstack 是开发人员在 OpenStack 完整环境中快速“堆叠”和“取消堆叠”的途径，使他们能够开发和测试自己的代码。很自然地，devstack 的应用规模会很有限。

如果想要对一个特定版本执行一体化安装，可按照以下地址说明，使用思科 Havana 安装程序：http://docwiki.cisco.com/wiki/OpenStack:Havana:All-in-One，它结合使用了 git repo 和以下地址上的代码：https://github.com/CiscoSystems/puppet_openstack_builder。第 6 章提供了与安装过程相关的更多信息。

目前有以下多种快速安装程序。

- Red Hat OpenStack 提供了 PackStack 和 Foreman。
- Canonical/Ubuntu 提供了 Metal as a Service（MaaS）和 JuJu。

- SUSE 提供了 SUSE Cloud。
- Mirantis 提供了 Fuel。
- Piston Cloud 也提供了一种安装程序。

架构模型

将 OpenStack 部署在数据中心时，需要考虑以下组件：

- PXE 服务器/Cobbler 服务器（来自 Fedora 的引言：Cobbler 是一种 Linux 安装服务器，可用于快速设置网络安装环境。它将许多关联的 Linux 任务结合在一起并自动化，所以在部署新系统以及在一些情况下变更现有应用时，无需在许多不同的命令和应用之间跳来跳去）。
- Puppet 服务器不仅为计算节点提供映像管理，还可为 OpenStack 的每个控制器节点创建映像。
- 一个或多个 OpenStack 控制器节点，运行 keystone、Nova（api、cert、common、conductor、scheduler 和 console）、Glance、Cinder、Dashboard 和 Quantum with Open vSwitch 使用 Nova（common 和 compute）和带有 Open vSwitch 的 Quantum 运行虚拟机的节点。
- 提供存储基础架构的代理的节点。

网络考虑因素

思科产品提供了在 OpenStack 编排过程中配置网络功能的插件。图 2-6 演示了 OpenStack 中的网络基础架构的框架。

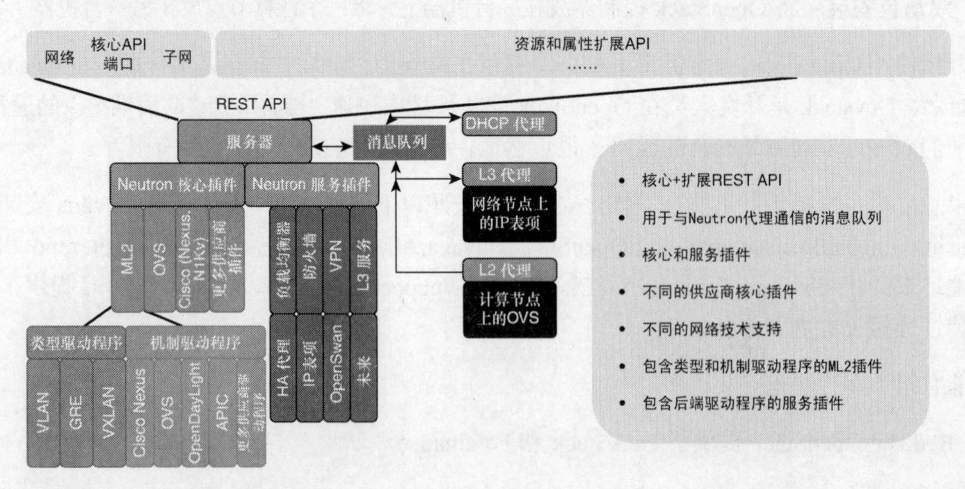

图 2-6 OpenStack 网络插件

OpenStack 中的网络表示一个隔离的 2 层网段，类似于物理网络世界中的 VLAN。它们可以映射到 VLAN 或 VXLAN，从而成为 ACI 终端组（EPG）和应用网络策略（ANP）的一部分。如图 2-6 所示，核心插件基础架构提供了使用供应商插件的选项。此议题将在第 6 章中介绍。

备注 有关 OpenStack 的更多信息，请访问 http://www.openstack.org。

2.5.3 UCS Director

UCS Director 是一种自动化工具，可用于将配置从组件管理器的使用中抽象出来，在自动化的工作流中配置计算、存储和 ACI 网络，并对应用进行配置。UCS Director 提供了工作流，为管理员定义服务器策略、应用网络策略、存储策略和虚拟化策略，并在整个数据中心执行这些策略，如图 2-7 所示。

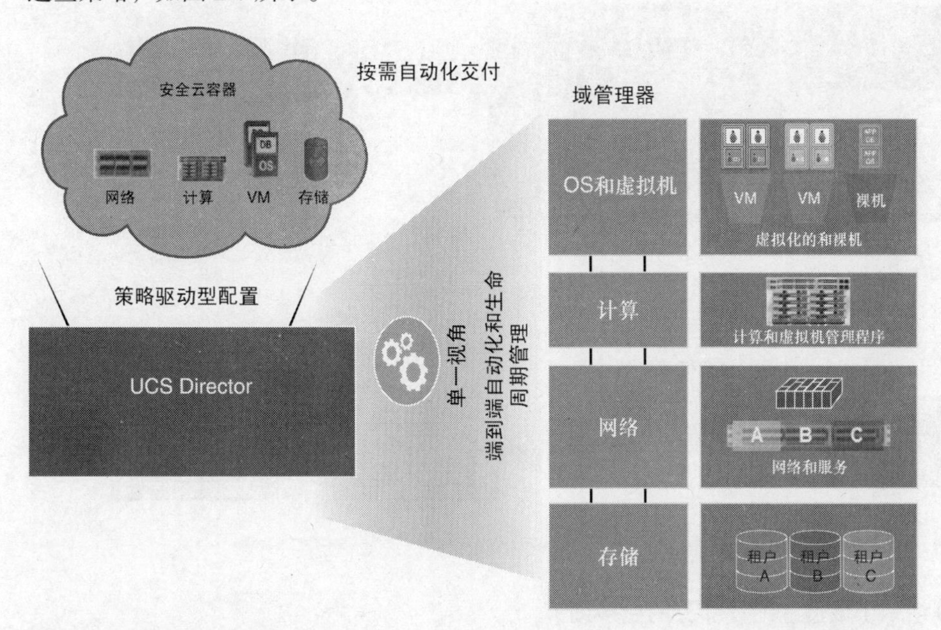

图 2-7 UCS Director

该工作流可通过使用图形化的工作流设计器，以一种非常直观的方式定义。

UCSD 同时拥有北向 API 和南向 API。南向 API 允许 UCSD 用作可扩展的平台。

备注 有关 UCS Director 的更多信息，请访问 https://developer.cisco.com/site/data- center/converged-infrastructure/ucs-director/overview/

2.5.4　Cisco Intelligent Automation for Cloud

Cisco Intelligent Automation for Cloud 工具实现了自助门户，并在编排引擎的支持下对虚拟和物理服务器进行自动化配置。尽管 UCSD 与 CIAC 之间存在着一些模糊的界线，CIAC 使用 UCSD 北向接口并对编排功能进行补充，从而提供了对某些操作（例如提供自助门户，开具通知单，执行退款等）进行标准化的能力。CIAC 对 UCSD、OpenStack 和 Amazon EC2 进行编排，并与 Puppet/Chef 集成。它还提供了用于定价的资源利用率度量方法。监测的资源包括 vNIC、硬盘使用等。

图 2-8 演示了 CIAC for PaaS 使用 Puppet 所执行的操作。

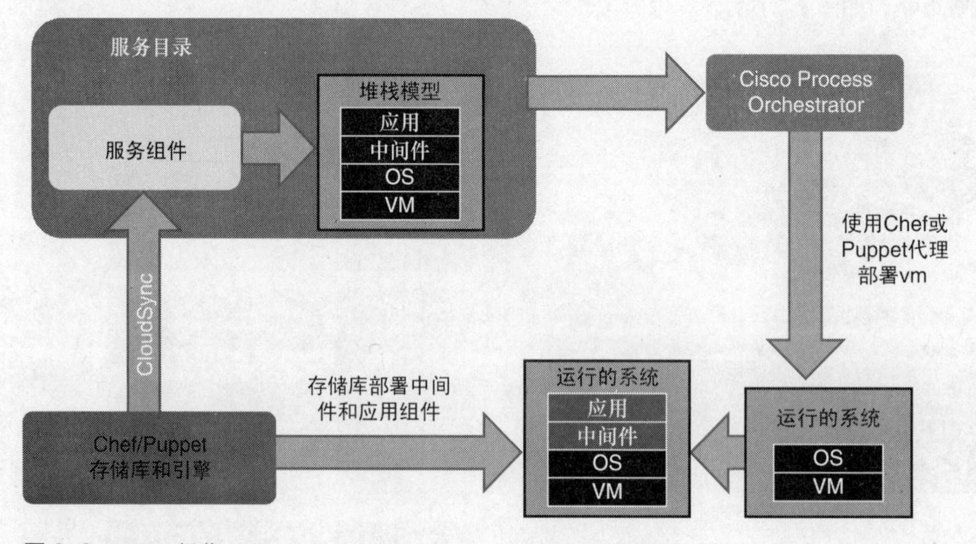

图 2-8　CIAC 操作

图 2-9 演示了该过程配置部分的更多细节。

CIAC 使用以下分层结构来组织数据中心资源。

- 租户
- 租户内的组织
- 虚拟数据中心
- 资源

图 2-10 演示了 CIAC 使用的分层结构。

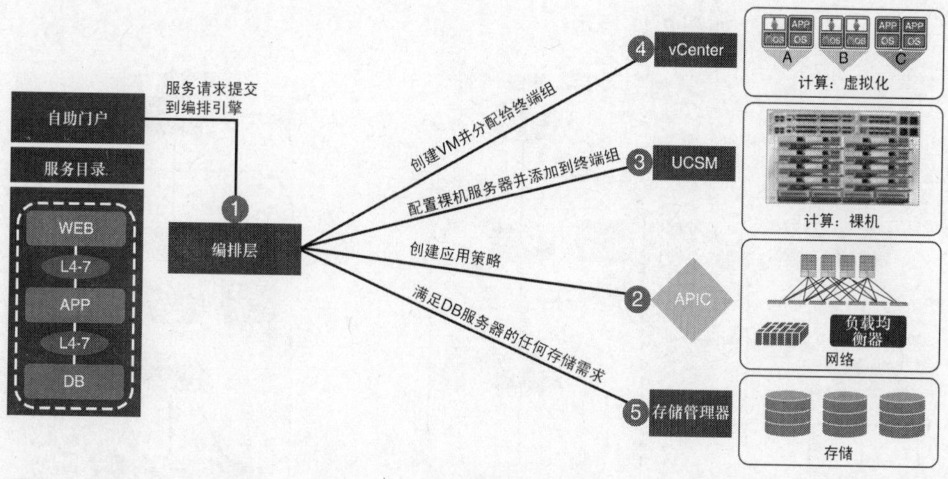

图 2-9 CIAC 工作流

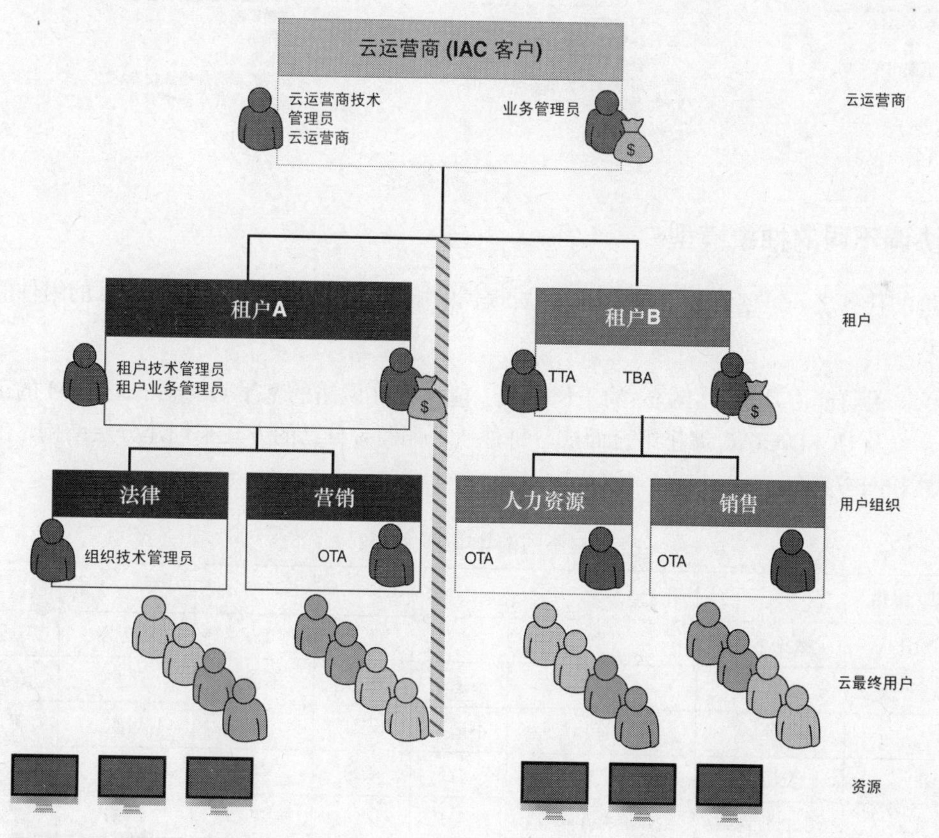

图 2-10 CIAC 中的分层结构

CIAC 为用户提供了完整的自助目录，其中包含具有经典的金银铜等不同等级的“容器”或数据中心的不同选项，如图 2-11 所示。

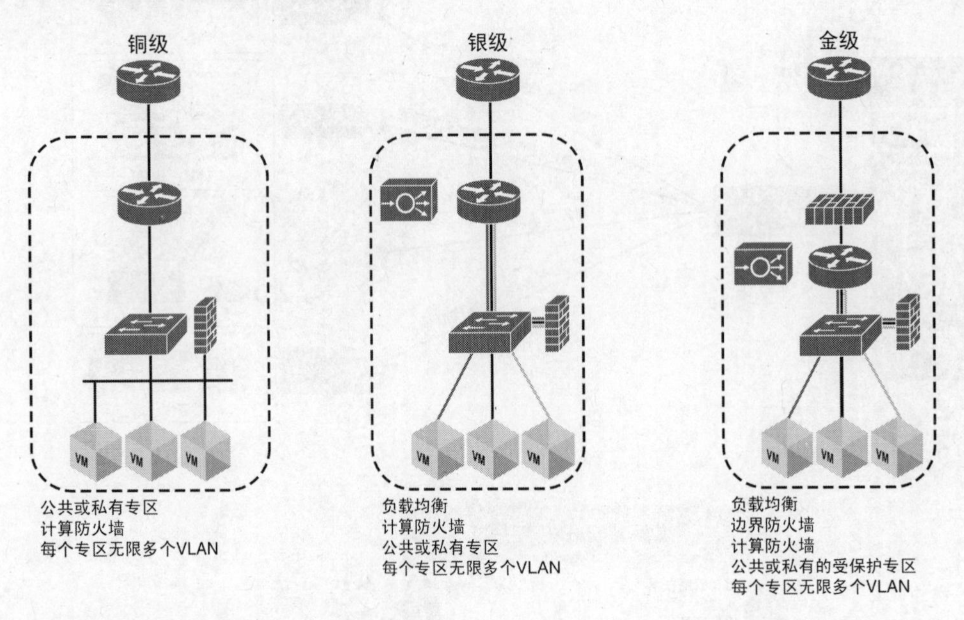

图 2-11　容器

2.5.5　协调不同的抽象模型

管理员的任务之一是创建云基础架构，将所提供的服务的抽象模型映射成组成云的组件的抽象形式。

典型的产品可能由基于 VMware 的工作负载、包含 ACI 网络的基于 OpenStack/KVM 的工作负载，以及 UCSD/CIAC 编排组合而成。每种技术都拥有自己的方式来创建分层结构，虚拟化计算和网络。

表 2-1　对不同的环境进行比较

平台类型/属性							
计算 POD	数据中心	组织		账户	账户	服务器	不适用
租户	文件夹	组织	不适用	账户	不适用	租户	安全域
组织	文件夹	不适用	不适用	不适用	组	组织	租户
VDC	资源池	组织 VDC	项目	账户	VDC	VDC	租户
VLAN 实例	vCenter 网络	组织网络/网络池	网络 ID	网络 ID	网络策略	网络	子网
VM 模板	完整路径	VM 模板 HREF	映像 ID	AMI ID	目录	服务器模板	不适用

表 2-1 VMware vCenter Server、VMware vCloud Director、OpenStack、Amazon EC2、UCS Director、CIAC 和 ACI 之间的区别。

在 ACI 中，网络按租户来划分，租户的管理通过安全域的概念来组织。不同的管理员与一个或多个安全域相关联，类似地，每个租户网络可与一个或多个安全域相关联。结果会得到一种多对多的映射，这将有助于创建复杂的分层结构。如果两个租户网络代表 CIAC 中的同一个“租户”，但是同一个“租户”中的两个不同组织，则可以共享资源并在它们之间启用通信。

在 CIAC 中，一个租户可包含不同的组织（例如部门），每个组织可拥有一个或多个虚拟数据中心（物理和虚拟资源的汇聚）。网络和其他资源需要共享或隔离，ACI 控制器（APIC）向编排器公开的 API 很容易实现上述目的。

备注 有关 Cisco 在 OpenStack 领域的发展情况的更多信息，请访问以下链接：

http://www.cisco.com/web/solutions/openstack

http://docwiki.cisco.com/wiki/OpenStack

2.6 小结

本章介绍了云基础架构的组件，以及 ACI 如何为云提供网络自动化。解释了 Amazon Web Services 方法。本章还介绍了各种编排工具的作用，例如 OpenStack、Cisco UCS Director 和 Cisco Intelligent Automation for Cloud。还介绍了如何对服务器进行自动化配置和一些如何开始使用 OpenStack 的相关重要概念。还解释了 OpenStack 对云基础架构的建模，并将其与 CIAC 和 ACI 的相似建模进行了比较。本章还讨论了管理员将 IaaS 服务的需求映射到这些技术模型上所需的任务。

第 3 章

策略数据中心

本章的目的是帮助理解如何对业务应用进行建模并实施到思科 ACI 网络矩阵中的思科以应用为中心的基础架构（ACI）方法，并展示如何向这些应用施加一致并且可靠的策略。思科 ACI 方法提供了将软硬件功能映射到应用部署的独创的方法组合，它可以是通过思科应用策略基础架构控制器（APIC）GUI 来图形化地映射，或者是通过思科 APIC API 模型，RESTful（表述性状态传递）接口，以编程方式进行映射。APIC 模型提供了目前业界独一无二的控制器。本章将详细介绍 APIC 的概念和原则。最后，思科 ACI 矩阵不仅适用于全新的部署，许多用户还有意将 ACI 矩阵部署到现有的环境中。本章最后一部分介绍如何将 ACI 矩阵与现有网络相集成。

3.1 为什么需要基于策略的模型?

当前的企业客户、运营商、云运营商和（更广泛的）数据中心环境下的客户，需要在各自的环境中越来越快地部署应用。数据中心托管的应用正在呈指数级增长。与此同时，随着需要将更多特性压缩到更小尺寸的芯片中，以及增加端口密度、端口吞吐量和功能，网络设备的硬件复杂度越来越高。因为同一个数据中心环境中的主干、叶节点会使用不同类型或不同代的产品，网络环境也将变得更加多样性。这进一步分割了应用所有者的需求和网络团队及时实现新应用的能力。图 3-1 描绘了这种交流障碍，网络和应用所有者需要解决这些障碍，才能在基础架构上部署新的解决方案。

要在网络中部署新应用，网络团队需要执行以下操作。

- 定位 VLAN 和子网。
- 通过访问控制列表（ACL）保证安全性。
- 确定端到端网络 QoS 模型中是否需要一个针对新应用的服务质量（QoS）映射，根据它所部署在的硬件，新应用的功能会有所不同。

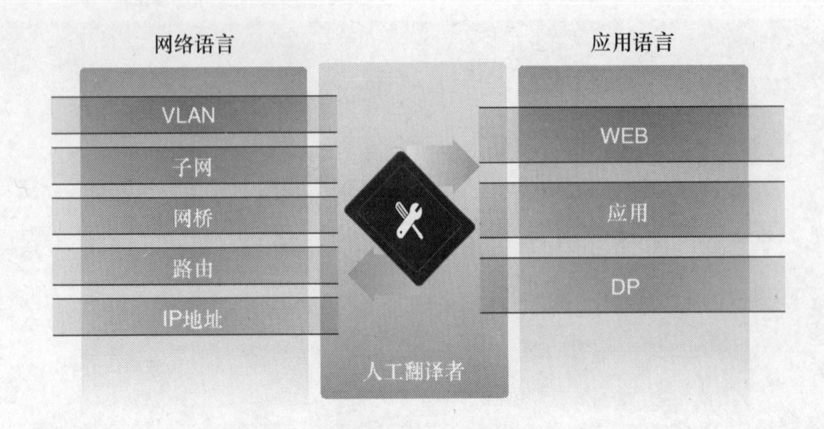

图 3-1　网络与应用之间的语言差异

关键是在于，要实现新应用的部署，除了理解网络变更认证的漫长过程和网络的测试环境，网络团队必须成为网络基础架构的真正专家。很自然，排除应用故障时就会出现同样的问题。将应用事件（例如延迟、带宽和丢包）与网络操作（需要跟踪报文到每个硬件，以确认是否是网络问题）相关联，在更大规模环境中将会是既耗时又困难。

这就引发了实现一定层度抽象的思路：在网络与应用语言之间进行人为翻译是不必要的。更进一步，资源应当是优化使用的。系统应该能够将应用部署在基础架构已准备好接受它们的地方，但又不会影响其他流量，同时优化可用的硬件网络资源。这正是策略驱动型数据中心方法的价值所在。

策略驱动型数据中心带来了陈述性方法模型，策略利用该模型来取代旧的、命令式的控制模型，如图 3-2 所示。使用陈述性控制模型，交换机接受应用需求（在思科 ACI 中称为终端组）

行李处理人员遵循简单、
基本的指令序列

空中交通管制中心指示从何处起飞，
但不会指示如何开飞机

图 3-2　策略数据中心声明性控制模型

的培训和指导，在应用能够发挥作用的时间和位置部署它们，而无需手动硬编码基本指令。例如，控制塔告诉飞机在何处起飞。是飞机飞行员，而不是控制塔处理起飞。这就是依照允诺理论而使用陈述性控制模型的精髓。

使用策略驱动型数据中心设计方法，在硬件和软件之间形成新的层度的抽象，这样就可以找到一种跨越各种硬件平台、功能和未来的演进而调整网络的方法。这保障了在网络和应用团队之间实现自动化，将应用部署时间从数个月缩减到几秒或更短。

3.2 策略理论

思科 APIC 策略模型按自顶向下的方式定义为一种策略执行引擎，它仅关注应用本身，抽象了底层的网络功能。

思科 APIC 策略模型是一种基于允诺理论的面向对象的模型。允诺理论基于对智能对象进行陈述性和可扩展的控制，而不是传统的命令式控制模型。

命令式控制模型采用大脑系统或自顶向下的管理风格。在这些系统中，中央管理器必须知道底层对象的配置命令和这些对象的当前状态，如图 3-3 所示。

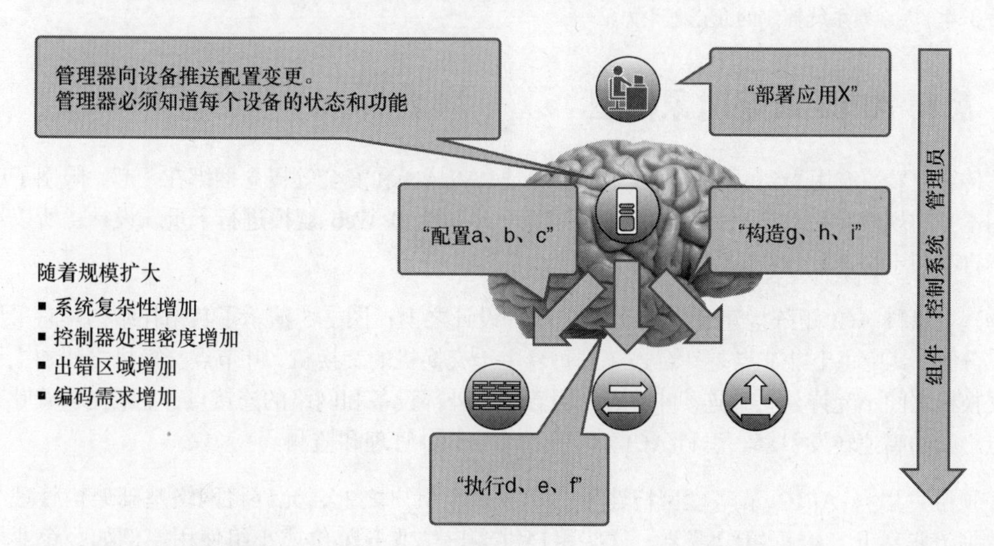

图 3-3 底层组件的配置

与此相反，在目标状态变化时，允诺理论依靠底层对象来处理控制系统所发起的配置状态变更。这些对象进而负责将异常情况或故障信息传回给控制系统。这减轻了控制系统的负担和复杂性，有助于实现更大的扩展性。通过允许采用底层对象的方法，来请求彼此的和/或更底层对象状态的更改，并使这些系统可进一步扩展。图 3-4 描绘了允诺理论。

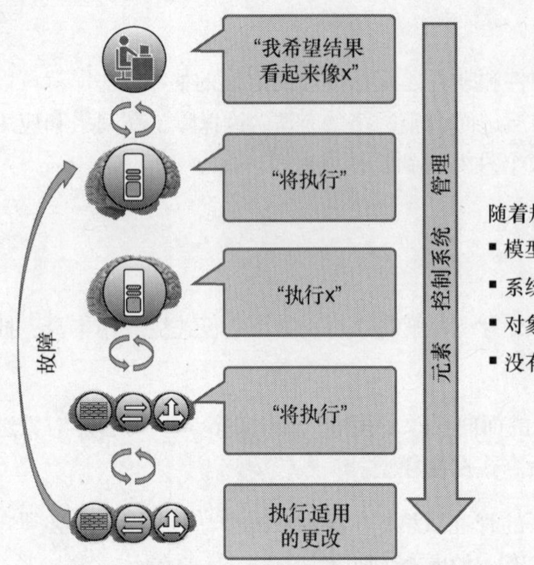

图 3-4 大规模系统控制的允诺理论方法

3.3 思科 APIC 策略对象模型

从传统上看，应用受到网络能力的限制。地址、VLAN 和安全等概念捆绑在一起，限制了应用本身的规模和移动性。因为如今的应用针对移动性和 Web 规模进行了重新设计，所以这不再有利于快速且一致的部署。

物理上思科 ACI 矩阵构建于主干-叶节点型的设计之上；图 3-5 演示了其拓扑结构。它采用二分图，其中每个叶节点是一台连接到每台主干交换机的交换机，叶节点交换机之间和主干交换机之间不允许建立直连。叶节点充当着所有外部设备和网络的连接点，主干充当着叶节点之间的高速转发引擎。思科 ACI 矩阵由思科 APIC 管理和监测。

在顶层，思科 APIC 策略模型构建于一个或多个租户之上，允许将网络基础架构管理与数据流隔离开。根据组织需要，这些租户供客户、业务单位或小组使用。例如，企业可能为整个组织使用一个租户，而云运营商可能让客户使用一个或多个租户来表示其组织。

租户进一步分解为私有的 3 层网络，它们与虚拟路由转发（VRF）实例或独立的 IP 空间具有直接关联。根据业务需求，每个租户可拥有一个或多个私有 3 层网络。私有 3 层网络提供了进一步分离给定租户下的组织和转发需求的方法。因为各个上下文使用了不同的转发实例，所以出于多租户用途考虑，不同上下文中的 IP 地址可能重复。

租户是应用策略的逻辑容器或文件夹，它可表示实际的租户、组织或域，或者只是便于组织信息。从策略角度讲，普通租户表示隔离单元，而不表示私有网络。名为 common 的特殊租户拥有可由所有租户使用的可共享策略。上下文是私有 3 层命名空间或 3 层网络的一种表示。它是思科 ACI 框架中的隔离单元。租户可依赖于多个上下文。上下文可在普通租户内声明（包含在该租户内）或者可在“common”租户内声明。此方法不仅为每个租户提供了多个私有 3 层网络，还提供了可供多个租户使用的共享的 3 层网络。这样就不需要特定的、严格控制的租户模型。终端策略为给定虚拟 ACI 上下文中定义的所有终端指定一种通用的思科 ACI 行为。

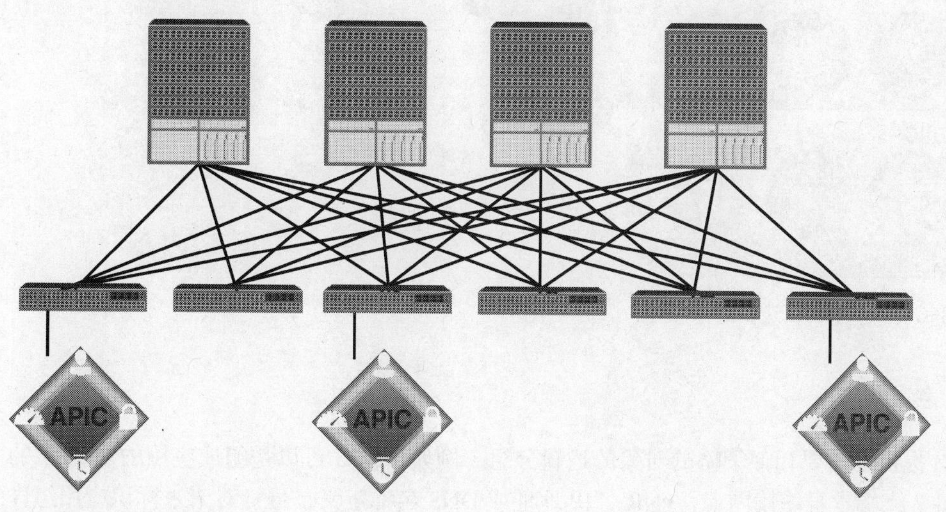

图 3-5 思科 ACI 矩阵设计

在上下文层以下的层次，该模型提供了定义应用本身的一系列对象。这些对象称为终端组（EPG）。EPG 是包含相似终端的集合，表示一个应用层或一组服务。EPG 通过策略彼此连接。值得注意的是，在此情况下，策略不仅仅是一组 ACI，它包含一组入站/出站过滤、流量质量设置、标记规则/重定向规则，以及 4-7 层服务设备图。此关系如图 3-6 所示。

图 3-6 描绘了一个给定租户下的两个上下文，以及组成该上下文的一系列应用。图中所示的 EPG 是组成一个应用层或其他逻辑应用分组的对象组。例如，应用 B（在图 3-6 右侧显示为已展开）可以是一个蓝色的 Web 层、红色的应用层或橙色的数据库层。EPG 和定义其交互的策略的组合，成为思科 ACI 矩阵的一种应用网络模版。

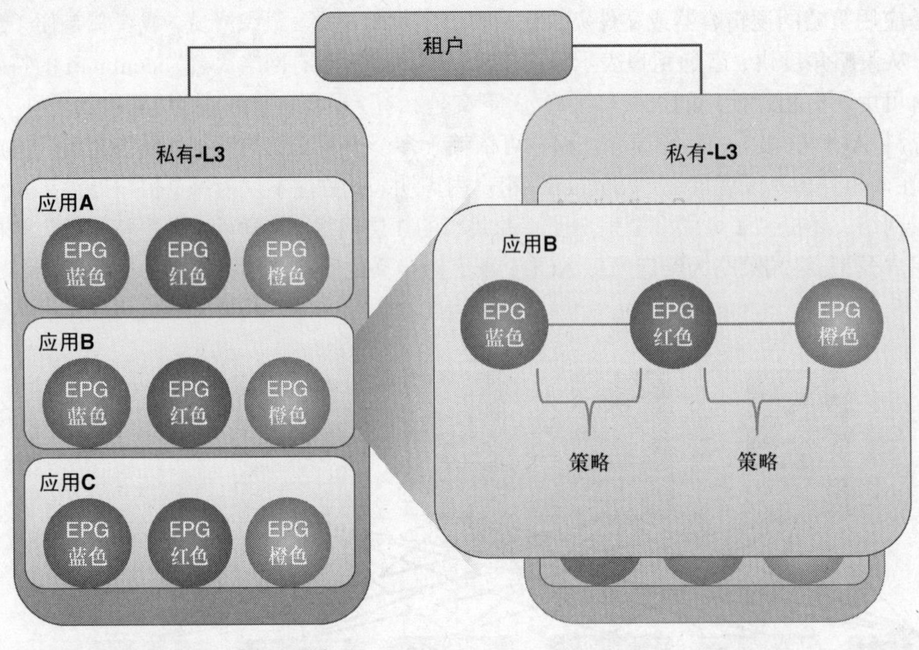

图 3-6　思科 APIC 逻辑对象模型

3.3.1　终端组

EPG 提供了需要相似策略的对象的逻辑分组。例如，EPG 可以是组成应用的 Web 层的一组组件。终端本身使用网卡、vNIC、IP 地址或 DNS 名称定义，可针对未来标识应用组件的方法而扩展。

EPG 也可用于表示其他实体，例如外部网络、网络服务、安全设备、网络存储等。它们是一个或多个提供了相似功能的终端的集合。根据所使用的应用部署模型，它们是包含不同使用选项的逻辑分组。图 3-7 描绘了终端、EPG 和应用之间的关系。

EPG 的设计很灵活，允许针对给定客户可能选择的一种或多种部署模型而自定义其用途。EPG 然后用于定义在何处应用策略。在思科 ACI 矩阵中，策略在 EPG 之间应用，进而定义了 EPG 之间如何彼此进行通信。此设计可在未来扩展到用于 EPG 本身的策略应用。

EPG 的一些示例用法如下所示。

- **传统网络 VLAN 定义的 EPG**：连接到一个给定 VLAN 的所有终端都放在一个 EPG 中。
- **VxLAN 定义的 EPG**：连接到一个给定 VLAN 的所有终端都放在一个 EPG 中。
- EPG 映射到一个 VMware 端口组。

- **由 IP 或子网定义的 EPG**：例如，172.168.10.10 或 172.168.10*。
- **由 DNS 名称或 DNS 范围定义的 EPG**：例如，example.web.networks.com 或 *.web.networks.com。

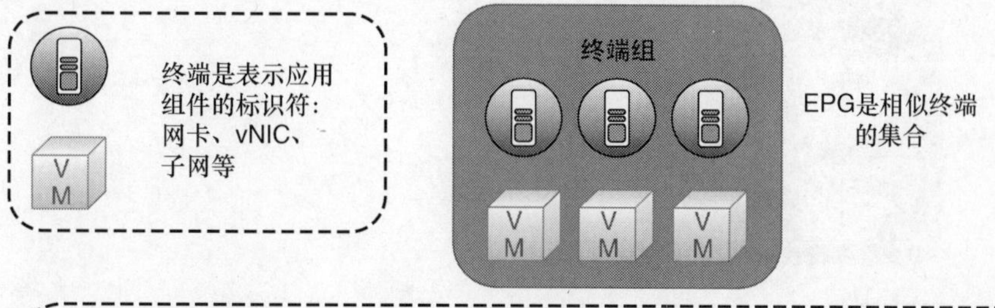

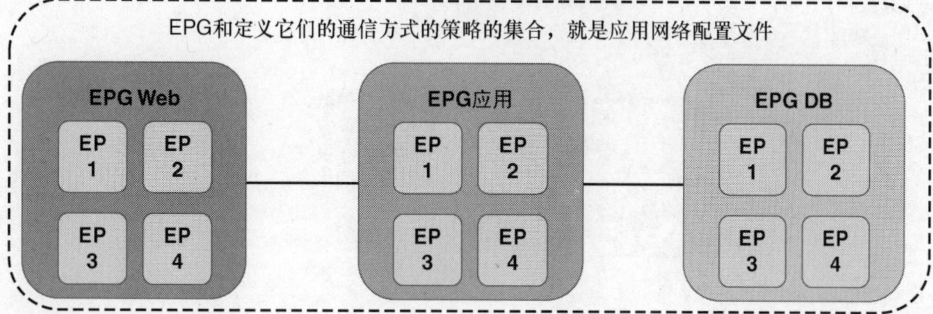

图 3-7 终端组关系

EPG 的使用特意保留了灵活性和可扩展性。该模型旨在提供工具来构建与实际环境的部署模型对应的应用网络表示。此外，终端的定义设计为可扩展的，以提供对未来的产品增强和行业需求的支持。

矩阵中的 EPG 实现具有许多重要的好处。EPG 充当着一组包含的对象的单个策略的执行点。这简化了这些策略的配置，可确保它是一致的。其他策略的应用不是基于子网，而是基于 EPG 本身。这意味着，更改终端的 IP 地址没有必要更改它的策略，而在传统网络中常常会更改（此处的一个例外是由 IP 定义的终端）。将一个终端移动到另一个 EPG 中，会向该终端连接到的叶节点交换机执行新策略，并基于这个新 EPG 来定义该终端的新行为。

图 3-8 显示了终端、EPG 和策略之间的关系。

EPG 提供的最后一个好处是 EPG 上执行策略的方式。存储了执行策略的物理三重内容可寻址存储器（TCAM），是交换机硬件中的一种昂贵组件，因此 TCAM 的使用可能降低策略规模或提高硬件成本。在思科 ACI 矩阵内，策略基于 EPG 而不是终端本身来应用。此策略大小可表示为 n * m * f，其中 n 是源数量，m 是目标数量，f 是策略过滤器数量。在思科 ACI 矩阵中，源和目标成为了给定 EPG 的一个条目，这减少了需要的总条目数量。EPG 不同于

VLAN：EPG 可限制在特定网桥域中的 VLAN 内。但是，EPG 不仅仅可以是 VLAN，它可以是 vNIC、MAC 地址、子网等的集合，这已在“终端组”章节中解释过了。图 3-9 显示了 EPG 在减小策略表大小上的作用。

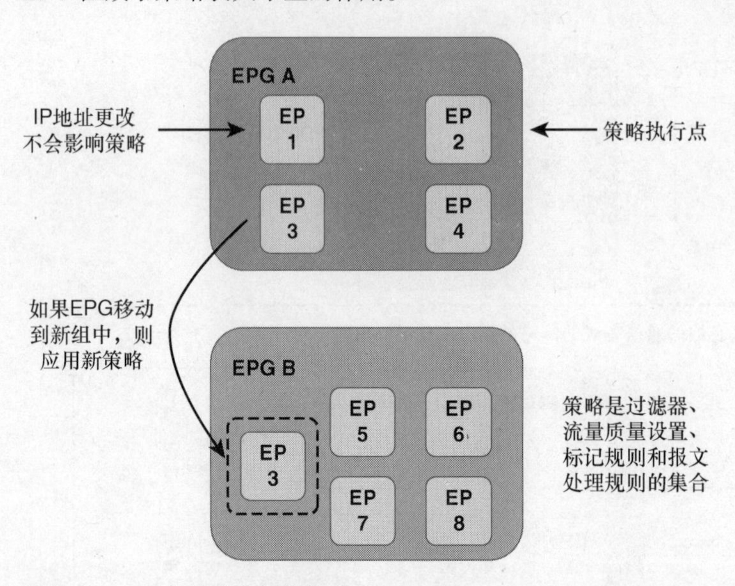

图 3-8 EPG 与策略之间的关系

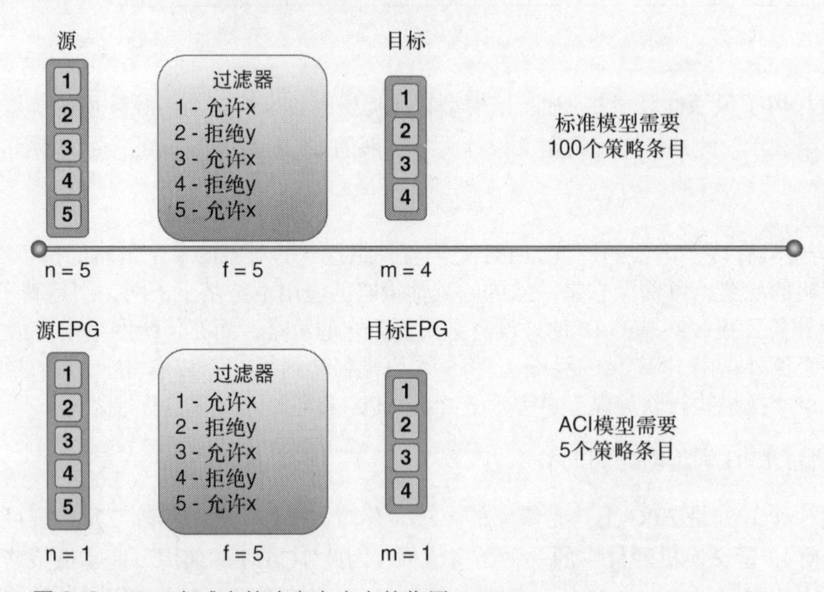

图 3-9 EPG 在减小策略表大小上的作用

之前已提到，思科 ACI 矩阵中的策略是在两个 EPG 之间执行的。它们可在任何给定的两个 EPG 之间以单向或双向模式使用。这些策略定义了 EPG 之间所允许的通信，如图 3-10 所示。

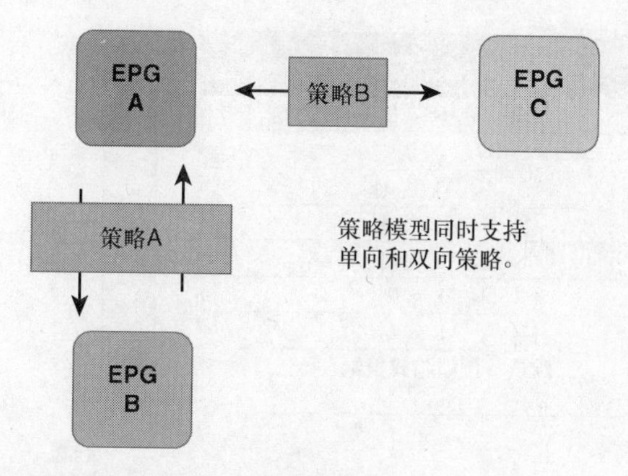

图 3-10 单向和双向策略执行

3.3.2 思科 APIC 策略执行

本节介绍包括单播和组播执行在内的思科 APIC 策略执行的概念。

单播策略执行

EPG 与策略之间的关系可视为矩阵关系，其中一个轴表示源 EPG（sEPG），另一个轴表示目标 EPG（dEPG），如图 3-11 所示。在合适的 sEPG 与 dEPG 之间的交集中放置一个或多个策略。在大多数情况下，因为许多 EPG 都不需要彼此通信，所以该矩阵都是稀疏填充的。

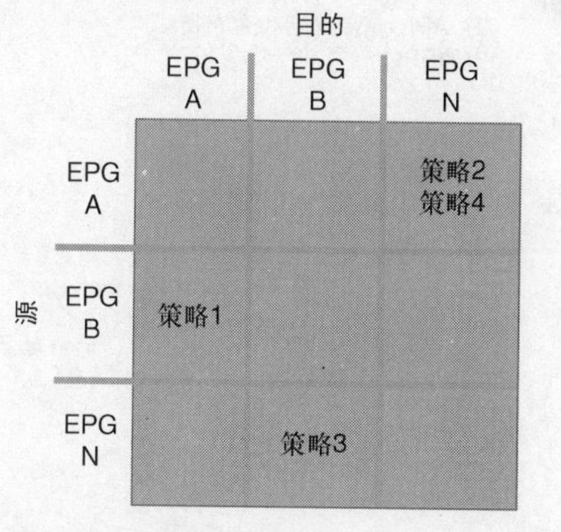

图 3-11 策略执行矩阵

策略分解为一系列针对服务质量、访问控制等的过滤器。过滤器是组成两个 EPG 之间的策略的具体规则。过滤器由入站和出站过滤器组成并具有：允许、拒绝、重定向、记录、复制（不同于 SPAN）和标记功能。策略允许在定义内使用通配符功能。策略的执行通常采用最具体的匹配优先的方法。图 3-12 演示了通配符执行规则。

sEPG	dEPG	应用ID	注释
完全限定	完全限定	完全限定	完全限定（S、D、A）规则
完全限定	完全限定	*	（S、D、*）规则
完全限定	*	完全限定	（S、*、A）规则
*	完全限定	完全限定	（*、D、A）规则
完全限定	*	*	（S、*、*）规则
*	完全限定	*	（*、D、*）规则
*	*	完全限定	（*、*、A）规则
*	*	*	默认（例如隐式拒绝）

执行

图 3-12　通配符执行规则

虽然矩阵中的策略始终可保证得到执行；但是，策略可应用在两个位置之一。策略可在入口叶节点上选择性地执行，也可在出口叶节点上执行。只有在目标 EPG 已知时，策略才可在入口上执行。源 EPG 始终是已知的，在附加终端时，作为 sEPG 和 dEPG 而与该来源相关联的策略规则始终会推送到合适的叶节点交换机上。将策略推送到叶节点后，它将在硬件内存储和执行。因为思科 APIC 知道所有 EPG 和分配给它们的终端，所以 EPG 附加到的叶节点始终拥有需要的所有策略，就像其他系统一样，不需要将流量推给控制器。图 3-13 显示了将策略应用到叶节点的摘要。

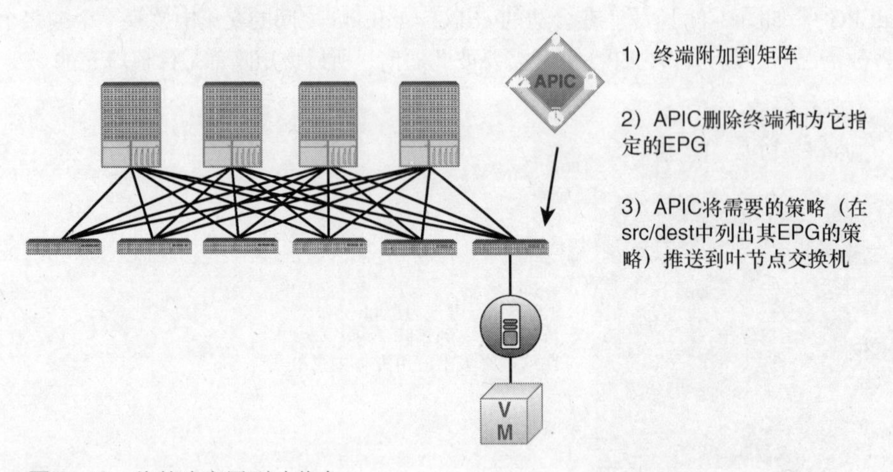

APIC
1）终端附加到矩阵
2）APIC删除终端和为它指定的EPG
3）APIC将需要的策略（在src/dest中列出其EPG的策略）推送到叶节点交换机
V
M

图 3-13　将策略应用到叶节点

前面已提到，如果目标 EPG 未知，则无法在入口上执行策略。相反地，会给源 EPG 添加上标签，而策略应用位则不会标记。这两个字段都位于 VxLAN 报文头的保留位中。该报文然后转发给转发代理，后者通常位于主干内。主干交换机知道矩阵中的所有目的地址；因此，如果目的地址是未知的，该报文就会被丢弃。如果目的地址被识别，该报文就会转发给目的叶节点。主干绝不会执行策略；策略由出口叶节点执行。

当出口叶节点收到报文时，将会读取 sEPG 和策略应用位（它们已在入口上标记）。如果策略应用位标记为已应用，则会转发该报文而不再进行额外的处理。反过来看，如果策略应用位不显示该策略位已被应用，则会将该报文中标记的 sEPG 与 dEPG 匹配（在出口叶节点上始终是已知的），然后执行合适的策略。图 3-14 显示了整个矩阵上的策略执行情况。

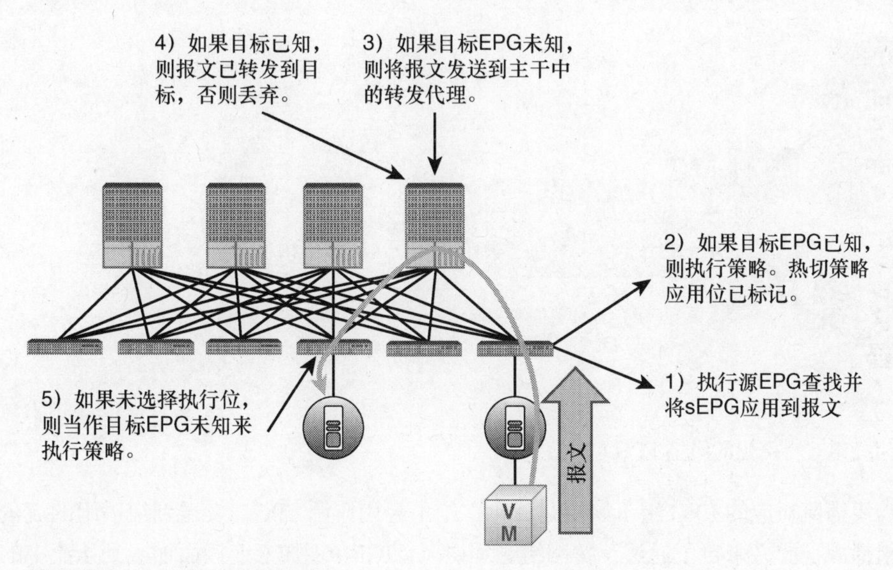

图 3-14 在矩阵上执行策略

选择性策略执行有助于高效地处理矩阵内的策略。图 3-15 更详细地演示了这种应用。

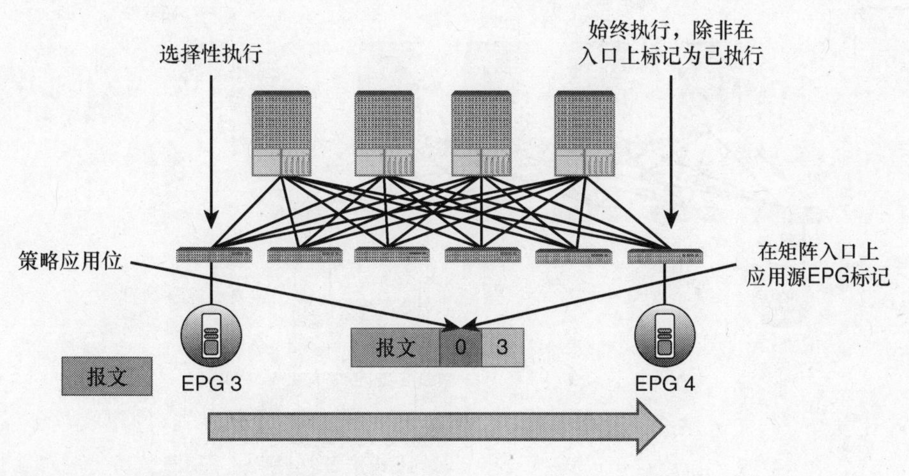

图 3-15 选择性的入口策略执行

组播策略执行

组播特性使策略执行需求稍有不同。由于源 EPG 不是组播地址，源 EPG 很容易在入口确定，但是目的 EPG 是抽象实体；所以组播组可能包含来自多个 EPG 的终端。在组播情况下，思科 ACI 矩阵使用组播组来执行策略。这些组通过指定一个或多个组播地址范围来定义。然后在 sEPG 与组播组之间配置策略，如图 3-16 所示。

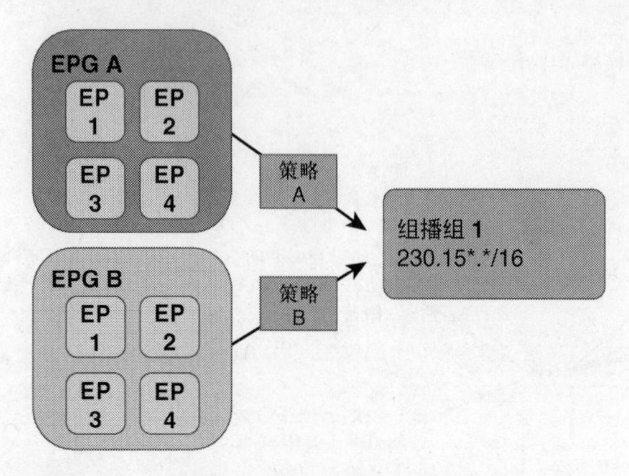

图 3-16 组播组（特殊化的组播 EPG）

组播组（与组播流对应的 EPG 组）始终是目标，绝不会用作源 EPG。发送到组播组的流量要么来自于组播源，要么来自于通过英特网组管理协议（IGMP）加入连接而加入到该流中的接收器。因为组播流是不分层的，而且该流本身已在转发表中（使用 IGMP 加入），所以组播策略始终会在入口上执行。这消除了将组播策略写入到出口叶节点的需求，如图 3-17 所示。

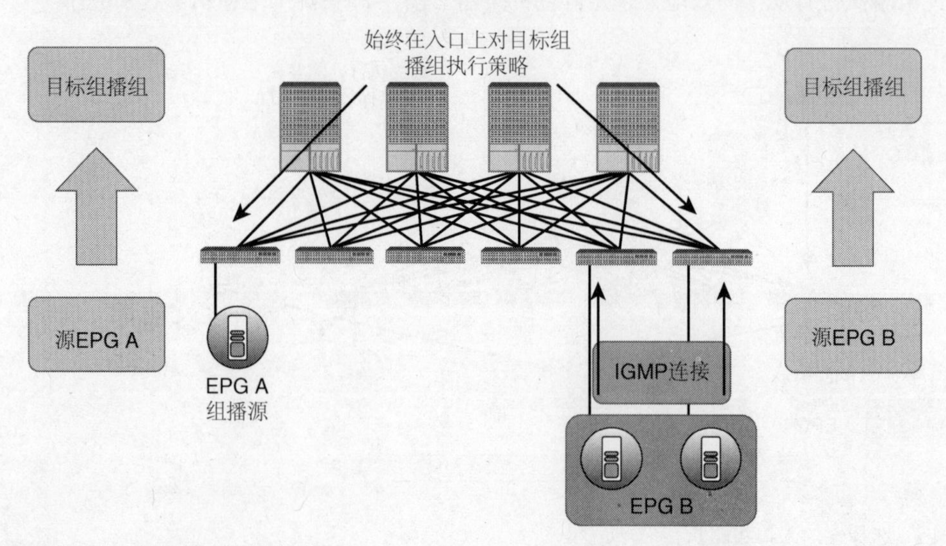

图 3-17 组播策略执行

3.3.3 应用网络配置模版

前面已经提到，矩阵中的应用网络配置模版（ANP）是 EPG 本身、EPG 连接和定义这些连接的策略的集合。ANP 成为了整个应用和它与思科 ACI 矩阵的相互依赖性的逻辑表示。

ANP 设计为以逻辑方式建模，这与应用的创建和部署方式相匹配。配置，策略的执行和连通性是由系统本身使用思科 APIC 处理的，而不是通过管理员处理的。图 3-18 演示了 ANP 概念。

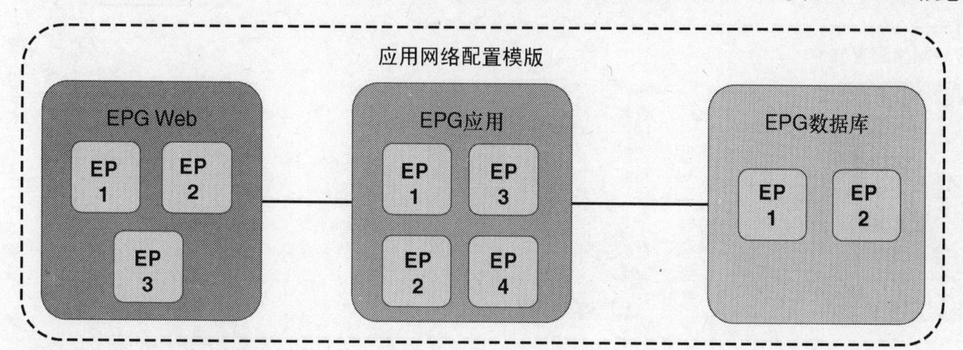

图 3-18 应用网络配置模版

创建 ANP 通常需要 3 个步骤。

- 创建 EPG（前面已介绍）。

创建定义连接性的策略，包括：

- 允许
- 拒绝
- 日志
- 标记
- 重定向
- 复制
- 服务图

在 EPG 之间使用称为契约的策略构造创建连接。

3.3.4 契约

契约定义入站和出站允许、拒绝、QoS、重定向和服务图。它们允许依据给定环境的需求，为给定 EPG 与其他 EPG 的通信方式提供简单和复杂的定义。

在图 3-19 中，请注意 EPG 连接所定义的 Web 应用的 3 个层次，以及定义它们之间的通信的契约关系。这些部分相结合，就形成了 ANP。契约还为通常与多个 EPG 通信的服务提供了可重用性和策略一致性。图 3-20 使用了网络文件系统（NFS）和管理资源的概念。

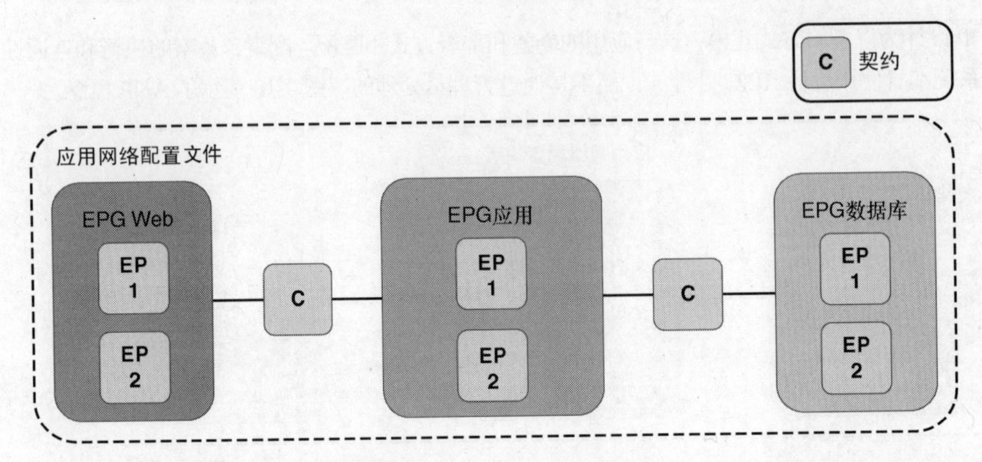

图 3-19　与应用网络配置文件的契约

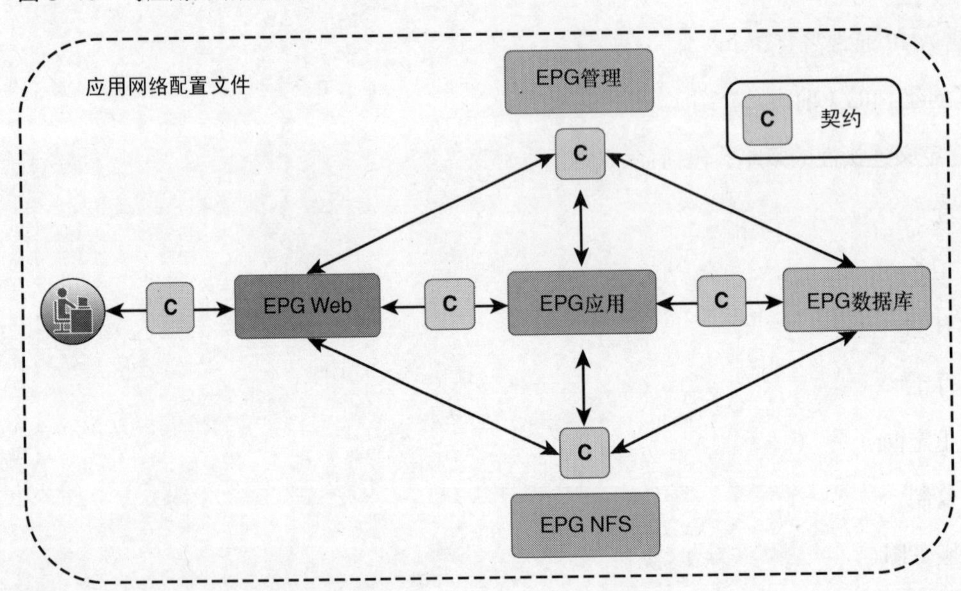

图 3-20　完整的应用网络配置文件

图 3-20 显示了之前使用的基本的 3 个层次的 Web 应用，以及通常需要的一些额外的连接。请注意所有 3 个层次以及矩阵中的其他 EPG 都使用的共享的网络服务、NFS 和管理。在这些情况下，契约提供了可重用的策略，来定义 NFS 和 MGMT EPG 如何生成可由其他 EPG

使用的功能或服务。

在思科 ACI 矩阵内，策略应用的“对象”和“地点”被特意分开。这使策略的创建能够独立于它在需要时应用和重用的方式。矩阵中所配置的实际策略的确定基于两方面：一是定义为契约（应用对象）的策略，二是 EPG 和与这些策略的其他契约（位置）之间的交集。

在更复杂的应用部署环境中，契约可使用主体来进一步分解，主体可视为应用或子应用。为更好地理解此概念，可以回想一下 Web 服务器。尽管它可分类为 Web，但它可能生成 HTTP、HTTPS、FTP 等子应用，每种子应用可能需要不同的策略。在思科 APIC 模型中，这些不同的功能或服务使用主体来定义，各种主体组合在契约内来表示定义 EPG 如何与其他 EPG 通信的规则集，如图 3-21 所示。

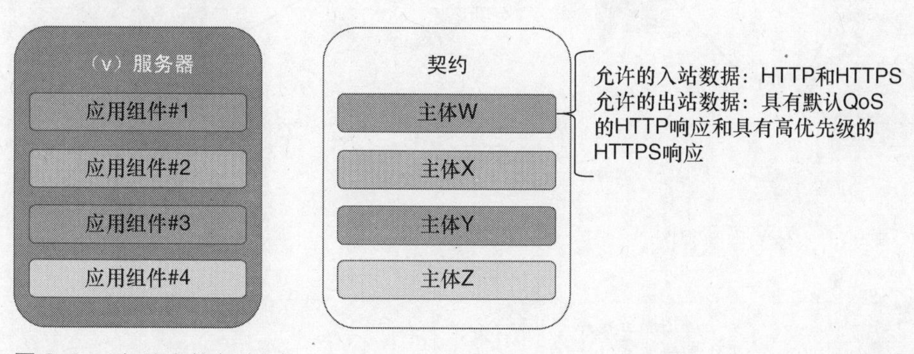

图 3-21 契约内的主体

主体描述了应用向网络上的其他流程公开的功能。可认为它会生成一组功能：即 Web 服务器生成 HTTP、HTTPS 和 FTP。其他 EPG 然后使用其中的一个或多个功能；哪个 EPG 使用这些服务，将通过在 EPG 与契约之间创建关系来定义，这些关系包括定义应用或子应用的主体。完整的策略由管理员定义，管理员还定义使用其他 EPG 所提供功能的 EPG 组。图 3-22 演示了此模型如何实现分层 EPG（或者更简单地讲，作为应用和子应用分组的 EPG）的功能。

此外，此模型提供了针对每个 EPG 定义一个禁止列表的功能。这些禁止列表项（称为 taboo）覆盖了契约本身，可确保会针对 EPG 而拒绝某些通信。此功能在思科 ACI 矩阵内提供了一个黑名单模型，如图 3-23 中所示。

图 3-23 显示一个契约可定义为允许来自所有 EPG 的所有流量。然后可创建不想打开的特定端口或范围的 taboo 列表，来细化允许规则。对于想要逐步从黑名单模型（目前通常使用的模型）迁移到更合意的白名单模型的客户，该模型提供了一种过渡方法。在黑名单模型中，除非显式拒绝，所有通信都是开启的，而白名单模型要求在允许通信之前先显式地拒绝它。一定要记住，禁止列表是可选的，而且在完整的白名单模型中，会很少需要它们。

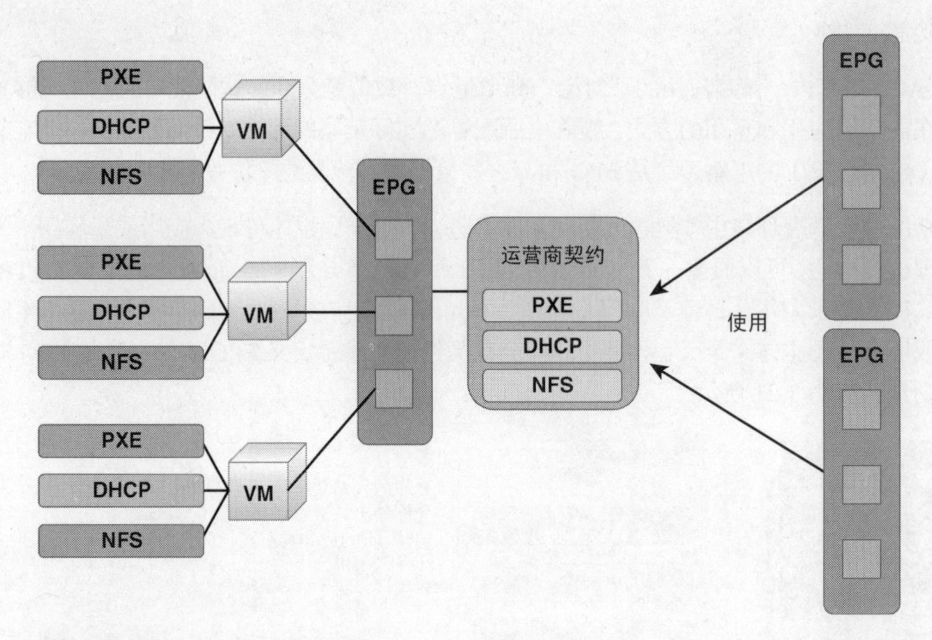

图 3-22　契约内主体的详细视图

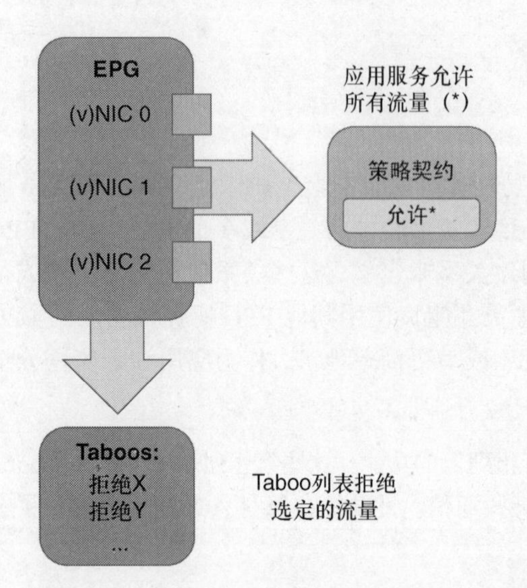

图 3-23　使用 Taboo 创建黑名单行为

契约提供了这些应用服务的一组描述和定义这些应用服务的关联策略。它们可作为本地契约形式包含在一个给定范围、租户、上下文或 EPG 中。EPG 也能够订阅多个契约，进而提供所定义的策略的超集。

契约不但可用于定义复杂的真实应用关系，还可非常简单地用于传统的应用部署模型。例如，如果使用单个 VLAN 或 VxLAN 来定义不同的服务，并且这些 VLAN 或 VxLAN 绑定到 VMware 内的端口组，则可以定义一个简单的契约模型，而不会引入不必要的复杂性。

但是，在更高级的应用部署模型中，例如 PaaS、SOA 2.0 和 Web 2.0 模型，需要更多的应用颗粒度，而且使用了更复杂的契约关系。这些关系的实现可用来定义单个 EPG 内的组件之间和与其他多个 EPG 之间的详细关系。

尽管契约提供了支持更复杂的应用模型的途径，但它们不需要额外的复杂性。如上所述，对于简单的应用关系，可使用简单的契约。对于复杂的应用关系，契约提供了构建这些关系并在需要的地方重用它们的途径。

契约可分解为子组件。

- **主体**：应用于一个特定应用或服务的过滤器组。
- **过滤器**：用于分类流量。
- **操作**：例如要在与这些过滤器匹配的对象上执行的允许、拒绝、标记等操作。
- **标签**：可选地用于分组对象，例如主体和 EPG，以用于进一步定义策略执行的目的。

在简单环境中，两个 EPG 之间的关系类似于图 3-24。这里，Web 和应用 EPG 被视为单个应用构造，由一组给定过滤器来定义。这是一种很常见的部署场景。即使在复杂的环境中，此模型也是许多应用的首选。

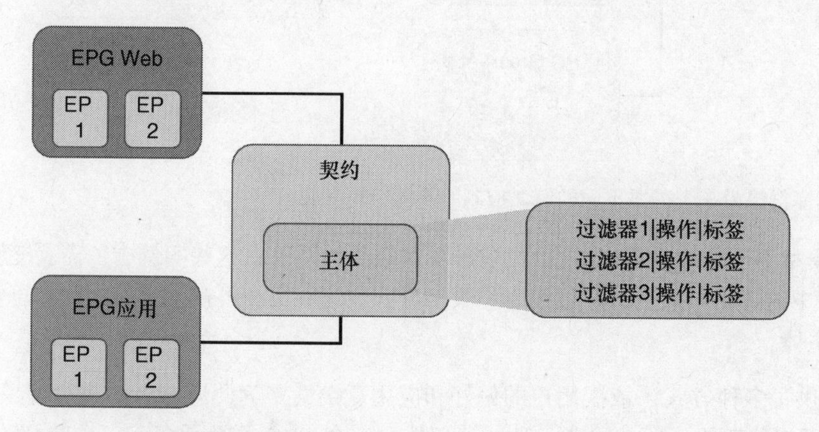

图 3-24 简单的策略契约关系

许多环境需要如下所示的更复杂的关系。

- 使用复杂的中间件系统的环境。
- 其中有一组服务器向多个应用或分组提供功能（例如，一个数据库群组为多个应用提供数据）的环境。

- PaaS、SOA 和 Web 2.0 环境。
- 多个服务在单个操作系统中运行的环境。

在这些环境中，思科 ACI 矩阵提供了一组更加健全的可选特性来以逻辑方式对实际的应用部署进行建模。在这两种情况下，思科 APIC 和矩阵软件负责扁平化策略，并将它应用到硬件执行上。逻辑模型（用于配置应用关系）与具体模型（用于在矩阵上实现应用关系）之间的这种关系，简化了矩阵内的设计、部署和变更。

相关的一个示例是 SQL 数据库群组，它向组织内的多个开发团队提供数据库服务，例如红色团队、蓝色团队和绿色团队，每个团队使用同一个群组提供的不同的数据库构造。在此实例中，每个团队对数据库群组的访问可能需要一个不同的策略，如图 3-25 所示。

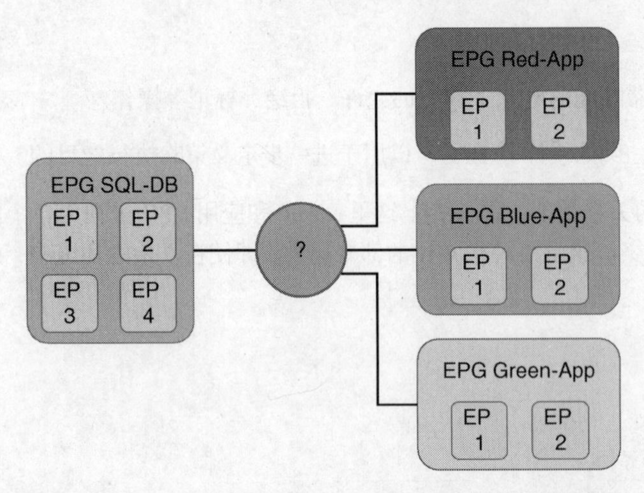

图 3-25 单个数据库群组为 3 个需要不同的策略控制的不同组提供服务

前面讨论的简单模型不足以涵盖 EPG 之间的这种更复杂的关系。在这些实例中，需要能够将 SQL-DB EPG 中的 3 个不同的数据库实例的策略分开，这些实例可视为子应用，在思科 ACI 矩阵中称为主体。

思科 ACI 矩阵提供了多种方式，依据用户的偏好和应用复杂性来为此应用行为进行建模。第一种方式是使用三种契约，每个团队一种。请记住，一个 EPG 可继承多于一个的契约，接收这里定义的规则的超集。如图 3-26 所示，每个应用团队的 EPG 使用它自己的特定契约来连接到 SQL-DB EPG。

如图所示，SQL-DB EPG 继承了来自 3 个不同契约的策略的超集。每个应用团队的 EPG 然后连接到合适的契约。该契约指定策略，而箭头所定义的关系表明该策略将应用到何处，或者谁在提供/使用何种服务。在这个示例中，Red-App EPG 结合使用 SQL-DB 服务与 Red-Team APC 中定义的 QoS、ACL、标记、重定向等行为。蓝色和绿色团队也是如此。

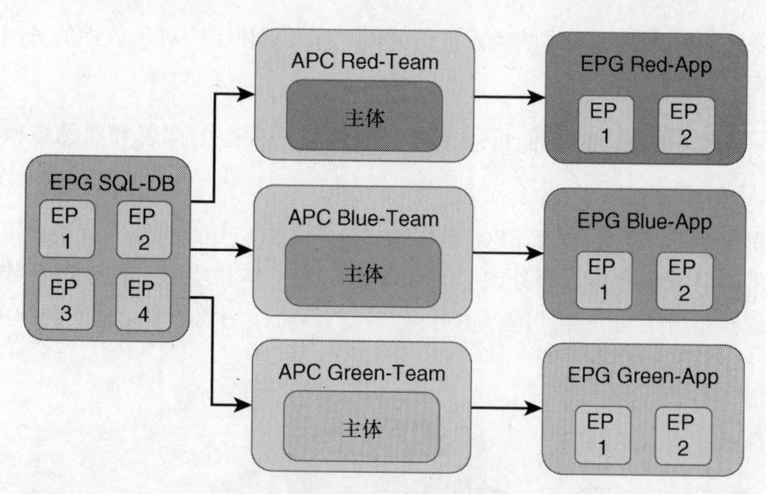

图 3-26 利用 3 个契约来定义不同的使用者关系

在许多实例中，会有一起应用一组契约的情景。例如，如果创建了多个数据库群组，并且本示例中的三个团队都需要访问它们，则会使用开发、测试和生产服务器群组。在这些情况下，可通过契约包（bundle）来逻辑地分组契约。契约包是可选的，为便于使用，可视为包含一个或多个契约的容器。图 3-27 中描绘了契约包的使用。

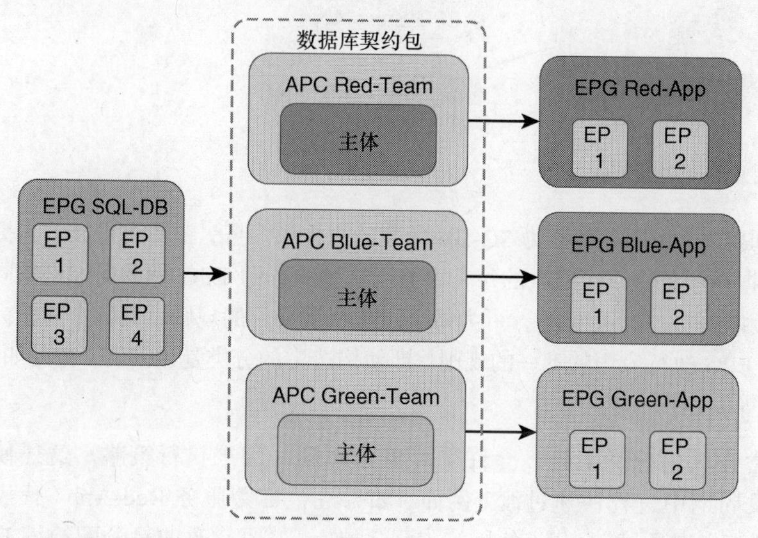

图 3-27 使用契约包来分组契约

在图 3-27 中，特别需要注意显示关系的箭头的附加点。在此示例中，如果想要 SQL-DB EPG

提供契约包内的所有契约，就要将契约包本身附加到 EPG。对于三个应用团队中的每一个，如果希望访问仅由其特定契约所定义的，那么就要附加每个团队来使用契约包内相应的契约。

也可选择使用标签，以另一种方式对同样的关系进行建模。标签提供了一种替代性的分组功能，可用在应用策略定义中。

在大多数环境中，都不需要标签，但它们可用于具有高级应用模型的部署和熟悉该概念的团队。

采用标签时，可使用单个契约来表示给定 EPG 提供的多个服务或应用组件。在此情况下，标签表示向 3 个不同的团队提供数据库服务的 DB EPG。通过给主体和使用它们的 EPG 添加标签，即使流量类型或其他分类符是相同的，也可将分离的策略应用到一个给定的契约中。图 3-28 显示了此关系。

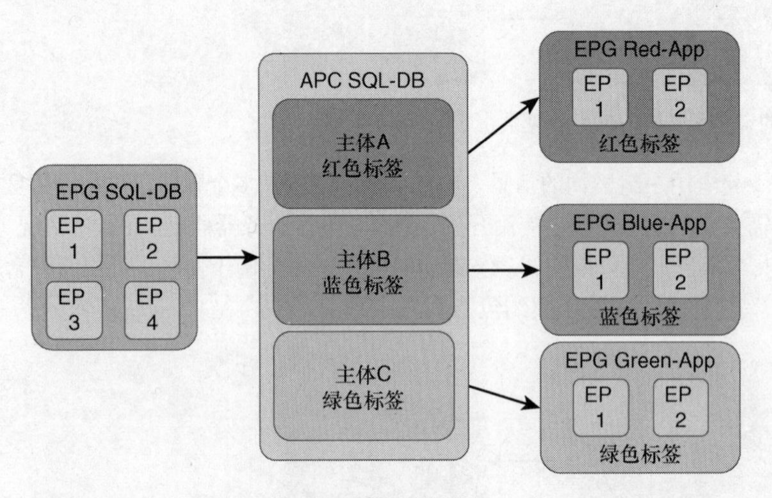

图 3-28　使用标签将对象分组到策略模型中

在图 3-28 中，SQL-DB EPG 使用单个称为 SQ-DB 的契约来提供服务，该契约定义了它提供给三个不同团队的数据库服务。三个团队的每个将使用这些服务的 EPG 然后附加到相同的流量上。通过在主体和 EPG 上使用标签，可为每个团队定义特定的规则。契约中与该标签匹配的规则是对每个 EPG 执行应用的唯一的规则。即使构造中的分类是相同的，也是如此：例如同样的 4 层端口等。

标签提供了一种非常强大的分类工具，允许将对象分组到一起来执行策略。这还使应用程序能在各种开发周期中进行快速过渡。例如，如果红色标签服务 Red-App（代表开发环境）需要升级到“测试环境”（由蓝色标签表示），唯一需要修改的是分配给该 EPG 的标签。

3.4 理解思科 APIC

本节解释思科 APIC 的架构和组件：应用策略基础架构控制器。

3.4.1 思科 ACI 操作系统（思科 ACI Fabric OS）

思科采用了为数据中心开发的传统的思科 Nexus OS（NX-OS），并对它进行精减，仅保留部署思科 ACI 的现代数据中心所需要的必要特性。思科还进行了更深入的结构性修改，以便思科 ACI Fabric OS 可轻松地将来自 APIC 的策略呈现到物理基础架构中。ACI Fabric OS 中的数据管理引擎（DME），提供了处理来自共享的无锁数据存储的读取和写入请求的框架。该数据存储是面向对象的，每个对象以数据块的形式存储。一个数据块为一个 ACI Fabric OS 进程所拥有，而且只有这个进程的所有者才可以向该数据块写入数据。但是，任何 ACI Fabric OS 进程都可以同时通过 CLI、简单网络管理协议（SNMP）或 API 调用来读取任何数据。本地策略元素（PE）使 APIC 能够直接在 ACI Fabric OS 中实现策略模型，如图 3-29 所示。

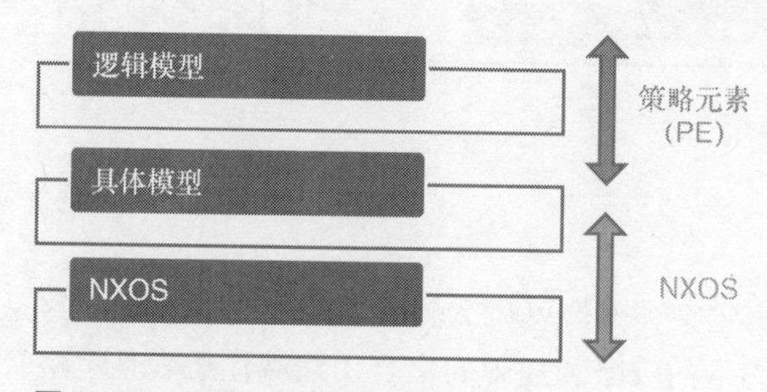

图 3-29　思科 ACI Fabric OS

3.4.2 架构：思科 APIC 的组件和功能

APIC 由一组基本的控制功能组成，如图 3-30 所示，包括以下几种。

- 策略管理器（策略存储库）
- 拓扑结构管理器
- 观察器
- 引导控制器
- 设备控制器（集群控制器）
- VMM 管理器

- 事件管理器
- 设备组件

图 3-30 思科 APIC 组件架构

3.4.3 策略管理器

策略管理器是一种分布式存储库，负责定义和部署思科 ACI 的基于策略的配置。这是应用于现有的或虚构的（还未创建的）终端的策略和规则的集合。终端注册表是策略管理器的子集，它跟踪连接到思科 ACI 的终端，以及根据策略存储库中的定义而向终端组分配的策略。

3.4.4 拓扑结构管理器

拓扑结构管理器维护着最新的思科 ACI 拓扑结构和资产清单信息。拓扑结构数据由叶节点和主干交换机向 APIC 报告。物理拓扑结构基于链路层发现协议（LLDP）所发现的信息，以及在矩阵基础架构空间内运行的协议（经过修改的中间系统间协议，Intermediate System-to-Intermediate System, IS-IS）所报告的矩阵的路由拓扑结构。

拓扑结构管理器中含有具备精确时间的拓扑结构信息的全局视图，它包括以下结构。

- 物理拓扑结构（第 1 层；物理链接和节点）。
- 逻辑路径拓扑结构（包含第 2 层和第 3 层）

拓扑结构数据和关联的汇聚操作状态，会在检测到拓扑结构变化时在拓扑结构管理器中同时更新，并可通过 APIC API、CLI 和 UI 来查询。

拓扑结构管理器的一个子功能是，对 APIC 执行资产清单管理并维护整个思科 ACI 的完整清单。APIC 资产清单管理子功能提供了完整的标识信息，包括型号和序列号，以及所有端口、线卡、交换机、机箱等的用户定义的资产标签（用于方便与资产和清单管理系统相关联）。

在发现新资产清单项或删除清单项时，或者在思科 ACI 节点的本地存储库中发生状态过渡时，交换机中嵌入的基于 DME 的策略组件/代理会自动推送资产清单。

3.4.5 观察器

观察器是 APIC 的监测子系统，它被用作为思科 ACI 操作状态、健康状况和性能的数据存储库，包括如下内容。

- ACI 组件的硬件和软件状态及健康状况。
- 协议的操作状态。
- 性能数据（统计数据）。
- 待解决和过去的故障和报警数据。
- 事件记录。

监测数据可通过 APIC API、CLI 和 UI 来查询。

3.4.6 引导控制器

引导控制器控制思科主干和叶节点以及 APIC 控制器组件的引导和固件更新。它还被用作基础架构网络的地址分配机构，以便 APIC 与主干和叶节点能够通信。下面的过程描述了如何启用 APIC 和集群发现。

思科 ACI 中的每个 APIC 使用一个内部私有 IP 地址来与 ACI 节点和集群中的其他 APIC 通信。APIC 使用基于 LLDP 的发现流程来发现集群中的其他 APIC 的 IP 地址。

APIC 维护着一种设备矢量（AV），它提供了从 APIC ID 到 APIC IP 地址的映射，以及 APIC 的统一唯一标识符（UUID）。初始状态下，每个 APIC 拥有一个填入了其本地 IP 地址的 AV，所有其他 APIC 插槽都标记为未知。

交换机重新启动后，叶节点上的 PE 从 APIC 获取它的 AV。该交换机然后将此 AV 通告给它的所有邻居，并报告其本地 AV 与本地 AV 中的所有 APIC 的邻居 AV 之间的任何差异。

通过该过程，APIC 透过交换机了解思科 ACI 中的其他 APIC。在集群中新发现的 APIC 经过验证之后，会更新它们的本地 AV 并使用新的 AV 来对交换机进行编程。交换机然后开始通告这个新的 AV。此过程将持续到所有交换机都拥有相同的 AV，并且所有 APIC 都知道所有其他 APIC 的 IP 地址为止。

3.4.7 设备控制器

设备控制器负责形成和控制 APIC 设备集群。APIC 控制器在服务器硬件（“裸机”）上运行。初始状态下会安装至少 3 台控制器来控制横向扩展的 ACI。APIC 集群的最终大小与 ACI 大小呈正比，且受处理速率需求驱动。集群中的任何控制器都能够处理任何用户的任何操作，控制器可在 APIC 集群中无缝地添加或删除。一定要注意，不同于 OpenFlow 控制器，所有 APIC 控制器都不在数据路径中。图 3-31 中演示了设备控制器。

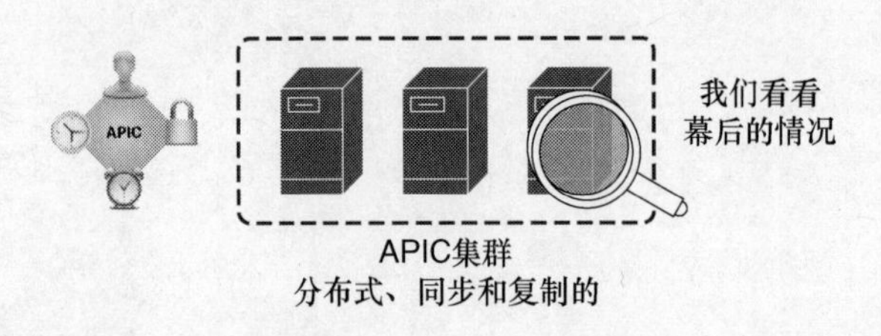

图 3-31 设备控制器

3.4.8 VMM 管理器

VMM 管理器充当着策略存储库与虚拟机管理程序之间的代理。它负责与虚拟机管理程序管理系统（例如 VMware 的 vCenter）和云软件平台（例如 OpenStack 和 CloudStack）之间的互动。VMM 管理器会清点所有虚拟机管理程序组件（pNIC、vNIC、VM 名称等），并向虚拟机管理程序推送策略，创建端口组等。它还会监听虚拟机管理程序事件，例如 VM 漂移。

3.4.9 事件管理器

事件管理器是从 APIC 或矩阵节点中发起的所有事件和故障的存储库。第 9 章“高级遥测”将会详细介绍它。

3.4.10 设备组件

设备组件是本地设备的监测器，它管理本地 APIC 设备的资产清单和状态。

3.4.11 架构：具有分片的数据管理

思科 APIC 集群使用来自大型数据库的一种被称为分片的技术。要理解分片的概念，可以回想数据库分区的概念。分片是被称之为数据库水平分区概念进行演进的结果。在这种分区中，数据库的行是分别保存的，而不是标准化并垂直拆分为列的。分片在水平分区的基础上更进一步，它还对跨多个实例的数据库进行分区。因为一个大型的分区表的搜索负载可拆分到多台数据库服务器上，而不只是通过同一台逻辑服务器上的多个索引，所以除了增加冗余性，分片还提高了性能。通过使用分片，大型的可分区表拆分到多台服务器上，较小的表可作为完整的单元来复制。在一个表分片后，每个分片可位于一个完全分开的逻辑和物理服务器、数据中心、物理位置上，而不需要将分片之间的共享访问持久保存到位于其他分片中的未分区表中。

分片使跨多台服务器的复制变得很轻松，而且不同于水平分区。它是一个适合分布式应用的有用的概念。因为信息不在一台单独的逻辑和物理服务器中，否则就需要大量的数据库服务器间通信。举例而言，分片减少了数据库查询所需的数据中心互联的链接数量。它需要在方案实例中有一种通知和复制机制，以帮助确保未分区的表保留应用所需要的同步。在使用分布式计算在多台服务器之间进行负载分离的情况下，分片方法提供了很大的优势。

复制对可靠性的影响

图 3-32 显示了在总共 5 台设备中的第 n 个设备掉线且存在可变的复制系数 K 时，丢失的数据的比例。当 K = 1 时，不会发生复制，每个分片有一个副本；当 K = 5 时，将发生完整的复制，所有设备都包含一个副本。n 表示掉线的思科 APIC 设备的数量。当 n = 1 时，一台设备掉线；当 n = 5 时，最后一台设备断开连接。

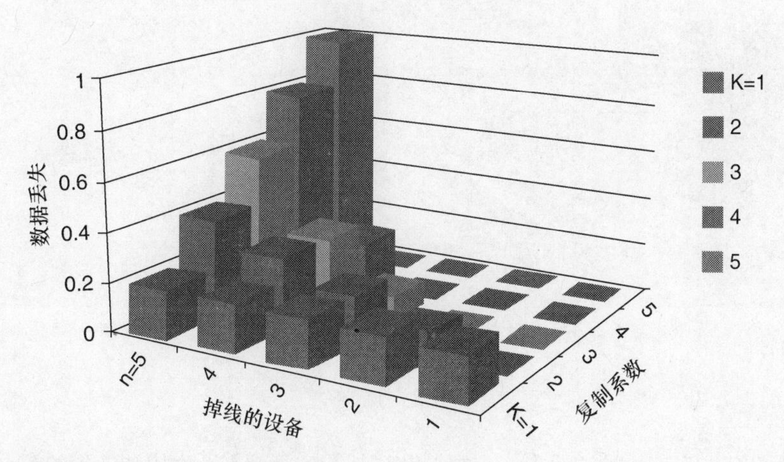

图 3-32 复制对可靠性的影响

考虑 K = 1 的示例：仅创建一个副本。因此，对于每台掉线的设备，从 n = 1 到 n = 5，丢失的数据量相同。随着复制系数 K 增加，不会发生数据丢失，除非至少 K 台设备掉线；因此，丢失的数据是递增的，而且会是从一个较小的值开始。例如，对于 3 台设备（K = 3），在第 3 台设备（n = 3）掉线之前没有数据会丢失，只有 10%的数据会丢失。出于此原因，思科 APIC 使用至少 3 台设备（n = 3）。

分片对可靠性的影响

在图 3-33 中，L 表示设备的数量，从最小的 3 开始。通过保持复制系数 K = 3，只要 3 台设备没有同时掉线，就不会发生数据丢失。只有在第 3 台思科 APIC 设备掉线时才会发生数据丢失，这时数据会全部丢失。增加设备的数量，会显著并快速地改善自愈能力。例如，如果拥有 4 台设备，如图 3-32 所示，第 3 台设备掉线意味着损失 25%的数据。如果拥有 12 台设备，第 3 台设备掉线意味着仅丢失 0.5%的数据。借助分片，增加设备的数量可非常快地降低数据丢失的几率。不需要完整复制，即可实现非常高的数据保护水平。

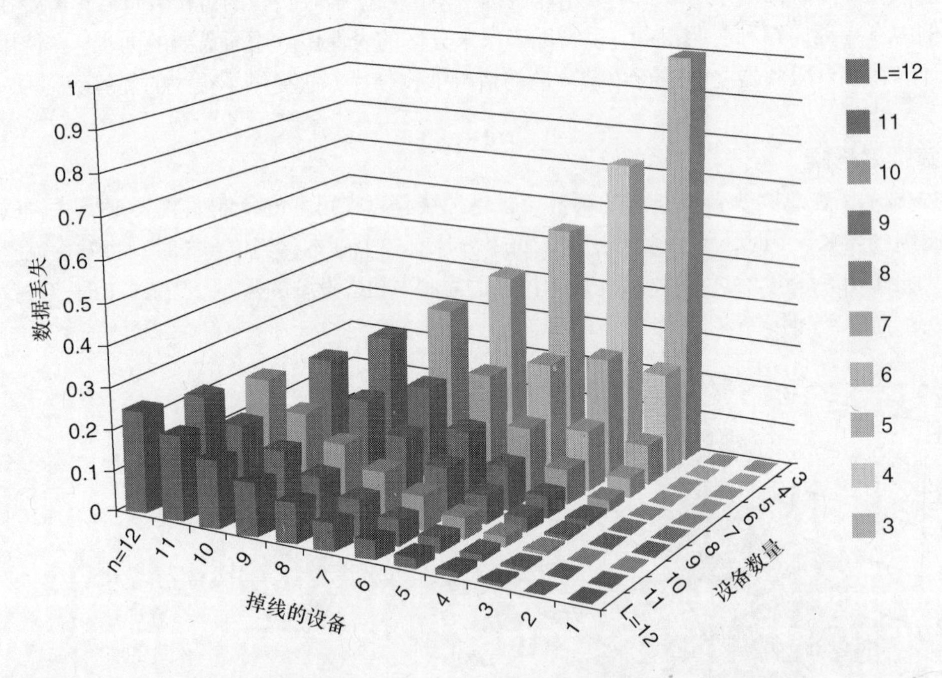

图 3-33 分片对可靠性的影响

分片技术

分片技术为分布式策略存储库、终端注册表、观察器和拓扑结构管理器所生成和处理的数据集提供了很高的可扩展性和可靠性。这些思科 APIC 功能的数据分区称为分片并具有逻辑边界的子集（类似于数据库分片）。一个分片是一个数据管理单元，所有上述数据集都放在分片中。

图 3-34 中演示的分片技术具有以下特征。

- 每个分片有 3 个副本。
- 分片均匀分布。
- 分片支持水平（横向）扩展。
- 分片简化了复制的范围。

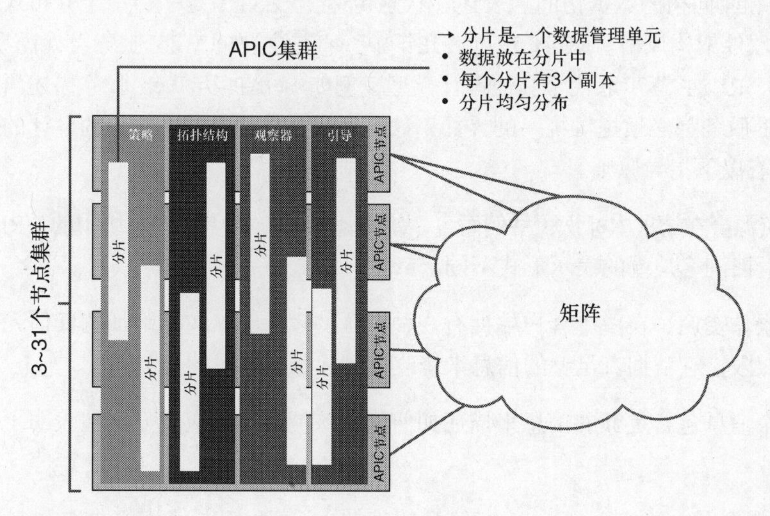

图 3-34　分片

每个思科 APIC 设备上有一个或多个分片，它们由一个位于该设备上的控制器实例来处理。分片数据基于一个预先确定的哈希函数来分配，静态分片布局确定了分片如何分配在设备上。分片中的每个副本都具有使用优先级，写入操作会在被选为领导者的副本上执行。其他副本都是追随者，不允许写入。在脑裂情况下，会基于时间戳来执行自动协调。每个思科 APIC 拥有所有思科 APIC 功能；但是，处理工作会均匀分布在整个思科 APIC 集群中。

3.4.12 用户界面：图形用户界面

GUI 是基于 HTML5 的 Web UI，它适用于大多数现代 Web 浏览器。GUI 提供了对 APIC 和各个节点的无缝访问。

3.4.13 用户界面：命令行界面

该界面在风格和语义上（在有效的地方）与所提供的思科 NX-OS CLI 完全兼容。整个思科

ACI 的 CLI 可通过 APIC 访问，支持交易性模式。还能够使用只读 CLI 来访问特定的思科 ACI 节点，以执行故障排除。它支持使用一个集成的基于 Python 的脚本编写接口，允许将用户定义的命令附加到命令树中，就像它们是平台支持的原生命令一样。此外，APIC 为自定义脚本提供了一个库。

3.4.14　用户界面：RESTful API

思科 APIC 支持采用 XML 和 JSON 编码绑定，基于 HTTP（S）的全面的 RESTful API。该 API 同时提供了类级和面向树的数据访问。表述性状态传递（REST）是一种用于分布式系统（例如万维网）的软件架构风格。REST 在过去几年中一直是主要的 Web 服务设计模型。由于它更简洁的风格，REST 逐步取代了其他设计模型，例如 SOAP 和 Web 服务描述语言（WSDL）。任何 REST 服务都必须提供统一的界面，这被认为是任何 REST 服务的设计的基础，因而该界面需要有以下指导原则。

- **资源标识**：各个资源会在请求中标识，举例而言，使用基于 Web 的 REST 系统中的 URI。资源在概念上与返回到客户端的表示形式不同。
- **通过这些表示来操作资源**：在一个客户端拥有一种资源的表示时，包括附加的任何元数据，只要它拥有权限，它就拥有足够的信息来修改或删除服务器上的资源。
- **自描述消息**：每个消息包含足够的信息来描述如何处理该消息。响应也显式地表明了它们的缓存能力。

REST 中一个重要的概念是资源的存在（特定信息的来源），每个资源使用一个全局标识符（例如 HTTP 中的 URI）来引用。要处理这些资源，网络组件（用户代理和源服务器）通过标准化的界面（例如 HTTP）来进行通信并交换这些资源的表示（传达该信息的实际文档）。

任意数量的连接器（客户端、服务器、缓存、隧道等）可调节请求，但每个连接器不会审视自己的请求的过去（这称为分层，是 REST 中的另一个限制，也是信息和网络架构的其他许多部分中的一个常见原则）。因此，应用只需知道两种信息即可与资源交互：资源的标识符和需要的操作。应用不需要知道在它与实际包含信息的服务器之间是否存在缓存、代理、网关、防火墙、隧道或任何其他东西。应用必须理解返回的信息的格式（表示），该格式通常为某种 HTML、XML 或 JSON 文档，但它也可能是一个图像、纯文本或任何其他内容。XML 和 JSON 中的文档模型将在第 4 章“操作模型”中介绍。

3.4.15　系统访问：身份验证、授权和 RBAC

思科 APIC 支持本地和外部身份验证和授权（TACACS+、RADIUS、轻型目录访问协议 LDAP）

以及基于角色的管理控制（RBAC），用以控制对所有管理的对象的读取和写入访问，并执行思科 ACI 管理和每租户管理性分离，如图 3-35 所示。APIC 还支持基于域的访问控制，这可控制用户在何处（在哪个子树下）具有访问权。

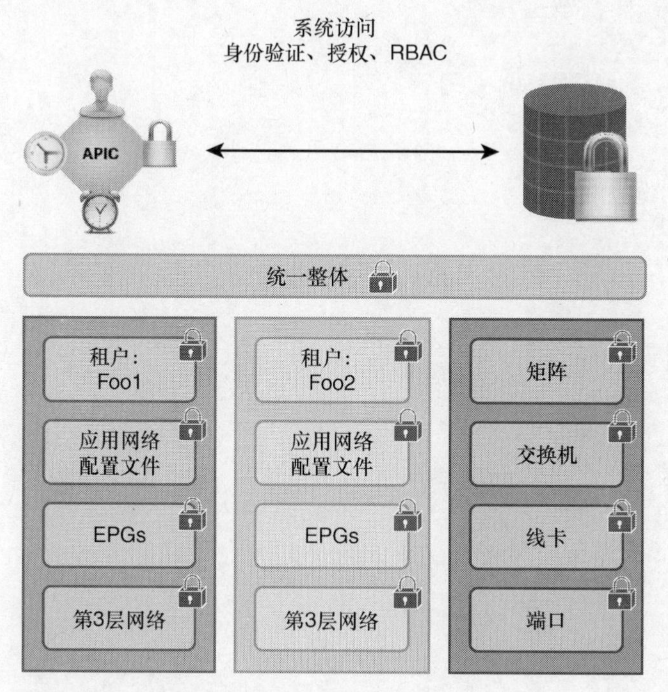

图 3-35 身份验证、授权和 RBAC

3.5 小结

思科 ACI 策略模型支持配置和管理网络和服务对象的可扩展架构。因为思科 APIC 知道所有信息，策略模型提供了健全的可重复控制、多租户，以及对底层网络基础架构的详细知识的最低需求。该模型专为包括私有和公共云在内的多种类型的数据中心而设计。

ACI 提供了逻辑模型对应用进行布局，该模型随后被思科 APIC 应用于该矩阵上。它有助于填补应用需求与执行它们的网络构造之间的通信空白。思科 APIC 模型专为在网络上快速配置应用而设计，可与可靠的策略执行相结合并维护一种工作负载无处不在的方法。

思科 APIC 是一种现代的、高度可扩展的分布式控制系统，它管理思科 ACI 交换机组件并执行已隐式自动化的、策略驱动的网络配置。APIC 旨在在数据路径外完成所有这些操作，进而可实现极高的思科 ACI 性能。

第 4 章

运营模型

RFC 3535（http://tools.ietf.org/html/rfc3535）是 2002 年启动的一个参考性 RFC，它收集了业界在网络管理方面的现状，以及运维团队对网络设备制造商的要求。该文档重点介绍了现有技术的不足，例如简单网络管理协议（SNMP）和命令行界面（CLI）。它还要求将网络配置为一个整体且配置基于文本，以便可以通过 Apache Subversion（SVN）、Mercurial 或 Git 等工具轻松地进行版本的修订和控制。

CLI 是对配置执行交互式修改的好工具，但它们的设计既不利于自动化，也不利于轻松地解析（CLI 的处理既不高效又不实用）或自定义。而且，CLI 没有能力与 Python 等复杂脚本语言可提供的解析能力、字符串操作和高级逻辑抗衡。

思科以应用为中心的基础架构（ACI）技术所引入的操作模型，旨在解决 RFC 3535 中描述的网络管理需求。操作员可使用专门的脚本或执行表述性状态传递（REST）调用的图形用户界面来配置思科 ACI。此操作模型旨在取代或对传统的 CLI 进行补充。

本章将介绍新管理员和操作员要在思科 ACI 环境中工作时，需要熟悉的关键技术和工具，还将解释如何在基于思科 ACI 的数据中心中使用这些工具和技术。

4.1 现代数据中心的关键技术和工具介绍

在基于思科 ACI 矩阵的数据中心，操作员可使用以下工具。

- 图形用户界面。
- 在整个矩阵上执行复杂操作的自定义 Python 脚本。
- 通过 Postman 等工具执行原生 REST 调用。

现代数据中心的管理员必须熟悉以下技术。

- **REST：**RESTful API 与可扩展标记语言（XML）或 JavaScript 对象表示法（JSON）载荷的结合使用，已成为首选的 Web 服务模型，取代了 SOAP 和 WSDL 等以前的模型。现代控制器（例如思科 APIC）可完全通过 REST 调用来管理。
- **Python：**Python 正成为一些操作（例如数据中心管理和配置）的首选脚本语言之一。
- **Git（或类似工具）：**Git 是为方便分布式软件开发而构建的修订控制系统。企业使用 Git 来管理配置脚本的版本修订。

4.1.1 网络管理选项

网络行业开发了多种方法来进行网络管理。表 4-1 列出了业界目前使用最多的网络管理技术和协议中的差异：REST、网络配置协议（NETCONF）和简单网络管理协议（SNMP）。

表 4-1 REST、NETCONF 和 SNMP 之比较

	REST	NETCONF	SNMP
传输	HTTP/HTTPS	SSH	UDP
载荷格式	XML, JSON	XML	BER
方案		YANG	MIB
资源标识	URL	Paths	OID

以下是 RFC 3535 中规定的对管理协议的关键需求。

- 载荷必须是可读的。
- 载荷必须是基于文本的，以便于修订控制。
- 事件发生必须遵循 ACID 规则：它们必须是原子性、一致、独立且耐久的。

思科 ACI 实现基于 REST，REST 满足该列表中的前两个需求。思科 ACI 的设计可确保事件满足 ACID 规则。

4.1.2 REST 协议

RESTful Web 服务（也称为 RESTful Web API）是基于使用 HTTP 和 REST 的原则而实现的。RESTful Web 服务是一个资源集合，其中包含以下内容。

- Web 服务的基础统一资源标识符（URI），例如 https://<控制器的 IP>/resources/。
- 该服务所支持的数据的互联网媒介类型，通常为 XML 或 JSON。
- 使用 HTTP 方法 GET、POST 和 DELETE 所支持的操作集。

标准 HTTP 请求拥有以下语义。

- **POST**：用于执行配置操作。目标域名称、类和选项指定修改所应用到的子树的根。请求中包含的数据采用结构化文本（XML 或 JSON）子树的格式。
- **DELETE**：用于删除对象，例如删除配置。
- **GET**：用于执行查询。它指定在 URL 的范围内检索对象。

配置的典型顺序如以下步骤所示。

第 1 步 身份验证：使用载荷来调用 https://<控制器的 IP>/login.xml，该载荷在 XML 中可能类似于<user name='username' pwd= 'password'/>。该调用会返回一个 cookie 值，浏览器将该值用于下一个调用。

第 2 步 发送 HTTP POST 来进行配置操作：根据具体对象的不同，POST 消息的 URL 有所不同；例如：https://<控制器的 IP>/api/mo/uni.xml，其中 api 表示这是对 API 的调用，mo 表示此调用将修改一个托管对象，uni（统一）指对象树的根，.xml 表示该载荷为 XML 格式。如果 URL 以.json 结尾，则意味着载荷为 JSON 格式。

第 3 步 验证 HTTP 状态码：需要 200 OK 的响应。

大多数自动化工具都包含执行 REST 调用和使用 XML 或 JSON 载荷的原生能力，这使得易于将支持 REST 的网络设备集成到自动化工作流中。

有多种工具能够分别测试 REST 调用。一个便捷的工具是 Postman（http://www.getpostman.com）。Postman 简化了 REST 调用的发送：只需选择 HTTP 方法（POST、DELETE 或 GET），输入 URL，输入 XML 载荷，然后单击 Send 按钮将提交内容发送到控制器。也可使用 Python（或任何其他脚本语言），只需创建一个将 XML 文件转换为 REST 调用的简单脚本，或者可使用直接调用 REST 的软件开发工具包（SDK）。

4.1.3 XML、JSON 和 YAML

XML 和 JSON 都是构造数据的格式。二者都支持将对象序列化，以便在客户端与服务器之间传输数据(名称/值对)。它们的构造格式在语法上和在分层结构和数据数组等的表示上存在着区别。

XML 格式非常类似于 HTML。

JSON 格式具有以下特征。

- 每个对象使用花括号分隔。
- 键值对使用冒号（:）分隔。

- 数组放在方括号中，数组的每个元素后面有一个逗号。

备注 有关 JSON 语法的更多相关信息，请访问 http://json.org/。

示例 4-1 和 4-2 分别以 XML 格式和 JSON 格式显示了思科 ACI 矩阵中对同一个租户的配置。该配置在名为 bridgedomain1 的网桥域创建名为 NewCorp 的租户。

示例 4-1 XML 格式的思科 ACI 配置

```
<fvTenant descr="" dn="uni/tn-NewCorp" name="NewCorp" >
  <fvCtx name="router1" >
  </fvCtx>
  <fvBD arpFlood="no" descr="" mac="00:22:BD:F8:19:FF" name="bridgedomain1"
  unicastRoute="yes" unkMacUcastAct="proxy" unkMcastAct="flood">
     <fvRsCtx tnFvCtxName="router1"/>
  </fvBD>
</fvTenant>
```

示例 4-2 JSON 格式的思科 ACI 配置

```
{
    "fvTenant": {
       "attributes":{
           "dn":"uni/tn-NewCorp",

           "name":"NewCorp"
       },
       "children":[
           {
               "fvCtx":{
                   "attributes":{
                       "name":"router1"
                   }
               }
           },
           {
               "fvBD":{
                   "attributes":{
                       "arpFlood":"no",
                       "name":"bridgedomain1",
                       "unicastRoute":"yes"
                   },
                   "children":[
                       {
                           "fvRsCtx":{
```

```
                    "attributes":{
                        "tnFvCtxName":"router1"
                    }
                }
            }
        ]
    }
  }
 ]
}
}
```


YAML 定义了像 JSON 或 XML 那样强大的格式，能够创建分层结构、数组等，但它比 JSON 和 XML 更紧凑和更易于理解。

示例 4-3 显示了一个 YAML 格式的配置文件，它将“测试”定义为包含两个组件的数组，其中每个组件包含 3 个键值对。

示例 4-3　为配置文件使用 YAML 格式


```
host:   192.168.10.1:7580
name:   admin
passwd: password
tests:
  - type: xml
    path:  /api/node/mo/.xml
    file: tenant1.xml

  - type: xml
    path:  /api/node/mo/.xml
    file: application.xml
```


思科 ACI 中用于执行配置的 REST 调用包含 XML 格式的载荷或 JSON 格式的载荷。

本章介绍使用 YAML 来格式化要用作 Python 脚本的配置文件的文本文件。

4.1.4　Python

本章并不是 Python 的全面指南。对大多数操作员而言，唯一需要的 Python 知识可能就是键入

```
python code.py
```

如果读者从未使用过 Python，出于创建自定义脚本或使用 Python 修改现有脚本的需要，本节将对 Python 进行概述并提供一些基本知识。

Python是一种解释性编程语言，它不会编译为独立的二进制代码。它转换为会在Python的虚拟机中自动执行的字节码。Python还提供一个提示符，可从中通过解释器以交互式方式执行脚本。此特性对测试脚本的每行代码都很有用。从提示符调用python来运行解释器时，会获得以下提示：>>>。因为本章中的示例常常基于解释器的使用，所以所有以>>>开头的配置行都表示使用Python解释器。

Python基础知识

学习Python的一个很好的开端就是在线教程：https://docs.python.org/2/tutorial/inputoutput.html。

以下是Python脚本的一些关键特征。

- 缩进是强制性的。
- 它区分大小写。
- Python不区分"D"和'D'。
- 注释以#开头。
- Python中的库称为模块。
- 典型的脚本开头为import后跟需要的模块。
- 始终需要名为sys的模块，因为它提供了使用sys.argv[1]、sys.argv[2]等解析命令行选项的能力。
- 不需要声明变量的类型，因为此过程会动态完成（可使用命令type(n)来检查类型）。
- 可以使用命令def function (abc)来定义新函数。
- Python提供了使数据处理非常便捷的数据结构：列表、元组、字典（dict）。
- Python在运行时检查错误。

main()函数在哪里？

在Python中，并不严格需要main()函数。但在结构良好的脚本中，可能想要按如下方式定义与main()等效的函数。Python调用的标准方法，是在开头使用双下划线（__）来定义。这种方法的一个示例是__main__。直接调用Python脚本时，__name__设置为__main__。如果导入此函数，那么__name__将获取该模块的文件名的名称。

```
def main()
if __name__ == '__main__':
  main()
```

函数定义

Python 中的基本函数使用关键字 def 来创建，如示例 4-4 所示。

示例 4-4 定义函数

```
def myfunction (A):
    If A>10:
     Return "morethan10"

    If A<5:
      Return "lessthan5"
```

import math 命令将模块 math 调入到当前脚本中。可使用命令 dir 查看此模块中定义了哪些类和方法，如示例 4-5 所示。

示例 4-5 导入模块

```
>>> import math
>>> dir (math)
['__doc__', '__name__', '__package__', 'acos', 'acosh', 'asin', 'asinh', 'atan',
'atan2', 'atanh', 'ceil', 'copysign', 'cos', 'cosh', 'degrees', 'e', 'erf',
'erfc', 'exp', 'expm1', 'fabs', 'factorial', 'floor', 'fmod', 'frexp', 'fsum',
'gamma', 'hypot', 'isinf', 'isnan', 'ldexp', 'lgamma', 'log', 'log10', 'log1p',
'modf', 'pi', 'pow', 'radians', 'sin', 'sinh', 'sqrt', 'tan', 'tanh', 'trunc']
>>> math.cos(0)
1.0
```

可以从模块中导入特定的函数或方法；例如，可以从 argparse 模块导入 ArgumentParser 函数。在此情况下，可使用函数的名称来直接调用它，而无需在前面加上模块的名称；换句话说，可以调用 ArgumentParser 而不是 argparse.ArgumentParser。

有用的数据结构

Python 提供了多种数据结构类型。

- **列表**：列表是一些相互连接的项。例如列表 a：a= [1, 2, 3, 4, 'five', [6, 'six']]。可以修改列表的组件；例如，通过输入 a[0]='one'，可将 a[0]从值 1 变更为“one”。
- **元组**：元组类似于列表，但不能修改：例如 a=(1, 2, 3, 4, 'five')。
- **字典**：字典是一个键值对的集合；例如，可定义 protocols = {'tcp':'6', 'udp':'17'}。
- **集**：集是一个无序的组件列表；例如，可定义 protocols ={'tcp', '6', 'udp', '17'}。
- **字符串**：字符串是字符、词汇或其他数据的线性序列；例如，可定义'abcdef'。

示例 4-6 演示了列表。

示例 4-6 列表

```
>>> a = [1, [2, 'two']]
>>> a
[1, [2, 'two']]
>>> a[0]
1
>>> a[-1]
[2, 'two']
```

下面的配置显示了字典。

```
>>> protocols = {'tcp': '6', 'udp': '17'}
>>> protocols['tcp']
'6'
```

示例 4-7 演示了一个集。

示例 4-7 集

```
>>> a = {'a', 'b', 'c'}
>>> a[0]
Traceback (most recent call last):
  File "<stdin>", line 1, in <module>
TypeError: 'set' object does not support indexing
```

字符串提供了使用%s 来串联字符串组件的选项，无论变量是数字还是字符串，都可以使用它。例如，如果 a=10，则“foo%s”%a 是 Foo10。

可以在字符串上执行复杂的操作。可以为各个组件或选定的组件范围创建索引。示例 4-8 演示了字符串。

示例 4-8 字符串

```
>>> a ='abcdef'
>>> a[3]
'd'
>>> a[4:]
'ef'
```

解析文件

使用 Python 所提供的库，解析文件的内容将会变得非常简单。依据配置需求，文件的内容

（例如配置文件）可解析为一个字典或列表。一种常见的可读的格式为 YAML。可导入 YAML 库，并使用现有的函数解析文件。

备注 更多相关信息可访问：https://docs.python.org/2/library/configparser.html。

示例 4-9 展示了 Python 如何将 YAML 格式的文件解析为字典，它演示了 YAML 解析模块在 Python 中的用法。

示例 4-9 使用 YAML 库

```
>>> import yaml
>>> f = open('mgmt0.cfg', 'r')
>>> config = yam.safe_load(f)
Traceback (most recent call last):
  File "<stdin>", line 1, in <module>
NameError: name 'yam' is not defined
>>> config = yaml.safe_load(f)
>>> config
{'leafnumber': 101, 'passwd': 'ins3965!', 'name': 'admin', 'url':
  'https://10.51.66.243', 'IP': '172.18.66.245', 'gateway': '172.18.66.1/16'}
```

由于YAML默认未包含在Python中，所以需要单独安装此库。Python提供了轻松地解析JSON格式文件的能力（https://docs.python.org/2/library/json.html）。示例 4-10 演示了 JSON 解析模块在 Python 中的用法。

示例 4-10 使用 JSON 格式的文件

```
{
  "name" : "ExampleCorp",
  "pvn"  : "pvn1",
  "bd"   : "bd1",
  "ap"   : [ {"name" : "OnlineStore",
             "epgs" : [{"name" : "app"},
                       {"name" : "web"},
                       {"name" : "db"}
                      ]
             }
           ]
}

>>> import json
>>> f = open('filename.json', 'r')
```

```
>>> dict = json.load(f)
>>> dict
{u'bd': u'bd1', u'ap': {u'epgs': [{u'name': u'app'}, {u'name': u'web'}, {u'name':
u'db'}], u'name': u'OnlineStore'}, u'name': u'ExampleCorp', u'pvn': u'pvn1'}
>>> dict['name']
u'ExampleCorp'
```

验证 Python 脚本

由于 Python 代码是不进行编译的，所以在执行代码时，会在代码中发现错误。在执行代码之前，可使用 pylint <文件名> | grep E 来查找错误。可使用 pip 安装 Pylint，如下所示。

```
sudo pip install pylint
```

错误以字母 E 开头。

在何处运行 Python

根据运行的主机操作系统不同，对 Python 的支持也不同。举例而言，如果使用基于 Apple OS X 的机器，则其内置了对 Python 的支持。本章中的所有示例都基于在 Apple MacBook 上使用的 Python。如果使用的是 OS X 机器，则需要安装 Xcode（https://developer.apple.com/xcode/）。许多操作系统都支持 Python，但本章并不介绍它们。

Pip、EasyInstall 和 Setup Tools

一般而言，可方便地使用已安装的 pip 来安装其他 Python 包（称为 egg）。可将 egg 视为类似于 Java JAR 文件。

如果需要在 Linux 机器上运行 Python，可使用 yum 或 apt-get 来安装 Python setup tools（https://pypi.python.org/pypi/setuptools 或 wget **https://bootstrap.pypa.io/ez_setup.py** -O - | sudo python），然后使用 easy_install（包含在 setup tools 中）来安装 pip，然后使用 pip 安装其他软件包。

- **yum（或 apt-get）install python-setuptools**
- **easy_install –i http://pypi.gocept.com/simple/ pip**

如果在 OS X 机器上运行 Python，则首先需要安装 Homebrew（http://brew.sh/）中的 setup tools，然后使用 Homebrew 或 easy_install 来安装 pip，最后使用 pip 安装 Python 包。

对于针对 ACI 的 Python egg，可使用 easy_install 来安装它。

需要哪些软件包？

Python 会调用库模块。一些模块默认已安装，而其他模块则包含在软件包中。用于安装 Python

包的常见工具是 pip（https://pypi.python.org/pypi/pip），它的语法为 **pip install –i <url>**。

下面列出了应安装的常见软件包。

- **CodeTalker**：https://pypi.python.org/pypi/CodeTalker/0.5
- **Websockets**：https://pypi.python.org/pypi/websockets

以下是需要导入 Python 中的库的常见列表。

- import sys
- import os
- import json
- import re
- import yaml
- import requests

以下配置展示了如何在 Python 脚本中设置路径，以便它可找到合适的库。

```
sys.path.append('pysdk')
sys.path.append('vmware/pylib')
sys.path.append('scvmm')
```

virtualenv

Virtual Env 是创建安装了不同软件包的不同 Python 环境的方式。想象需要运行具有不同依赖性的 Python 应用。一个应用需要库版本 1，另一个应用需要库版本 2，所以就需要选择到底安装哪个版本。Virtual Env 将软件包的安装限定到各个不同的 Python 环境中，这样用户就无需选择了。

备注 可在以下地址找到 Virtual Env 的更多信息：https://pypi.python.org/pypi/virtualenv

示例 4-11 展示了如何创建一个新的 virtualenv。首先，使用 sudo pip install virtualenv 命令安装 virtualenv。接下来，使用 virtualenv cobra1 创建名为 cobra1 的虚拟环境。使用 cd cobra1 进入 cobra1，然后使用 source bin/activate 激活它。现在就可安装特定于此环境的软件包了。如果想要离开虚拟环境，可输入 deactivate。

示例 4-11 虚拟环境的创建

```
prompt# sudo pip install virtualenv
prompt# virtualenv cobra1
```

```
prompt# cd cobra1
prompt# source bin/activate
(cobra1)prompt# pip install requests
[...]
(cobra1)prompt# deactivate
```

可从主机上的任何文件夹，使用这个虚拟环境运行 Python 脚本。如果想要切换到不同的虚拟环境，可使用 source <newvenv>/bin/activate，然后运行该脚本，再输入 deactivate。

也可使用 tar 压缩虚拟环境，将它与其他管理员共享。

4.1.5 Git 和 GitHub

集中化的版本控制系统在软件开发的早期阶段就已出现。由于分布式版本控制系统是新近上市的，所以客户可能更熟悉原来的集中化的系统类型。Git 是分布式的版本/修订控制系统。由于 Git 是目前使用的最流行的版本控制系统之一，所以每个网络管理员都应熟悉它的关键概念。

版本控制用于管理软件开发项目或文档。

GitHub 是基于 Git 的存储库，它提供了基于云的集中化存储库。思科在 GitHub 上拥有多个存储库。可在以下地址找到思科 ACI 存储库的相关信息：https://github.com/datacenter/ACI。

版本控制的基本概念

以下是版本控制系统的一些关键服务。

- 对不同开发人员在相同代码上作出的更改进行同步。
- 跟踪变更。
- 备份和还原功能。

应熟悉以下几个重要术语。

- **存储库（repo）**：存储文件的地方。
- **Trunk、master、main 或 mainline**：存储库中的代码的主要位置。
- **工作集**：来自中央存储库的文件的本地副本。

网络中使用版本控制系统来控制将用于管理网络的脚本的开发。作为网络管理员，需要能够执行以下关键的版本控制系统操作。

- 克隆存储库或签出，例如，创建整个存储库的本地副本。

- 从存储库拉取变更或执行重新定义分支的版本库状态；例如，使用来自中央存储库的变更来更新本地存储库。
- 向存储库添加新文件（如果允许）。
- 将变更推送（签入或提交）到中央存储库（如果允许）：例如，将在脚本的本地副本上执行的修改发送回主要存储库。

如果向主要存储库提交了变更，则变更将与其他管理员的变更或与现有存储库冲突，而且只有在解决这些冲突之后，变更才会合并和生效。

集中化与分布式对比

流行的版本控制系统（例如 Apache Subversion，SVN）使用集中化的存储库，这意味着在对主要代码的本地副本执行变更之后，如果希望签入这些变更，就需要在线并连接到集中化的存储库。在分布式版本控制系统中，例如 Git 或 Mercurial，每个开发人员拥有中央存储库的本地副本，在将变更推送到中央存储库之前需要执行本地提交。这么做的优势在于，不仅拥有包含变更历史的本地系统，而且又能使开发人员能够推迟将变更同步到中央存储库。显然，如果许多人都在同时修改相同的代码，切合实际的做法是频繁地对本地副本执行重新定义分支的版本库状态，以便在提交到中央存储库之前只有极少的冲突需要解决。

增强的补丁是 Git 给代码开发带来的改进之一。在这之前，开发人员对自己机器上的代码执行本地变更后，修补过程要求开发人员使用 diff 实用程序来创建一个文件，以显示新代码与原始代码之间的变化，然后将该文件作为电子邮件附件发送给代码的所有者，以便所有者可审核和应用变更。Git 解决此问题的方式是，在主要存储库上拥有中央代码的一个分岔点（现在称为存储库镜像），开发人员可以向这个分岔点推送变更。这就会生成一个“拉取请求”，该请求然后由拥有主要存储库的人处理。

在大多数情况下，会使用一个中央存储库，团队的所有人都从它拉取变更，但 Git 还提供了使用没有中央存储库的，完全分布式的版本控制系统的能力。

Git 的基本操作概述

作为网络管理员，不需要管理分支的复杂处理，但应知道如何获取思科提供并不断更新的脚本的本地副本。用户甚至会希望向社区的中央存储库提交改进。

如果公司拥有本地的脚本存储库，就可能需要维护版本控制系统，以便在多个操作员中同步对这些脚本的变更。如果是这样，就需要熟悉以下关键操作。

- **获得中央存储库的本地副本**：git clone。
- **将文件添加到本地存储库**：git add。

- 更新本地存储库：git pull。
- 上传到中央存储库：git push。
- 执行本地提交：git commit。

在脚本上执行的日常变更在所谓的工作区中完成。本地提交数据保存在本地存储库中。

图 4-1 演示了非常简单的 Git 操作的视图。

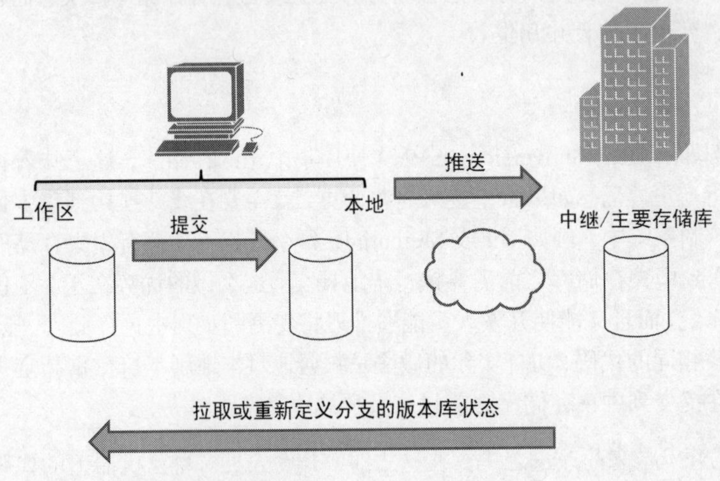

图 4-1　Git 操作的简化视图

安装/设置 Git

Git 安装过程因平台不同而不同。例如，取决于使用的操作系统发行版，安装命令可能为 yum install git 或 apt-get install git。

使用 git config 配置用户名和电子邮件地址，此配置信息存储在~/.gitconfig 文件中。

使用以下配置，在计算机上创建想要用作本地存储库的目录。

```
mkdir <directory name>
git init
```

Git 中的关键命令

首先，将存储库克隆到计算机上，如以下配置所示。

```
git clone git+ssh://<username>@git.company.local:port/folder
```

从该命令可以看出，Git 可使用 SSH 连接到该存储库。它也可使用 HTTP/HTTPS，如以下配置中所示。

```
git clone https://github.com/datacenter/ACI
```

克隆命令还添加了链接到主要存储库的，名为 origin 的快捷方式。

修改工作区上的本地文件后，使用 git add“暂存”该文件并使用 git commit 将它保存到本地存储库中，以将变更保存在存储库的本地副本中，如以下配置所示。

```
git add <file name>
git commit
```

也可使用 git add 向存储库添加新文件。

git commit 命令不会修改集中化的存储库（也即 trunk 或 mainline）。它将变更保存在本地机器上。

执行多次提交后，需要将变更上传到中央存储库。在这么做之前，为了避免与自克隆或拉取远程存储库以来在该存储库上发生的其他变更相冲突，可首先使用以下配置之一对本地副本执行重新定义分支的版本库状态：

```
git pull --rebase origin master
```

或

```
git fetch origin master
git rebase -i origin/master
```

其中 origin 指远程存储库，master 指 git 要求本地存储库显示为 master，交互式的重新定义分支的版本库状态有助于修复冲突。

合并了来自远程存储库的变更和本地变更后，使用以下命令将变更上传到远程存储库：

```
git push origin master
```

4.2 使用思科 APIC 的操作

使用思科 ACI，管理员可结合使用 CLI 命令、REST 调用和 Python 脚本来配置现代数据中心网络，如图 4-2 所示。

用户可使用思科 ACI，以多种方式在思科 APIC 控制器上定义配置。

- 对发送到思科 APIC 的 XML 或 JSON 格式的载荷使用 REST 调用。这些载荷可以多种方式发送，可使用 Postman 或发送 REST 调用的 Python 脚本。
- 使用发送 REST 调用的自定义的图形用户界面。

■ 使用 CLI 来发现来自思科 APIC 的对象模型。

■ 使用 Python 脚本来调用关联的思科 ACI 库。

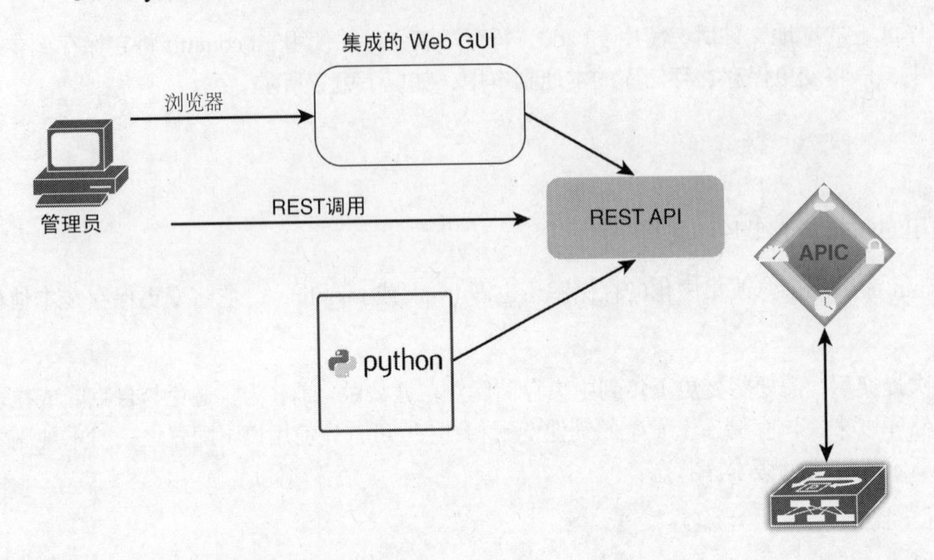

图 4-2 思科 APIC 北向和南向接口

每个工具都有自己的优缺点，但以下是不同团队使用这些工具的最可能的用途。

■ **GUI**：主要用于基础架构管理，以及监测和故障排除用途，它还用于生成模板。

■ **思科 APIC 上的 CLI**：主要用于创建 shell 脚本和执行故障排除。

■ **POSTMAN 和其他 REST 工具**：主要用于测试，以及定义要自动化的配置。

■ **基于 XML、JSON 和 REST 调用的脚本**：操作员可使用这些简单的脚本来执行类似 CLI 的操作，而无需真正理解 Python。

■ **基于软件开发工具包（SDK）的脚本**：操作员使用这些简单的脚本来执行特色功能，而无需等待软件版本提供想要的自动化结果。

■ **PHP 和具有嵌入式 REST 调用的网页**：主要用于为操作员或 IT 客户创建简单的用户界面。

■ **高级编排工具，例如 Cisco Intelligent Automation for Cloud 或 UCS Director**：用于端到端配置计算和网络。

4.2.1 对象树

思科 ACI 基础架构中的所有组件都表示为一个类或托管对象（缩写为 MO）。每个托管对象由一个名称标识，包含一组有类型的值或属性。例如，一个给定租户是一个具有相同类型和特定名称（例如 Example.com）的对象。矩阵中的路由实例就是对象，交换机上的端口也是对象。对象可以是具体的（在思科 APIC REST API 用户指南使用标签“C”）或抽象的（《思科 APIC REST API 用户指南》使用标签“A”）；举例而言，租户是抽象对象，而端口则是具体对象。

思科 ACI 中的所有配置包括创建这些对象，修改它们的属性，删除对象，或查询树等操作。举例而言，要创建或操作对象，可使用具有此类型 URL 的 REST 调用：https://<控制器的 IP>/api/mo/uni/.xml。要在类上执行操作，可使用具有此类型 URL 的 REST 调用：https://<控制器的 IP>/api/class/uni/.xml。可使用名为 Visore 的工具来浏览对象数据库（即当前保存在分布式数据库中的树），该工具可通过在浏览器中使用以下 URL 访问 APIC 控制器来获得：https://<主机名>/visore.html。

Visore 是对象浏览器；因此，它允许在树中查询类或对象。例如，可输入类的名称（例如 tenant）并获取这个类的实例列表（也即实例化的特定的租户）。或者，如果可输入特定租户对象的区分名，就可获得这个特定租户的信息。图 4-3 中描绘了 Visore 的示例。

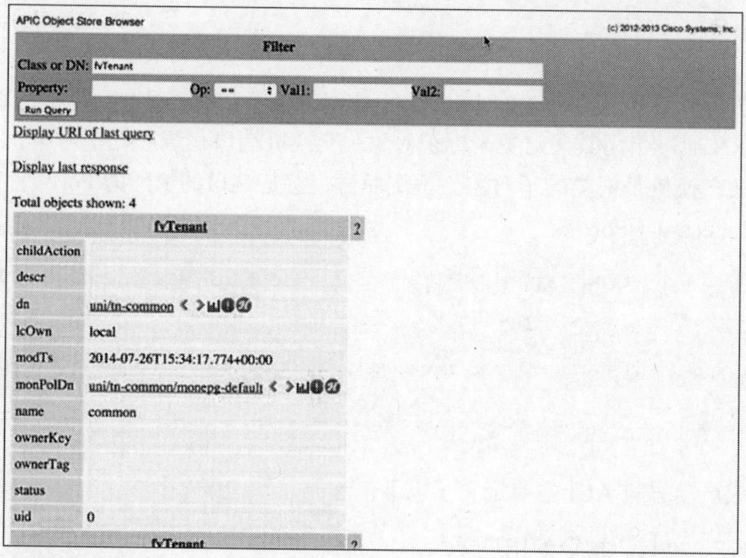

图 4-3 Visore

类、对象和关系

托管对象实例可包含其他实例，并形成树中的父子关系，该树称为托管信息树（MIT）。图 4-4 提供了对象树组织的总体视图。根部是“universe 类”。接下来是属于基础架构的类（即物理属性，例如端口、端口绑定、VLAN 等），以及属于逻辑概念的类（例如租户、租户内的网络等）。

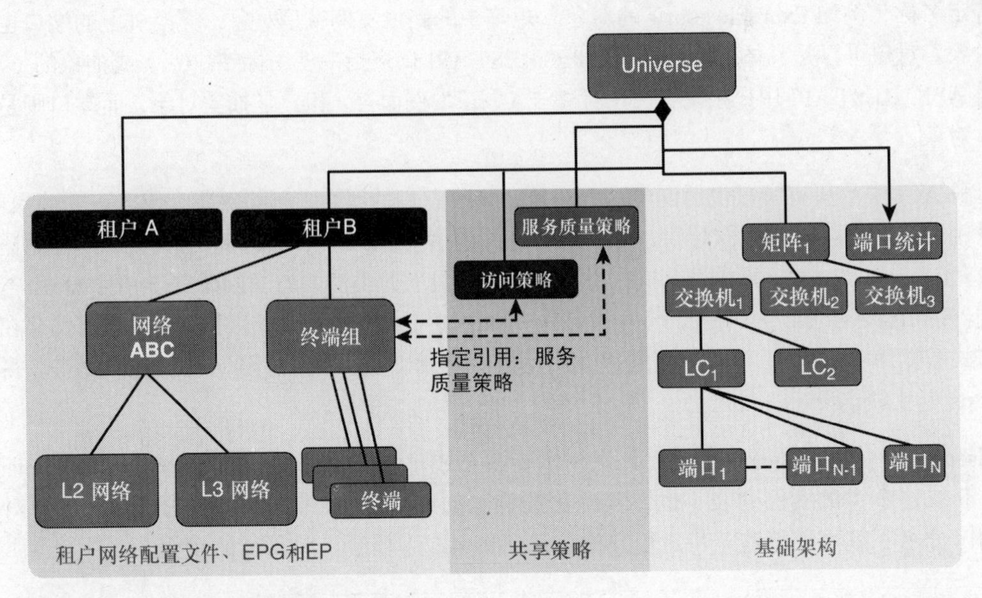

图 4-4 对象模型的分层结构

要创建或操作对象，按资源的区分名（DN）或相对名称（RN），可发送 REST 调用。DN 直接标识托管对象，而 RN 通过引用其父对象来标识对象。交换机端口是线卡的子对象，线卡是交换机的子对象，而交换机是根类的子对象。举例而言，特定端口的 RN 为 Port-7，它的 DN 为/Root/Switch-3/Linecard-1/Port-7。

备注 可通过查阅 APIC 控制器本身的 APIC API 模型文档来找到包和所有类的列表（此链接提供了具体说明：
http://www.cisco.com/c/en/us/td/docs/switches/datacenter/aci/apic/sw/1-x/api/rest/b_APIC_RESTful_API_User_Guide.html）

所有类都组织为包的成员。思科 ACI 主要定义了以下包。

- **Aaa**：用于身份验证、授权、核算的用户类。
- **fv**：矩阵虚拟化。
- **vz**：虚拟区域。

图 4-5 演示了包 fv 中包含的类列表。

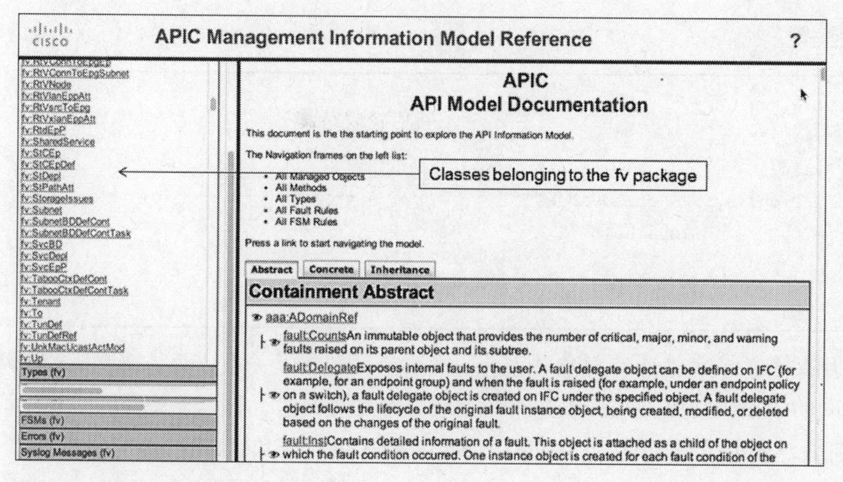

图 4-5　APIC 管理信息参考模型

租户的类名为 fv:Tenant，其中 fv 表示该类所属的包。租户的区分名为 uni/tn-[name]，其中 uni 是 universe 类而 tn 代表租户名。vrf/路由信息（Ctx）是类 tenant 的子类。

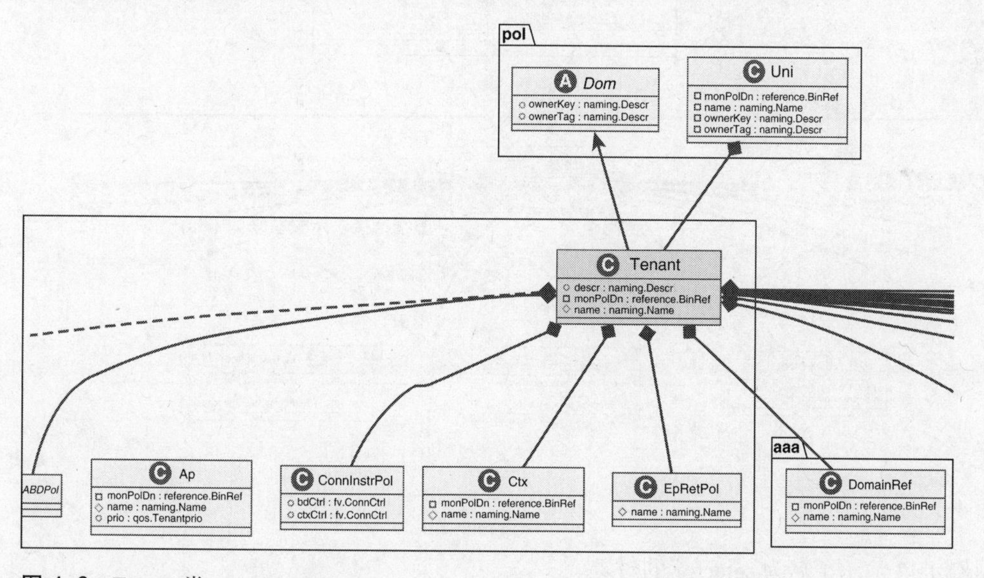

图 4-6　Tenant 类

可在 Visore 的搜索字段（标为“Class or DN”）中输入字符串 fvTenant（没有冒号）来在对象数据存储中查找类 tenant。

该关系以和示例 4-12 相似的模板的 XML 格式来表达。

示例 4-12 XML 格式

```
<zzzObject property1 = "value1",
    property2 = "value2",
    property3 = "value3">
   <zzzChild1 childProperty1 = "childValue1",
       childProperty2 = "childValue1">
     </zzzChild1>
 </zzzObject>
```

不能简单地使用父子关系表达所有对象关系。一些对象没有父子关系，而是彼此依赖。两个这样的对象之间的依赖性使用关联来表达。在类或对象之间表达了非父子关系的所有托管对象都以 Rs 为前缀，表示关联来源：{SOURCE MO PKG}::Rs{RELATION NAME}。

图 4-7 演示了来自包 infra 的类 infra 的模型。

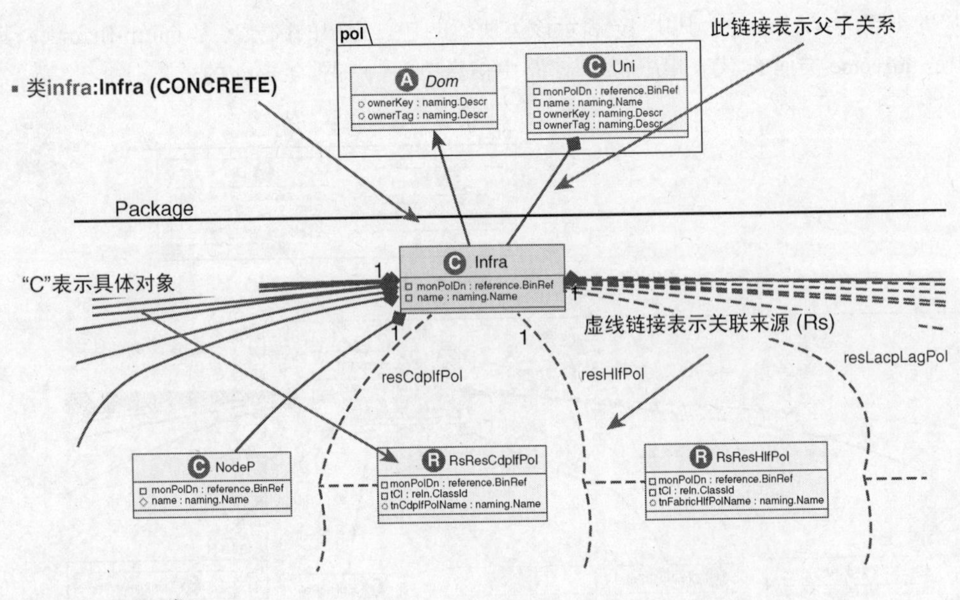

图 4-7 Infra 类

示例 4-13 演示了名为 selector 的对象。

示例 4-13 中的配置显示了叶节点 101 的选择器，和对此叶节点上的端口（端口 1 和端口 2）的引用。NodeP 是类 infra 的子类（因此名为 infraNodeP）。选择 leaf101 的对象名称为"leaf101"（这是管理员选择的任意名称）。对象 LeafS 是作为类 NodeP 的子类的交换机的选择器。而且，RsAccPortP 定义了与实例化为"port1and2"（管理员选择的任意名称）的端口选择器的关联。

示例 4-13 XML 格式的对象 NodeP

```
<infraInfra dn="uni/infra">
[...]
   <infraNodeP name="leaf101 ">
      <infraLeafS name="line1" type="range">
         <infraNodeBlk name="block0" from_="101" to_="101" />
      </infraLeafS>
      <infraRsAccPortP tDn="uni/infra/accportprof-port1and2 " />
   </infraNodeP>
[...]
</infraInfra>
```

图 4-8 演示了类之间的关系。实线表示父子关系，虚线表示关联。

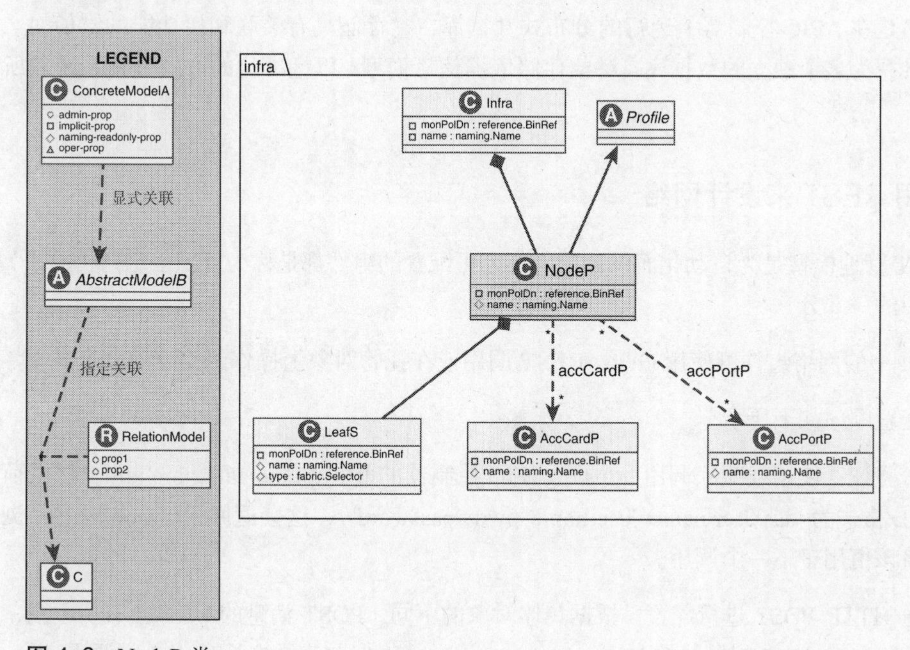

图 4-8 NodeP 类

命名约定

可在《API APIC 模型文档》中找到准确的命名规则。以下是一些常见的命名规则。

- **MO**：托管对象（即类）。
- **PKG**：包（类的集合）。
- **vz**：虚拟区域。

- **Br**：二进制。
- **CP**：契约配置文件。
- **fv**：矩阵虚拟化。
- **AEPg**：应用终端组。
- **Rs**：关联来源。
- **Cons**：使用者。

类名称表达为“包:类”。

对象存储

对象存储是在 APIC 控制器上运行的分布式数据库，它存储具有关联和树功能的键值对。对象存储可视为多个独立的数据库。对象存储依据信息模型，以标准化的方式公开系统的所有状态。

4.2.2 使用 REST 来设计网络

思科 ACI 管理模型是为自动化而设计的。每个可配置的组件都是称为管理信息树（MIT）的对象树中的一部分。

思科 ACI 中的网络组件可使用 GUI、REST 调用或在托管对象上操作的 CLI 来进行配置。

典型的配置顺序如下所示。

第 1 步 身份验证：使用载荷来调用 https://<APIC 控制器的 IP>/api/mo/aaaLogin.xml，该载荷的 XML 格式为<aaaUser name='username' pwd='password'/>。这会返回一个 cookie 值，浏览器将该值用于下一个调用。

第 2 步 发送 HTTP POST 进行配置：根据具体对象的不同，POST 消息的 URL 会有所不同；例如：https://<APIC 控制器的 IP>//api/mo/uni.xml，其中 api 表示这是对 API 的调用，mo 表示此调用将修改托管对象，uni（统一）指对象树的根，.xml 表示该载荷为 XML 格式。如果 URL 以.json 结尾，则意味着载荷是 JSON 格式。

第 3 步 验证 HTTP 状态码：需要 200 OK 的响应。

使用 REST 调用，配置在 XML 或 JSON 载荷中定义。XML 或 JSON 语法/格式依赖于控制器对象模型。可在 Github 上找到思科 Nexus 9000 和 ACI 的示例。

以下配置显示了 APIC 中创建“租户”（或虚拟数据中心）的 REST 调用。

```
HTTP POST call to https://ipaddress/api/node/mo/uni.xml
XML payload: <fvTenant name='Tenant1' status='created,modified'></fvTenant>
```

也可使用REST调用，通过HTTP方法DELETE来删除对象，或者使用"status="deleted"和POST调用来删除对象，如示例4-14所示。

示例 4-14 使用 REST 调用删除对象

```
method: POST
url: http://<APIC IP>/api/node/mo/uni/fabric/comm-foo2.json
payload {
                "commPol":{
                    "attributes":{
                        "dn":"uni/fabric/comm-foo2",
                        "status":"deleted"
                    },
                  "children":[]
                }
            }
```

发送 REST 调用的工具

通过 REST 调用执行配置的简单方式是使用工具 POSTMAN。图 4-9 展示了如何将 POSTMAN 用于思科 APIC。

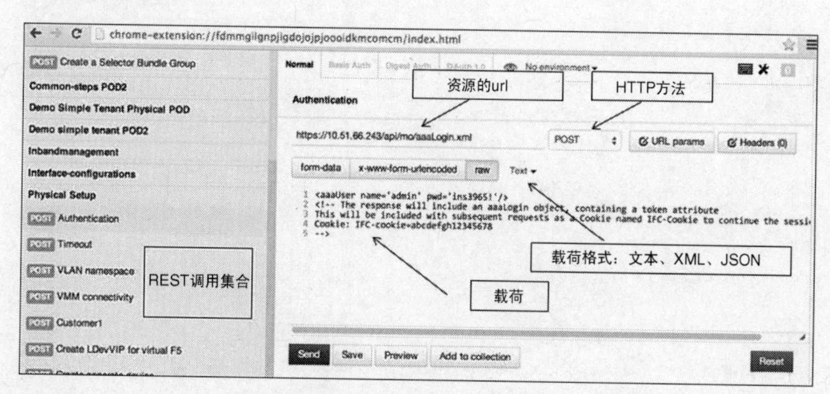

图 4-9 使用 POSTMAN 发送 REST 调用

需要执行的第一个调用是身份验证调用，可通过它向控制器提供用户名和密码。后续调用重用从控制器收到的令牌。图 4-9 还演示了 POSTMAN 提供的配置。要执行调用，只需根据指示输入资源的 URL，选择 POST 方法，并在载荷字段中填入 XML 或 JSON 格式的配置。

示例 4-15 显示了脚本 xml2REST.py 的各部分，该脚本接受服务器的域名系统（DNS）的名称或 IP 地址，以及将包含 XML 配置文件的文本文件的名称作为输入。

示例 4-15 发送 REST 调用的 Python 脚本

```
#!/usr/bin/python
[...]

def runConfig( status ):
            with open( xmlFile, 'r' ) as payload:
                if( status==200):
                    time.sleep(5)
                else:
                    raw_input( 'Hit return to process %s' % xmlFile )
                data = payload.read()
                url = 'http://%s/api/node/mo/.xml' % apic
                r = requests.post( url, cookies=cookies, data=data )
                result = xml.dom.minidom.parseString( r.text )
                status = r.status_code

try:
    xmlFile = sys.argv[1]
except Exception as e:
    print str(e)
    sys.exit(0)
apic = sys.argv[2]
auth = {
    'aaaUser': {
        'attributes': {
            'name':'admin',
            'pwd':'P@ssw0rd'
            }
        }
    }
status = 0
while( status != 200 ):
    url = 'http://%s/api/aaaLogin.json' % apic
    while(1):
        try:
            r = requests.post( url, data=json.dumps(auth), timeout=1 )
            break;
        except Exception as e:
            print "timeout"
    status = r.status_code
    print r.text
    cookies = r.cookies
    time.sleep(1)
runConfig( status )
```

如果想要从桌面向控制器执行基于 CLI 的配置，也可使用 cURL 或 wget，如示例 4-16 所示，其中第一个 REST 调用是用于提供令牌 cookie，该 cookie 保存在文本文件中，可供以后的调用重用。

示例 4-16 使用 cURL 发送 REST 调用

```
curl -X POST http://<APIC-IP>/api/aaaLogin.xml -d '<aaaUser name="admin"
  pwd="password" />' - cookie.txt

curl -b cookie.txt -X POST http://<APIC-IP>/api/mo/uni/tn-finance.xml -d
  '<fvTenant />'
```

思科 ACI 中的 REST 语法

在思科 ACI 中进行 REST 调用的 URL 的格式如下：

http://host[:port]/api/{mo|class}/{dn| className}.{json/xml}[?options]

下面的列表解释了该 URL 中每个字段的含义。

- **/api/**：指定该消息发送到 API。
- **mo | class**：指定操作的目标是托管对象（MO）还是对象类。
- **dn**：指定目标 MO 的区分名（DN）。
- **className**：指定目标类的名称。此名称是查询对象的包名称与在相应包的上下文中查询的类名称的串联结果。例如，类 aaa:User 会在 URI 中得到类名 aaaUser。
- **json/xml**：指定命令或响应 HTML 正文的编码格式为 JSON 还是 XML。

如以下配置所示，可执行简单的操作来创建租户（fvTenant）。

```
POST to http://apic1/api/mo/uni.xml
<fvTenant name='Tenant1' status='created,modified'>
</fvTenant>
```

示例 4-17 演示了如何创建应用网络配置文件（fvAp）。

示例 4-17 创建应用网络配置文件的 REST 调用

```
POST to http://apic1/api/mo/uni.xml
<fvTenant name='Tenant1' status='created,modified'>
   <fvAp name='WebApp'>
   </fvAp>
</fvTenant>
```

示例 4-18 演示了如何添加终端组（fvAEPg）。

示例 4-18 添加 EPG 的 REST 调用

```
POST to http://apic1/api/mo/uni.xml
<fvTenant name='Tenant1' status='created,modified'>
<fvAp name='WebApp'>
   <fvAEPg name="WEB" status="created,modified"/>
</fvAp>
</fvTenant>
```

类级查询的语法不同，该语法不使用区分名，需要输入包名称与类名称的串联结果。

```
<system>/api/<component>/class/<pkgName><ClassName>.[xml|json]?{options}
```

下面的列表解释了该 URL 中每个字段的含义。

- **pkgName：**表示查询对象的包名称。
- **className：**表示在相应包的上下文中查询的类名称。
- **RN：**形成完整 DN 的相对名称集合，这个 DN 标识 MIT 上的托管对象的路径。

可在查询中使用以下选项。

- **query-target=[_self|children|subtree]：**指定检索对象本身，对象的子对象，还是子树。
- **target-subtree-class=[mo-class*]：**指定如果 query-target 不是 self，要检索的对象类。
- **query-target-filter=[FILTER]：**指定如果 query-target 不是 self，要检索的对象过滤器。
- **rsp-subtree=[no|children|full]：**对于返回的对象，表示是否应包含子树信息。
- **rsp-prop-include=[all|naming-only|config-explicit|config-all|oper]：**指定要在结果中包含何种类型的属性。

过滤器的格式如下所示。

```
FILTER = OPERATOR(parameter|(FILTER)[/parameter|(FILTER)|value[,parameter|(FILTER
)|value]...])
```

支持的运算符如下所示。

- **eq：**等于
- **ne：**不等于
- **lt：**小于

- **gt**：大于
- **le**：小于或等于
- **ge**：大于或等于
- **bw**：介于二者之间
- **逻辑运算符**：Not、and、or、xor、true、false
- **Anybit**：如果至少设置了一位，则为 True
- **Allbits**：如果设置了所有位，则为 True
- **Wcard**：通配符
- **Pholder**：属性持有者
- **Passive**：被动持有者

例如，这个查询展示了在给定数据范围内失败的所有矩阵端口。

```
query-target-filter = "and(eq(faultevent:type,failed),eq(faultevent:object,
fabric_port), bw(faultevent:timestamp,06-14-12,06-30-12))"
```

在 XML 中的租户建模

本节介绍如何使用必要的网桥域和路由实例来创建租户。示例 4-19 演示了该租户如何通过子网 10.0.0.1/24 和 20.0.0.1/24 与服务器连接。默认网关可以为 10.0.0.1 或 20.0.0.1。服务器可连接到 EPG VLAN10 或 EPG VLAN20。

EPG 也在 VMware ESX 上的 VMware vSphere 分布式交换机（vDS）中创建为端口组。虚拟机管理器与思科 APIC 协商，确定使用哪个 VLAN 或 VxLAN 来在此端口组中建立通信。

在示例 4-19 中，各个字段的含义如下所示。

- **fvCtx**：表示路由实例。
- **fvBD**：网桥域。
- **fvRsCtx**：从网桥域指向路由实例的指针。
- **fvSubnet**：网桥域的子网和默认网关列表。
- **fvRsDomAtt**：对虚拟机移动域的引用。

示例 4-19 完整的租户配置

```
POST to http://apic1/api/mo/uni.xml
<polUni>
    <fvTenant dn="uni/tn-Customer1" name="Customer1">
    <fvCtx name="customer1-router"/>
    <fvBD name="BD1">
        <fvRsCtx tnFvCtxName="customer1-router" />
        <fvSubnet ip="10.0.0.1/24" scope="public"/>
        <fvSubnet ip="20.0.0.1/24" scope="public"/>
    </fvBD>
   <fvAp name="web-and-ordering">
     <fvAEPg name="VLAN10">
       <fvRsBd tnFvBDName="BD1"/>
       <fvRsDomAtt tDn="uni/vmmp-VMware/dom-Datacenter"/>
     </fvAEPg>
     <fvAEPg name="VLAN20">
       <fvRsBd tnFvBDName="BD1"/>
       <fvRsDomAtt tDn="uni/vmmp-VMware/dom-Datacenter"/>
     </fvAEPg>
 </fvTenant>
 </polUni>
```

定义 EPG 之间的关系（提供者和使用者）

EPG 之间的通信路径通过契约的概念来管理。契约定义了两个 EPG 之间的通信路径中使用的协议和 4 层端口。

示例 4-20 演示了契约如何定义 permit all 过滤器。

- **vzBrCP**：表示契约的名称。
- **vzSubj**：引用主体，是过滤器容器的名称，它类似于 ACL，因为它允许单独的入站和出站过滤，所以功能更强大。
- **vzRsSubfiltAtt**：引用过滤器；默认过滤器为 permit any any。

示例 4-20 契约的定义

```
<vzBrCP name="A-to-B">
   <vzSubj name="any">
       <vzRsSubjFiltAtt tnVzFilterName="default"/>
   </vzSubj>
 </vzBrCP>
```

契约之间的关系是依据哪个 EPG 提供契约和哪个 EPG 使用契约来定义的。示例 4-21 演示了如何让 EPG-A 与 EPG-B 通信。

- **fvRsProv**：表示 EPG-A 提供的契约的名称。
- **fvRsCons**：表示 EPG-B 使用的契约的名称。

示例 4-21　EPG 的定义

```
<fvAp name="web-and-ordering">
  <fvAEPg name="EPG-A">
    <fvRsProv tnVzBrCPName="A-to-B" />
  </fvAEPg>
  <fvAEPg name="EPG-B">
    <fvRsCons tnVzBrCPName="A-to-B"/>
  </fvAEPg>
</fvAp>
```

简单的任意对任意策略

上一节中描述的配置，将网桥实例化，以供租户使用，同时还将路由实例和默认网关实例化。然后可将服务器与 EPG VLAN10 和 VLAN20 相关联。如果服务器位于同一个 EPG 中，那么它们无需进一步配置即可通信，但如果它们包含在不同的 EPG 中，则管理员需要配置显式的契约，以定义哪个 EPG 可与哪个 EPG 通信。

示例 4-22 完成了前面的配置，在 EPG 之间实现了任意对任意的通信，就像传统的路由和交换基础架构所提供的那样。

示例 4-22　任意对任意策略的定义

```
POST to http://apic1/api/mo/uni.xml
<polUni>
   <fvTenant dn="uni/tn-Customer1" name="Customer1">
   <vzBrCP name="ALL">
     <vzSubj name="any">
      <vzRsSubjFiltAtt tnVzFilterName="default"/>
    </vzSubj>
  </vzBrCP>
  <fvAp name="web-and-ordering">
    <fvAEPg name="VLAN10">
      <fvRsCons tnVzBrCPName="ALL"/>
      <fvRsProv tnVzBrCPName="ALL" />
    </fvAEPg>
    <fvAEPg name="VLAN20">
```

```
        <fvRsCons tnVzBrCPName="ALL"/>
        <fvRsProv tnVzBrCPName="ALL" />
      </fvAEPg>
    </fvAp>
  </fvTenant>
</polUni>
```

4.2.3 ACI SDK

使用 Python 而不发送普通的 REST 调用的主要原因是，Python 能够解析命令行选项和配置。可在 Python 中使用简单的脚本来将 XML 转换为 REST 调用，但此方法需要依据 ACI 对象模型来格式化 XML 配置文件。其结果是，如果创建这样一个脚本，并希望与其他管理员/操作员来共享它，那么就需要理解 ACI 对象模型。理想情况下，任何拥有网络技能的人，无需学习 ACI 对象模型即可访问创建脚本中的配置文件和命令行选项。为此，需要用于 ACI 的 Python SDK。

ACI SDK 提供了一些模块，以支持执行思科 ACI 矩阵所提供的所有操作，获得使用 REST 调用和 XML 配置的方法所没有的以下优势。

- 可使用 Python 来解析想要的任何格式的配置文件。
- SDK API 可能始终保持相同，而 XML 对象模型的具体格式可能变化。
- 可执行更复杂的条件操作、字符串操作等。

ACI Python Egg

要使用 SDK 所提供的该功能，需要安装 SDK egg 文件，如以下配置所示。egg 的文件名类似于: acicobra- 1.0.0_457a-py2.7.egg。要安装此软件包，可使用之前介绍的 setup tools 和 pip。

```
sudo python setup.py easy_install ../acicobra-1.0.0_457a-py2.7.egg
```

取决于 ACI 文件所安装的位置，可能需要通过以下调用来指定 Python 代码中的路径。

```
sys.path.append('your sdk path')
```

一种最佳实践是，使用 virtualenv 创建多个可能安装了不同库集合的 Python 环境。为此，需要首先安装 virtualenv，如示例 4-23 所示。

示例 4-23 为 Cobra 创建虚拟环境

```
prompt# sudo pip install virtualenv
prompt# virtualenv cobra1
```

```
prompt# cd cobra1
prompt# source bin/activate
(cobra1)prompt# pip install requests
(cobra1)prompt# easy_install -Z acicobra-1.0.0_457a-py2.7.egg
```

如何开发用于 ACI 的 Python 脚本

Python 脚本必须登录到控制器，获取令牌，并不断使用此令牌来执行完整配置。示例 4-24 演示了用于登录到矩阵中的初始调用。

示例 4-24 使用 SDK 登录到矩阵中

```
import cobra.mit.access
import cobra.mit.session

ls = cobra.mit.session.LoginSession(apicurl, args.user, args.password)
md = cobra.mit.access.MoDirectory(ls)
md.login()
```

登录后，按 DN 或类来查找对象，如以下配置所示。

```
topMo=md.lookupByDn('uni')
topMp=md.lookupByClass('polUni')
```

前面的配置演示了如何创建对象来执行与叶节点交换机的矩阵发现功能相关的操作。但在发送配置请求之前，不会修改控制器的对象存储上的任何信息，如示例 4-25 所示。

示例 4-25 矩阵发现

```
import cobra.model.fabric

# login as in the previous Example
#
topMo = md.lookupByDn(str(md.lookupByClass('fabricNodeIdentPol')[0].dn)
leaf1IdentP = cobra.model.fabric.NodeIdentP(topMo, serial='ABC', nodeId='101',
name="leaf1")
leaf2IdentP = cobra.model.fabric.NodeIdentyP(topMo, serial='DEF', nodeId='102',
name="leaf2")
[...]
c = cobra.mit.request.ConfigRequest()
c.addMo(topMo)
md.commit(c)
```

在对象树中查询特定的类或对象，如示例 4-26 所示。这样做的优点是 DN 不是硬编码。

示例 4-26 查询 Cobra

```
from cobra.mit.request import DnQuery, ClassQuery
# After logging in, get a Dn of the Tenant
cokeQuery = ClassQuery('fvTenant')
cokeQuery.propFilter = 'eq(fvTenant.name, "tenantname")'
cokeDn = str(md.query(cokeQuery)[0].dn)
```

在何处查找用于 ACI 的 Python 脚本

在编写本书时，Python 脚本已发表在 github 上，可通过以下 URL 获得：https://github.om/datacenter/ACI。

4.3 更多信息

RFC 3535：http://tools.ietf.org/html/rfc3535 ACI 管理信息模型：

http://www.cisco.com/c/en/us/support/cloud-systems-management/application-policy-infrastructure-controller-apic/products-technical-reference-list.html

http://www.cisco.com/c/en/us/support/cloud-systems-management/application-policy-infrastructure-controller-apic/tsd-products-support-configure.html

Github：https://github.com/ Python：https://www.python.org/

4.4 小结

本章介绍了要使用以应用为中心的基础架构来配置网络属性，管理员和操作员所需要拥有的新技能。这些技能包括能够配置 REST 调用，能够使用以及可能创建 Python 脚本。本章还介绍了 Python 的关键概念，以及用于 REST 调用和配置文件的重要格式。最后，本章还解释了如何开始使用 REST 配置和 ACI SDK，并提供了示例来演示这些概念。

第5章

基于虚拟机管理程序的数据中心设计

本章的目的是介绍在数据中心使用虚拟机管理程序时的网络需求和设计考虑因素。

对网络管理员来讲，管理虚拟化的数据中心具有以下多种挑战。

- 因为每台服务器都包含网络组件，所以网络组件的数量与服务器数量呈正比。
- 由于交换操作常常在服务器自身内执行，所以源自于虚拟机（VM）的流量的可视性极差。
- 网络配置需要部署在大量的服务器上，同时确保它们满足 VM 的移动性需求。

思科提供了多种技术来解决这些环境的网络需求。以下展示了至少有 4 种不同的方法可在数据中心集成 VM 交换功能。

- **使用虚拟交换机**：让服务器中的软件交换机来干预交换流量（例如思科 Nexus 1000V 系列交换机）。
- **端口扩展**：要求在“控制网桥”上模拟虚拟端口（虚拟网络 TAG、VNTAG，还有 VN-TAG 的叫法）。
- **终端组扩展**：涉及将思科 ACI 终端组扩展到虚拟化的服务器中。
- **在服务器上构建叠加网络**：包括在虚拟交换机级别上创建叠加网络。

思科 ACI 旨在提供一种多虚拟机管理程序的解决方案，所以网络管理员必须熟悉各种虚拟机管理程序。本章演示最流行的虚拟机管理程序的关键特征和命名约定，这包括基于 Linux 内核的虚拟机（KVM）、Microsoft Hyper-V、VMware ESX/ESXi 和 Citrix XenServer。

ACI 在交换 VM 流量方面采取的方法是，让虚拟化服务器将流量发送到 ACI 矩阵的叶节点交换机，以便转发数据。此方法拥有以下优势。

- 网络基础架构可独立于软件进行测试，支持使用已知的流量生成工具来进行验证，自动验证虚拟化服务器的流量转发。
- 因为流量转发不需要计算处理器，所以此类型的基础架构提供了可预测的性能表现。

5.1 虚拟化服务器网络

虚拟化服务器解决方案在许多方面大同小异，拥有相似的目的。但它们会为参考组件使用不同的命名约定。本节阐述每个组件的角色和命名。

特定虚拟化服务器环境包含以下典型组件。

- **虚拟机管理程序**：提供物理主机的虚拟化软件。
- **虚拟机管理器**：管理多个虚拟化主机上的虚拟机组件。
- **虚拟软件交换机**：为虚拟网络适配器提供交换功能的软件。
- **终端组**：由虚拟交换机细分而来的多个安全区域。
- **云编排**：该组件提供了排序和实例化虚拟化工作负载及其连接性的能力。

表5-1给出了这些组件与业内最常用的虚拟化解决方案之间的对应关系。

表5-1 不同供应商的实现中的虚拟化服务器解决方案概念

	KVM	Microsoft	VMware	XEN
虚拟机管理程序	KVM	Hyper-V	ESX/ESXi	XenServer
虚拟机管理器	virt-manager	System Center Virtual Machine Manager	vCenter	XenCenter
软件交换机	Open vSwitch	Hyper-V Virtual Switch	VMware 标准 vSwitch、VMware vSphere 分布式交换机/分布式虚拟交换机	虚拟交换机，可选择使用Open vSwitch或XEN网桥
终端组	网桥（br0、br1等）	虚拟子网标识符	端口组	虚拟网络或网桥（如果使用Open vSwitch（br0、br1等））
云编排管理	OpenStack	Azure	vCloud Director	
虚拟网络适配器	客户网卡、tap0（如果使用Open vSwitch）	虚拟网络适配器	vNIC	VIF（虚拟接口）、tap0（如果使用Open vSwitch）
虚拟机热迁移	KVM Live Migration	Microsoft Live Migration	vMotion	XenMotion
物理网卡	Eth0、Eth1等		vmnic	Pif或eth0、eth1等

5.1.1 为什么服务器上有软件交换组件？

引用自思科 DocWiki 的“透明网桥”一节（http://docwiki.cisco.com/wiki/Transparent_Bridging）。

> 网桥使用它的[MAC 地址]表作为流量转发的基础。在网桥的某个接口上收到数据帧时，网桥在其内部表中查找该数据帧的目的地址。如果该表所包含的目的地址与收到该数据帧的网桥端口以外的任何端口相关联，该数据帧就会从该关联的端口转发出去。如果没有找到关联，该数据帧会泛洪至除入站端口以外的所有端口。

图 5-1 描绘了包含两个 VM 的虚拟化服务器：VM1 和 VM2。此服务器通过一个以太网端口连接到一台外部 2 层交换机（它是千兆以太网还是 10GB 以太网并不重要）。VM1 的 MAC 地址是 MAC1，VM2 的 MAC 地址是 MAC2。连接到虚拟化服务器的交换机端口为 Ethernet1/1。2 层转发表（即 MAC 地址表）包含每个 VM 的 MAC 地址和从中学习到该地址的端口。举例而言，交换机将一个目的 MAC 地址为 MAC1 的数据帧转发到端口 Ethernet1/1；类似地，此交换机将一个目的 MAC 地址为 MAC2 的数据帧转发到端口 Ethernet1/1。

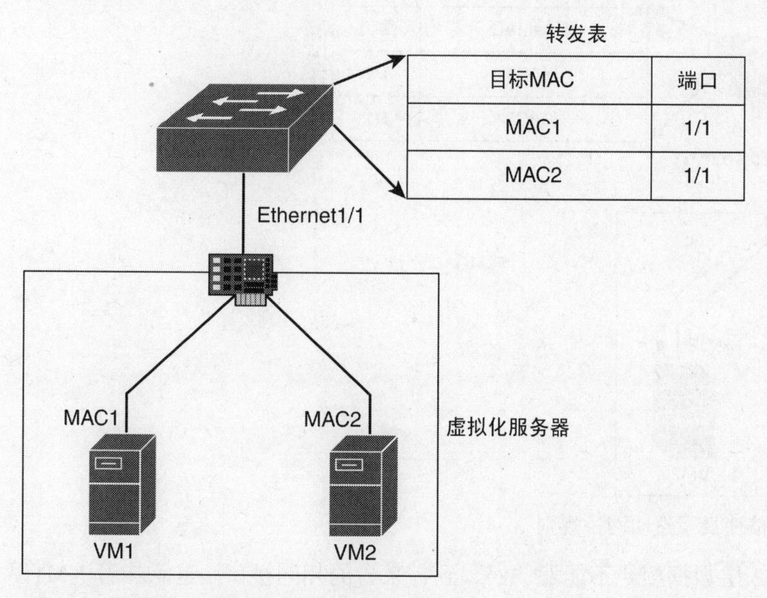

图 5-1 该拓扑结构解释了 vSwitches 为什么必不可少

现在想象一台服务器需要将流量发送到 VM1，如图 5-2 所示。该交换机仅在 2 层转发表中查找目的 MAC 地址，并相应地转发该数据帧。

现在 VM1 将数据帧发送到 VM2 (MAC2)，如图 5-3 所示。该交换机在 2 层转发表中查找目的 MAC 地址，发现 MAC2 与 Ethernet1/1 相关联。此刻会发生什么？

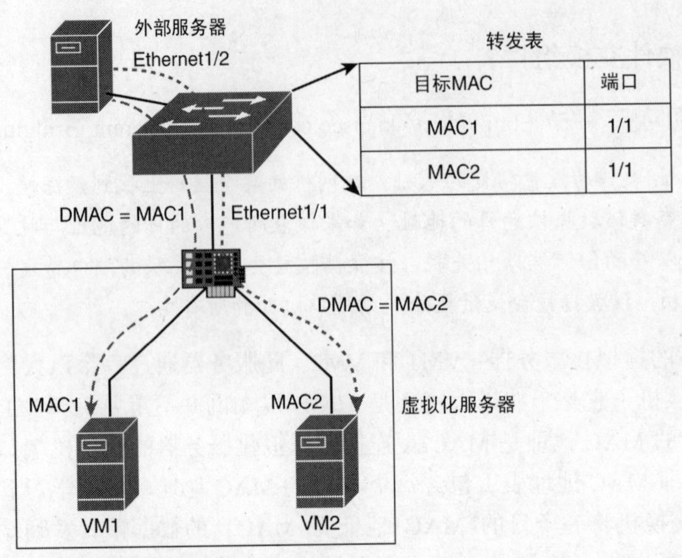

图 5-2　物理到虚拟通信路径

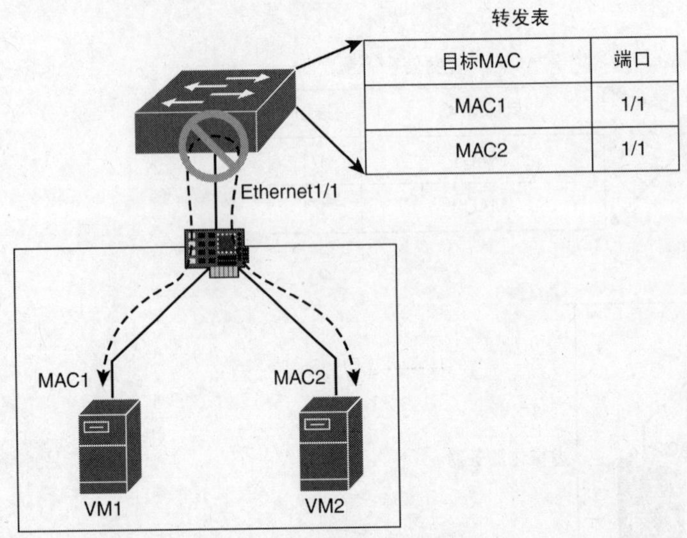

图 5-3　虚拟到虚拟通信违反了透明网桥规则

基于 2 层转发规则，2 层数据帧绝不能发“回”到它来自的相同接口。这意味着 VM1 无法与 VM2 通信。

基于上一段的规则，显然位于同一台服务器上的两个 VM 要能够在 2 层上通信，一台外部 2 层交换机并不够。事实上，外部交换机绝不能交换在同一个物理接口上发送数据帧的两个 VM（或者换句话说，位于同一台物理服务器上的两个 VM）之间的流量。

实现 VM 与 VM 通信的解决方案如下所示。

- 虚拟交换机，例如思科 Nexus 1000V 或 Open vSwitch。
- 用于保留透明网桥的语义的标签，该标签向（举例而言，基于思科 VN-TAG）外部网桥公开虚拟机的虚拟端口。

以上正是虚拟交换机存在的原因。

5.1.2 网络组件概述

本节介绍大多数虚拟机管理程序中常见的网络概念。

虚拟网络适配器

在虚拟化服务器中，术语“网卡（NIC）”拥有以下含义。

- 服务器的物理网卡是以物理方式安装在服务器上的常规网络适配器，有时称为 pNIC 或物理接口（PIF）。
- 虚拟网络适配器指虚拟机网卡（在 VMware 命名标准中称为 vNIC），它是客户机操作系统内的“软件实体”（但它可能已被硬件加速）。

虚拟化服务器上存在的一些物理网卡供虚拟机用于访问物理网络。在 VMware ESX 术语中，这些网卡称为 vmnic（s）。

虚拟交换机在虚拟网络适配器和物理网卡之间传输流量，在虚拟网络适配器之间交换流量。图 5-4 显示了物理和虚拟网络适配器。

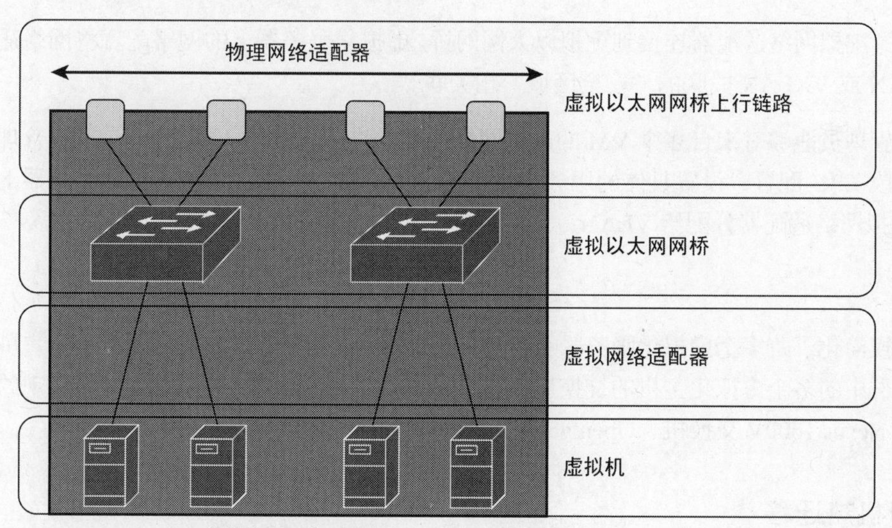

图 5-4 虚拟化服务器中的网络

如图 5-4 所示，服务器平台上有 4 片物理网卡。虚拟化服务器包含两个虚拟以太网网桥。存在 4 个 VM，每个配置了一个虚拟网络适配器。

虚拟交换机

虚拟以太网网桥将本地 VM 彼此连接，并通过名为虚拟以太网网桥的软件构造连接到外部企业网络。虚拟以太网网桥或虚拟交换机模拟传统的物理以太网交换机，它在数据链路层上转发数据帧（2 层）。虚拟交换机不运行生成树协议（STP），但它可确保无循环的连接和从虚拟服务器到上游链接的流量负载分发。

vSwitch 拥有 2 层转发表，它使用该表基于目的 MAC 地址转发流量。vSwitch 转发表包含 VM 的 MAC 地址和它们的关联端口。在数据帧以 VM 为目的地时，vSwitch 将该数据帧直接发送到该 VM。在目的 MAC 地址未存在于该 VM 中时，或者它是组播或广播时，vSwitch 将流量发出到物理网络适配器。如果存在多个物理网络适配器，虚拟以太网网桥实现了避免引入环路的解决方案。

总之，常规以太网交换机基于它在其端口上看到的流量而“学习”转发表。在 vSwitch 中，转发表仅包含 VM 的 MAC 地址。与 VM 条目不匹配的并且包括广播和组播流量在内的所有流量都会发送到服务器网卡。

终端组

思科以应用为中心的基础架构所引入的终端组（EGP）概念，类似于思科 Nexus 1000V 交换机上使用的端口配置文件的概念和 VMware ESX 中使用的端口组的概念。

虚拟机通过虚拟网络适配器连接到虚拟以太网网桥。虚拟化服务器上的网络配置将网络适配器与 VLAN 或 VXLAN 关联的“安全区域”相关联。

终端组使管理员能够对来自多个 VM 的虚拟网络适配器进行分组，并同时配置它们。管理员可通过修改 EPG 配置，设置具体的服务质量、安全策略和 VLAN。即使虚拟化服务器上的 EPG 将虚拟网络适配器分配给 VLAN，它们与 VLAN 之间也不存在一对一的映射关系。

分布式交换

分布式交换简化了跨多个虚拟化服务器的网络属性配置。借助分布式虚拟交换机，用户可同时定义集群中的多个虚拟化主机的交换属性，而无需单独配置每台主机的网络。该实现的实例是思科 Nexus 1000V 交换机、Open vSwitch 或 VMware vNetwork 分布式交换机。

5.1.3　虚拟机热迁移

热迁移是虚拟化服务器用于将已通电的 VM 从一台物理主机迁移到另一台主机的方法。

要实现此迁移需注意，由于移动的 VM 必须在目标虚拟化服务器上找到完全相同的终端组，所以源虚拟化主机和目标虚拟化主机必须在生产 VLAN 上为 VM 提供 2 层连接，如图 5-5 所示。

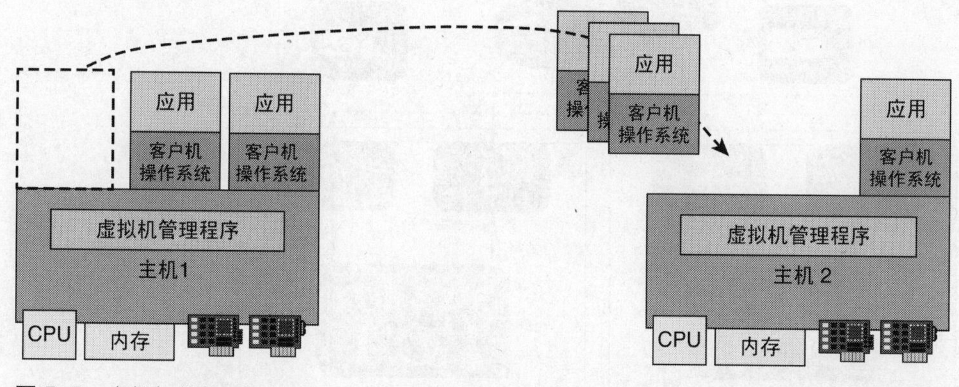

图 5-5 虚拟机的热迁移

5.2 分割选项

大规模数据中心的一个主要需求是，能够分割多个租户，每个租户是一个托管的企业或部门。这需要能够提供足够多的“标签”来区分不同租户的流量。实现此分割的传统方式是采用 VLAN，但出于可扩展性原因，越来越多的实现会采用 VXLAN。

5.2.1 VLAN

当前的 VLAN 空间通过 12 位（802.1Q 标签）来表达，这将数据中心内的 2 层网段的最大数量限制为 4096 个 VLAN。考虑到每个租户可能需要至少两个安全区域（也称为网段），这经常会成为一种可扩展性限制。最近几年，大多数软件交换机实现都引入了对 VXLAN 的支持。思科 Nexus 1000V 提供了此服务。

5.2.2 VXLAN

VXLAN 向终端系统提供了与 VLAN 相同的服务，但却具有大很多的地址空间。VXLAN 是一种叠加网络，它将 2 层数据帧封装到用户数据报协议（UDP）报文包头中。在这个报文包头中，24 位的 VXLAN 标识符提供了 1600 万个与本地的网桥域对应的逻辑网络。图 5-6 通过思科 Nexus 1000V 演示了此方法。两台虚拟化服务器由思科 Nexus 1000V 虚拟以太网模块（VEM）提供支持。每台服务器上的虚拟机会给人以连接到相邻 2 层网段的感觉，但事实上它们的流量是封装在 VXLAN 中，并在路由网络中传输的。

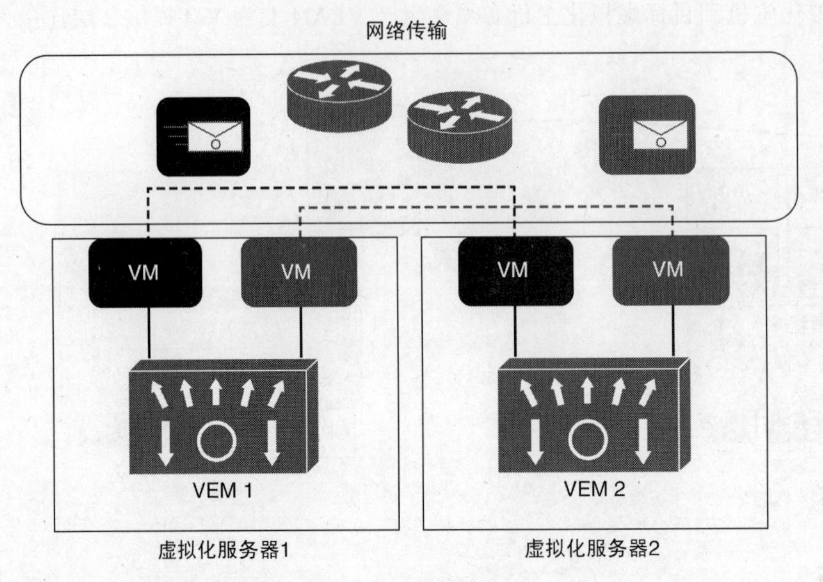

图 5-6　使用叠加网络解决 VLAN 可扩展性问题

VXLAN 报文格式

图 5-7 展示了 VXLAN 报文的包格式。VXLAN 是封装在 UDP 中的以太网报文。

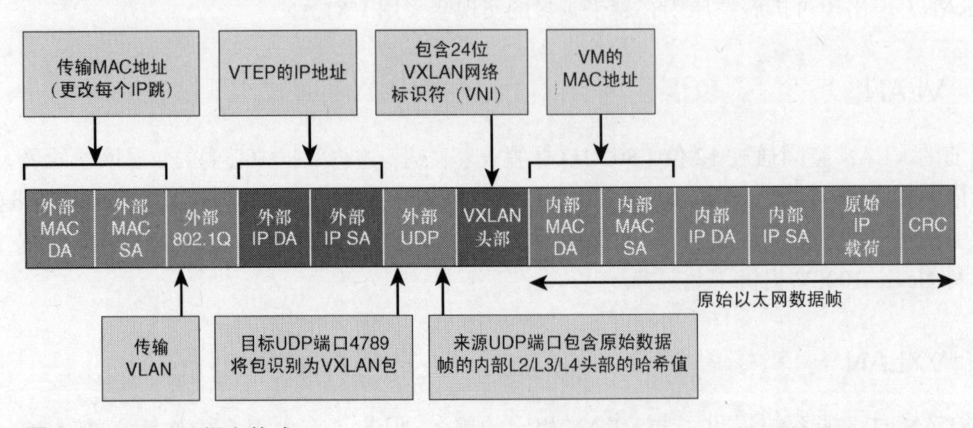

图 5-7　VXLAN 报文格式

VXLAN 报文转发

图 5-8 演示了 VXLAN 传输的关键架构组件。两个实体（可能是物理的或虚拟的）通过路由基础架构通信。每个实体在本地提供了网桥域，并将流量封装在叠加网络中，以将它发送到目标端主机（或交换机）。

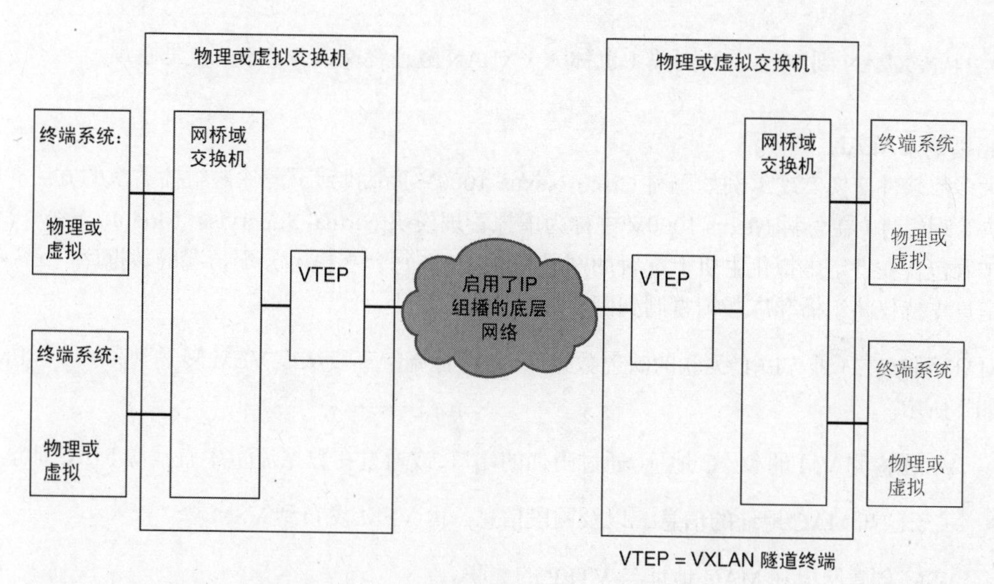

图 5-8 包含 VXLAN 终端端点的 VXLAN 架构

在一台主机（物理或虚拟的）需要与另一台已知其 MAC 与 VTEP 关联的主机（物理或虚拟的）通信时，报文和目标 VTEP 的目的 IP 地址一起封装在本地 VTEP 中。在此情况下，流量是单播形式的。

在 MAC 与 VTEP 的关联未知时，报文必须泛洪，这样源 VTEP 才能知道目的 MAC 位于何处。因此，当前 VXLAN 的实现需要能够在数据中心的核心运行 IP 组播，以便为未知的单播流量和广播流量创建组播分发树。IP 核心必须配置 IP 任意来源组播（*,G），才能提供对广播、未知单播和组播流量（通常称为 BUM）的支持。

此方法的局限性在于，即使增加了唯一标签数量，控制平面上与泛洪相关的可扩展性限制也没有消除。另一个局限性是将 VXLAN 地址空间转换为 VLAN 地址空间的网关的概念。

简而言之，以下是在使用思科 Nexus 1000V 时，使用从虚拟化服务器到虚拟化服务器的完整 VXLAN 隧道的优势。

- 不需要在所有服务器网卡上配置 VLAN 中继。
- 更大的网段空间。
- 减轻了网络中 STP 上的负载。

以下是使用来自虚拟化服务器的 VXLAN 隧道的主要缺陷。

- 仍然需要组播来提供 MAC 学习功能，所以 VXLAN 本身不会消除泛洪。
- 缺乏合适的流量优先级的可视性。

- 从 VXLAN 到 VLAN 的网关（也称为 VXLAN 隧道终端或 VTEP）会是瓶颈。

没有组播的 VXLAN

大多数软件交换实现（例如思科 Cisco Nexus 1000V）都找到了消除对组播需求的方法。中央管理组件（在思科 Nexus 1000V 中称为虚拟管理模块[Virtual Supervisor Module, VSM]）维护着包含在特定虚拟化主机上配置的网段和 MAC 在每台主机上分配情况的数据库。第一种信息支持仅将组播和广播帧复制到网桥域所在的主机上。

MAC 到 VTEP（或 VEM）关联的映射数据库，支持将流量直接从该 VEM 转发到另一个 VEM，如下所示。

- VEM 检测 VM 的 MAC 地址（通过附加的端口，或通过在数据流量中查找源 MAC 地址）。
- 关于已知 MAC 地址的信息，以及网段信息，由 VEM 发布到 VSM。
- VSM 创建网段和 MAC 地址与 VTEP 的关联。
- VSM 将这些关联分发给所有其他 VEM（可基于网段位置而本地化）。
- VEM 将学到的 MAC 地址填充到 2 层转发表中。

5.3　Microsoft Hyper-V 网络

Hyper-V 是被作为 Windows Server 2008 的一部分引入的，并被作为称之为 Microsoft Hyper-V 服务器的独立版本交付使用。

Hyper-V 的特性集类似于 VMware ESX 的特性。例如，Hyper-V 可以实时迁移，而不使用 vMotion 迁移。Hyper-V 采用逻辑交换机，而不使用 vNetwork 分布式交换机（vDS）。Hyper-V 拥有文件夹，而没有数据中心的概念。

管理 Hyper-V 的产品套件称为 System Center。下面的列表提供了使用 Hyper-V 需要理解的关键组件和术语表。

- **System Center Virtual Machine Manager (SCVMM)：**在中央服务器上运行，管理虚拟化主机、VM、存储和虚拟网络。等效于 vCenter。
- **SCVMM Server Console：**与 SCVMM 服务器交互的控制台进程，它提供了 PowerShell API 来编写脚本和执行自动化。
- **Virtual Machine Management Service (VMMS)：**在每个虚拟化服务器的父分区中运行的进程，它使用 WMI 接口。它负责管理 Hyper-V 和主机上的 VM。

- **Hyper-V 交换机**：虚拟机管理程序中可扩展的虚拟交换机。
- **Windows Management Instrumentation (WMI)**：由 SCVMM 用于与主机上的 VMMS 交互。
- **Windows Network Virtualization (WNV)**：该模块添加了网络虚拟化通用路由封装（network virtualization generic routing encapsulation, NVGRE）功能来构建叠加网络。
- **虚拟子网标识符（VSID）或租户 ID**：用于 NVGRE 的数据封装。
- **Windows Azure Pack**：与 SCVMM 和 Windows Server 相结合的技术，用来提供自服务门户。

图 5-9 演示了 Hyper-V 架构和与刚定义的关键组件的交互。

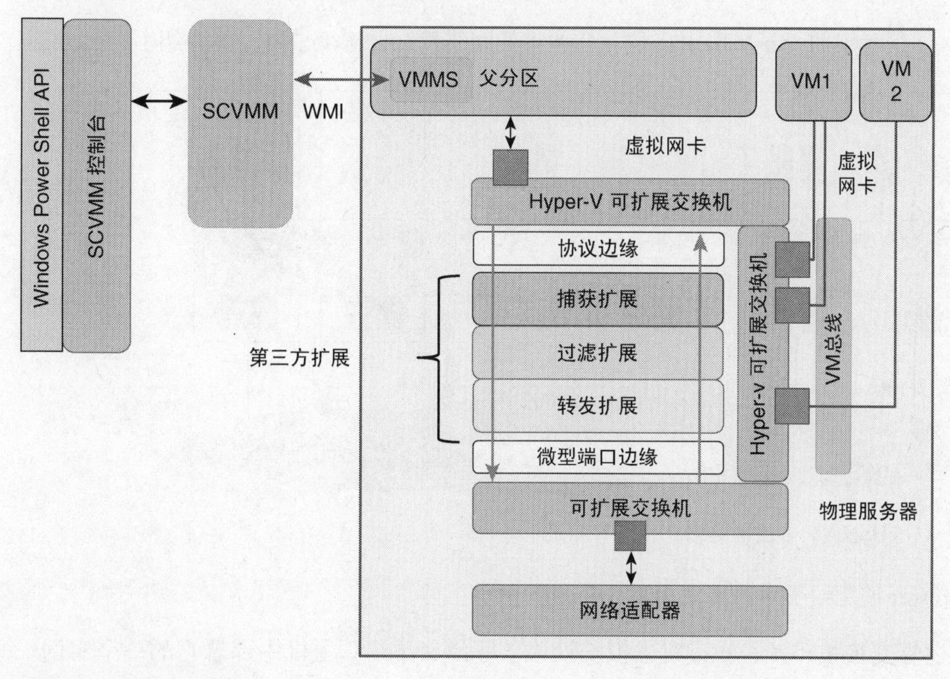

图 5-9 Hyper-V 架构

Microsoft Hyper-V 中的另一个关键概念是转发扩展，它允许在从客户机到网络适配器的数据路径中嵌入第三方处理。转发扩展可在数据路径的两个方向上完成以下操作。

- 过滤报文。
- 将新的报文或修改的报文嵌入到数据路径中。
- 向可扩展的交换机端口传送报文。

图 5-10 显示了包含多个主机组的拓扑结构。

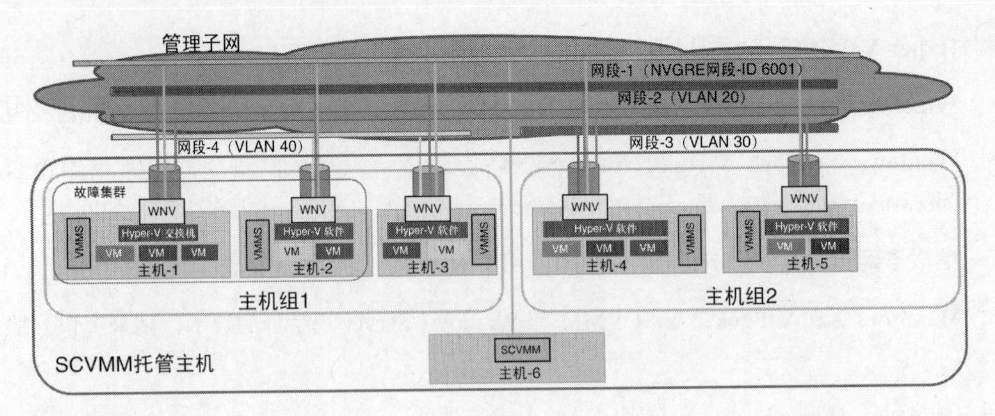

图 5-10 Hyper-V 拓扑结构

图 5-11 演示了 Hyper-V 中引入的一些关键的网络概念，接下来将详细介绍。

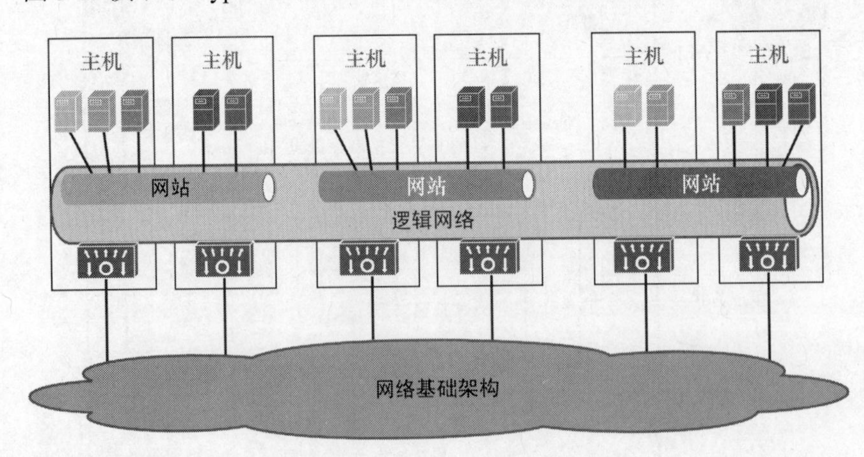

图 5-11 Hyper-V 中的网络概念

Microsoft 使用以下术语来表示 Hyper-V 的网络组件。

- **逻辑交换机**：表示分布式虚拟交换机。每台 Hyper-V 主机中部署它的一个实例。每片上行链路网卡（或网卡绑定组合）只能有一台逻辑交换机。这等效于一个 VMware DVS。
- **逻辑网络**：所有网络构造的一种占位符，例如子网、VLAN、网络虚拟化和 VM 网络。
- **逻辑网络定义（LND）或网络站点**：SCVMM 中的隔离构造。这个组建模块包含一个或多个拥有 IP 子网的 VLAN。
- **VM 网络**：虚拟机网络构造。它支持从 VMs 连接到逻辑网络、VLAN 和子网。

逻辑网络表示具有某种类型的连接特征的网络。逻辑网络不是一对一的映射，没有特定的经典网络概念。主机组上的逻辑网络的实例称为网站。如图 5-12 所示，可以建立单个拥有 3 个不同网站的逻辑网络。而且，可将网站拆分为多个 VM 网络，并将 VMs 与 VM 网络关联。

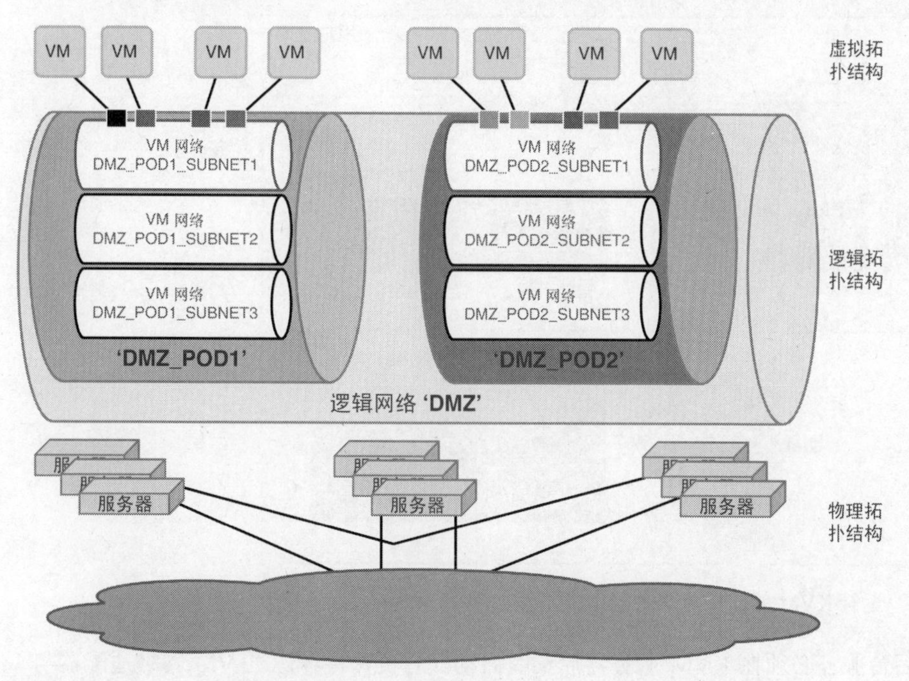

图 5-12　Hyper-V 中的网络概念分层结构

5.4 Linux KVM 和网络

基于 Linux 内核的虚拟机（KVM）是内核的一部分，但它不执行硬件模拟 — 由用户空间组件来提供此功能。Linux 中的虚拟化管理使用两个组件来实现。

- **libvirt**：该工具包实现了与 Linux 的虚拟化特性的交互。Virt-viewer、virt-manager 和 virsh（管理虚拟机的 shell）依赖于 libvirt。
- **qemu**：在 KVM 中的用户空间内运行的硬件模拟组件。

图 5-13 演示了这些组件之间的关系。

运行 KVM 时，还应安装以下包。

- **libvirt**：虚拟库。
- **virt-manager**：管理 KVM 客户机的 GUI 工具。
- **virt-install**：安装虚拟机的命令行工具。

- **virt-viewer**：虚拟查看程序。

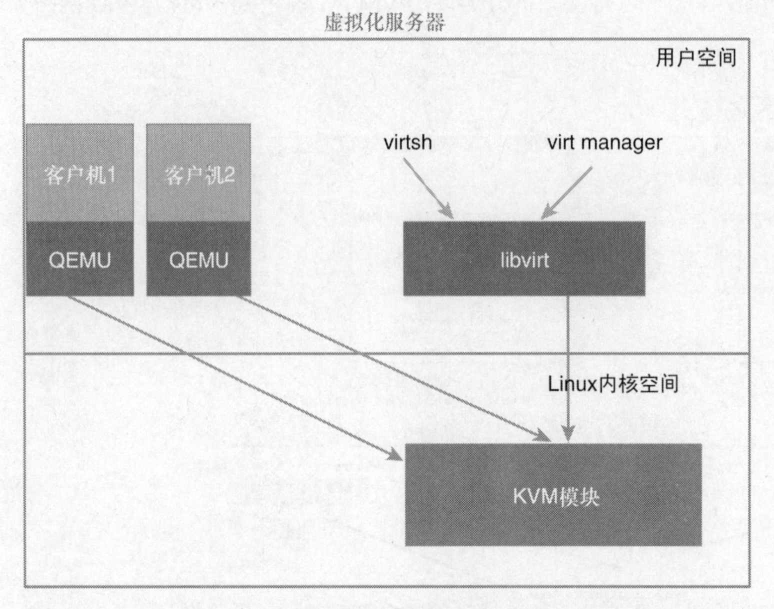

图 5-13 运行 KVM 的虚拟化服务器中的组件

libvirt 后台服务必须在 KVM 服务器启动时启动。它负责将客户机 VM 网络适配器与 Linux 网桥和 Open vSwitch（OVS）网桥相关联。

5.4.1 Linux 网桥

虚拟化 Linux 主机中的与网络相关的配置依赖于 Linux 所提供的网桥功能。读者应熟悉命令 brctl，并使用它。

- 添加网桥：brctl addbr <网桥名称>
- 向 Linux 网桥添加物理接口：brctl addif <网桥名称> <设备>
- 列出网桥：brctl show
- 列出已学到的 MAC 地址：brctl showmac <网桥名称>

brctl 命令也可用于控制通过 libvirt 创建的虚拟网桥。

备注 要了解如何在虚拟化的 Linux 主机中配置网络，请参阅 libvirt 文档：http://wiki.libvirt.org/page/VirtualNetworking

默认情况下，运行 libvirt 后台进程的虚拟化 Linux 主机运行着名为 virbr0 的虚拟网桥。可使用命令 ifconfig virbr0 查看它的特征。如果需要向虚拟网桥添加网络适配器，可按如下方式使用 brctl 命令：brctl addif <网桥的名称> <接口的名称>。

备注 要将客户机 VM 网络适配器附加到虚拟网桥，请参阅以下地址上的说明：http://wiki.libvirt.org/page/Networking#Guest_configuration

使用 virt-manager 可简化配置任务。

5.4.2 Open Virtual Switch（OVS）

Open vSwitch（OVS）是软件交换机，它包含以下众多的网络特性。

- IEEE 802.1Q 支持
- NetFlow
- 镜像

备注 可在以下地址找到 Open vSwitch 特性的完整列表：http://openvswitch.org/features/

Open vSwitch 在虚拟机管理程序上运行，例如 KVM、XenServer 和 VirtualBox。Open vSwitch 可作为独立的虚拟交换机运行，这时每台虚拟交换机可被独立管理，或者通过公开以下两个配置组件，使用中央控制器来以“分布式”方式运行。

- 基于流的转发状态，可通过 OpenFlow 远程编程。
- 交换机端口状态，可通过 Open vSwitch Database（OVSDB）管理协议远程编程。

Open vSwitch 还提供了创建 GRE 或基于 VXLAN 隧道的能力。

OVS 架构

Open vSwitch 的一个关键特征是，它拥有基于流的转发架构。这类似于许多思科架构中控制平面与数据平面分离的概念，其中虚拟机管理程序提供控制平面功能，数据平面处理报文转发功能。OVS 的这个特定的功能允许它以分布式方式在 OpenFlow 架构中运行。

OVS 有以下 3 个主要组件：

- 实现快速路径的内核组件。
- 实现 OpenFlow 协议的用户空间组件。
- 用户空间数据库服务器。

图 5-14 演示了 OVS 的架构组件。

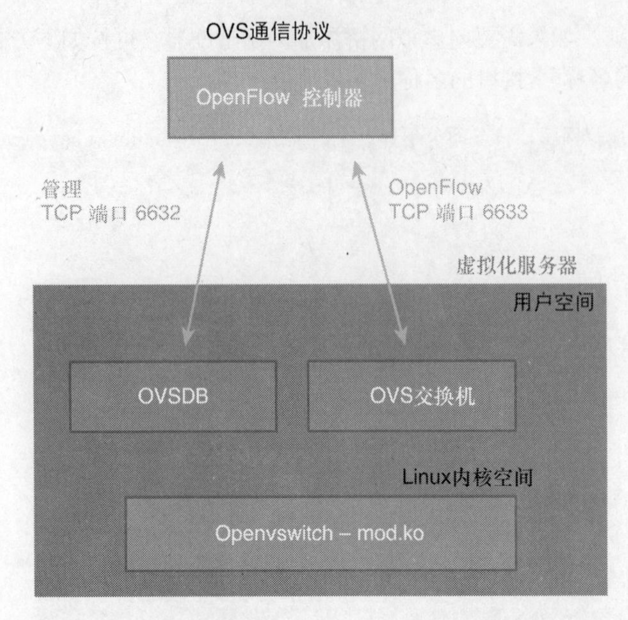

图 5-14　OVS 架构

OVS 拥有用户空间控制平面和内核空间数据平面组件。该控制平面包含以下两个组件。

- **vswitchd**：管理服务器上的 Open vSwitch 的各个实例。
- **ovsdb-server**：配置数据库。

OVS 数据库将交换机配置存储为 JSON 格式，实际上它可通过 JSON RPC 来编程。

虚拟交换机可拆分为多个网桥，可用于网络分段。

流量转发在报文解析之后通过分类符和流查找来执行。如果流条目存在于内核空间中，以及该报文必须通过 VXLAN 或 GRE 隧道来传输的场景，报文都会依据此条目来转发。否则，它将发送到用户空间以供进一步处理。

流查找包括匹配以下字段。

- 输入端口
- VLAN ID
- 源 MAC 地址
- 目的 MAC 地址
- IP 源
- IP 目标

- TCP/UDP/...源端口
- TCP/UDP/...目的端口

备注 因为查找是在用户空间内执行的，所以 Open vSwitch 中的主要性能挑战与连接设置速率相关。

备注 有关 OVS 代码和架构的更多信息，请访问 https://github.com/openvswitch/ovs。

示例拓扑结构

图 5-15 演示了一种简单的 OVS 部署拓扑结构。每台虚拟化的服务器拥有一个 OVS 实例，其中有网桥（br0）。虚拟机的网卡（tap0 和 tap1）连接到该网桥。

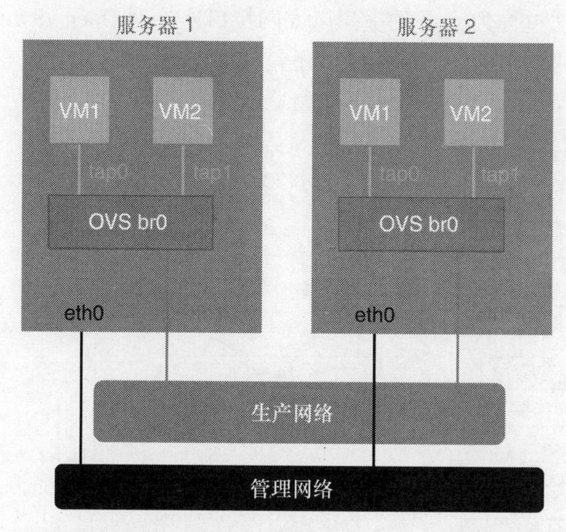

图 5-15 OVS 部署拓扑结构

ovs-vsctl 是查询和配置 ovs-vswitchd 的实用程序。示例 5-1 显示了图 5-15 中描绘的拓扑结构的配置。配置中通过参数 tag 指定了 tap0 或 tap1 所连接的 VLAN。用作上行链路的物理网卡通过将 eth0 或 eth1 添加到网桥实例（示例 5-1 中的 br0）来进行配置。

示例 5-1 配置 OVS 交换机

```
ovs-vsctl add-br0
ovs-vsctl add-port br0 tap0 tag=1
ovs-vsctl add-br0 eth1
ovs-vsctl list-br
```

备注 查看 OVS 配置的更多示例：http://openvswitch.org/support/config-cookbooks/vlan-configuration-cookbook/
https://raw.githubusercontent.com/openvswitch/ovs/master/FAQ

示例5-2演示了如何安装OVS以及配置OVS与不在同一台服务器上运行的OpenFlow控制器进行通信（称为“带外”模式）。同时还将OVS配置为，如果与控制器的连接丢失，则执行本地转发。

示例 5-2 用 OpenFlow 控制器配置 OVS

```
ovs-vsctl set-controller br0 tcp:<IP of the controller>:6633
ovs-vsctl set-controller br0 connection-mode=out-of-band
ovs-vsctl set-fail-mode br0 standalone
```

结合使用 Open vSwitch 和 OpenStack

将 Open vSwitch 用于 OpenStack 时，Linux 网桥、tap 接口和 Open vSwitch 组件之间的映射可实现更复杂的拓扑结构，以与 OpenStack 的语义保持一致。如图 5-16 所示，每个 VM 有一个 tap 接口连接到 Linux 网桥，后者通过称为 veth 的虚拟以太网接口连接到 Open vSwitch（br-int）。另外还使用了 VLAN 标签创建多租户。此拓扑结构还允许集成 iptables。

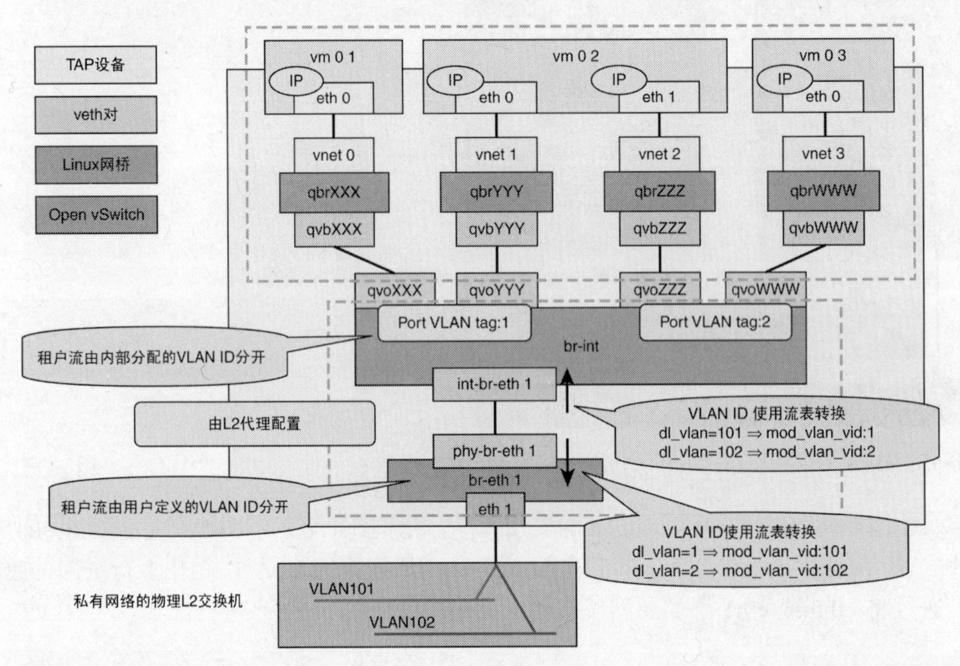

图 5-16 结合使用 OpenStack 和 Open vSwitch

下面网址中的内容解释了当用 OpenStack Nova 配置网络时，不同 linux 网络组件之间的关系。

http://docs.openstack.org/grizzly/openstacknetwork/admin/content/under_the_hood_openvswitch.html

OpenFlow

OpenFlow 是开放网络基金会（ONF）开发的标准规范，它定义了基于流的转发基础架构和标准化的应用编程接口（API），允许控制器通过安全通道控制交换机的功能。

备注 有关 OpenFlow 的更多信息，请访问 http://pomi.stanford.edu/content.php?page=research&subpage=openflow。

OVS可使用OpenFlow控制器来部署。这个集中化的控制器可以是NOX，见www.noxrepo.org。该拓扑结构类似于图 5-17。

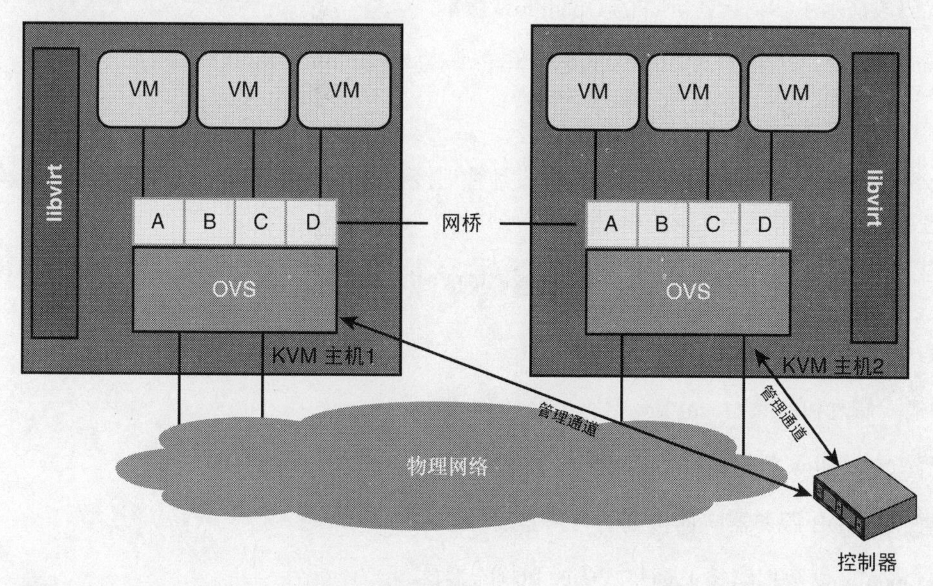

图 5-17 使用 OpenFlow 控制器部署 OVS

此架构可将控制平面的处理工作重定向到控制器。OVS 交换机中的流表存储流信息、操作规则和计数器。操作规则可以是任意以下规则。

- 将报文转发到端口。
- 封装并转发到控制器。
- 丢弃报文。
- 发送到普通的处理管道。

新版本中改进了 OpenFlow 的特性和功能。以下是当前可用的版本列表。

- OpenFlow 1.0，这是基本的 OpenFlow 实现。
- OpenFlow 1.1，包含对“虚拟端口”（复杂的网络配置，例如链路汇聚）建模的能力和实现多个流表的能力。
- OpenFlow 1.2，包含 IPv6 和可扩展的流匹配支持。

- OpenFlow 1.3，包含按流计量和按需流计数器。
- OpenFlow 1.4，包含更容易扩展的协议和流监测。

备注　有关更多信息，请参阅最新的 OpenFlow 规范。

以下代码段演示了如何设置允许的 OpenFlow 版本。

```
ovs-vsctl set bridge switch protocols=OpenFlow10,OpenFlow12,OpenFlow13
```

OVSDB

Open vSwitch Database（OVSDB）管理协议是管理接口，允许控制器配置隧道、服务质量和无法通过简单的存储流来完成的配置。

备注　有关 OVSDB 的更多细节，请访问 http://tools.ietf.org/html/rfc7047。

以下是 OVSDB 所提供的功能列表。

- 创建、修改和删除 OpenFlow 数据路径（网桥）。
- 配置 OpenFlow 数据路径应连接到的控制器。
- 配置 OVSDB 服务器应连接到的管理器。
- 在 OpenFlow 数据路径上创建、修改和删除端口。
- 在 OpenFlow 数据路径上创建、修改和删除隧道接口。
- 创建、修改和删除队列。
- 配置 QoS 策略并将在队列中执行这些策略。
- 收集统计数据。

5.5　VMware ESXi 网络

VMware ESX/ESXi 的细节不属于本章的介绍范畴。但是，下面还是列出了要在数据中心配置 ESX/ESXi 必须熟悉的一些关键术语和概念。

- **vSphere ESXi**：虚拟机管理程序。
- **vCenter**：使管理员能够管理 ESX 主机和关联的数据存储。
- **vNetwork 分布式交换机（也即分布式虚拟交换机）**：在 vCenter 内的数据中心上的所有主机上运行的单一的 vSwitch。这简化了跨多台主机维护一致的网络配置的任务。

- **dvPort 组**：与 vNetwork 分布式交换机关联的端口组。
- **vShield Manager**：功能等效于在每台 ESX 主机上运行的防火墙。vShield Manager 与 vCenter Server 协同运行。
- **vCloud Director**：云编排软件，支持客户构建多租户混合云。它通过管理 vCenter 和 vShield 实例来实现此目的。
- **vApp**：由 vCloud Director 作为单个实体管理的 VM 集合。这些 VM 通过多个网段相连，一些网段是特定于 vApp 自身的。

在数据中心矩阵中，需要物理网络连接的组件是 ESXi 服务器。

在其基本配置中，ESX 服务器包含用于管理（服务控制台）、生产流量（发送到 VM 的流量）和所谓的 VM 内核的接口。VM 内核需要网络访问的最明显例子包括，iSCSI 访问存储（配置为 VM 文件系统时）和为了将 VM 从一台服务器“迁移”到另一台服务器而在 ESX 服务器之间进行的通信（vMotion 技术）。

拓扑结构中需要虚拟网络连接的组件是 vApp 中所包含的虚拟机。

5.5.1 VMware vSwitch 和分布式虚拟交换机

VMware ESX 支持通过标准 vSwitch 或分布式虚拟交换机来执行交换。分布式交换可通过本机 VMware 实现、VMware vNetwork 分布式交换机（vDS）或思科 Nexus 1000V 分布式虚拟交换机（DVS）来配置。

vSwitch 的行为类似于常规的 2 层以太网交换机。vSwitch 在 VM 之间，VM 与 LAN 交换基础架构之间转发流量。ESX 服务器网卡（vmnic）是 vSwitch 上行链路。

vSwitch 拥有 2 层转发表，它使用该表基于目的 MAC 地址转发流量。vSwitch 转发表包含 VM 的 MAC 地址和它们关联的虚拟端口。在数据帧以 VM 为目的地时，vSwitch 将该数据帧直接发送到该 VM。在目的 MAC 地址未存在于该 VM 中时，或者它是组播或多播流量时，它将流量发出到 vmnic（也即发送到服务器网卡端口）。

冗余 vSwitch 上行链路的配置称为网卡捆绑。由于 vSwitch 不会运行生成树协议，所以它实现了其他预防环路的机制。这些环路预防机制包括丢弃可能“返回”数据帧的入站流量，以及距离矢量。距离矢量的判断逻辑是，从网卡（上行链路）传入的数据帧不会从 ESX/ESXi 服务器的不同网卡（出口）传出（假设为广播流量）。

借助 vSwitch，可以创建网段，并使用端口组的概念来隔离 VM 组。每个端口组可与特定的 VLAN 相关联。VM 的 vNIC 分配给与特定 VLAN 相关联的端口组，在本例中是 VLAN A 和 B。虚拟交换机将 Vmnic 定义为，支持交换机内所有 VLAN 的端口；也即中继。

图 5-18 演示了该概念。

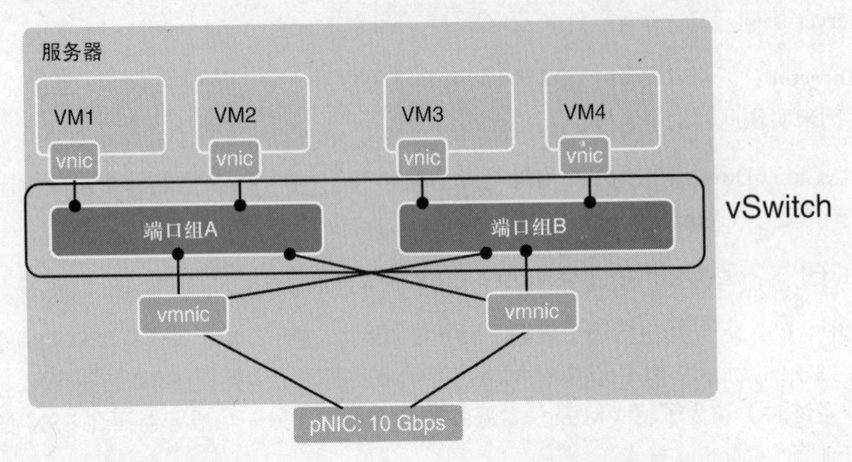

图 5-18　端口组和 VLAN

备注　有关更多信息，请访问 http://www.vmware.com/files/pdf/virtual_networking_concepts.pdf。

5.5.2 VMware ESXi 服务器流量需求

在部署虚拟化服务器时，需要考虑到以下 3 种最密切相关的流量类型。

- **虚拟机数据流量**：需要考虑虚拟机发出或收到的数据流量。
- **VMware ESX 管理流量**：VMware vCenter Server 需要访问 VMware ESX 管理接口，以监测和配置 VMware ESX 主机。
- **VMware VMKernel 流量**：VMware vMotion 使用 VMware VMKernel 路径来将内存从源主机复制到目标 VMware ESX 主机。

VMware vMotion 流量仅在启动了 VMware vMotion 时才需要稳定的高带宽。它通常在 10 到 60 秒的时间内生成大量数据。基于可用的带宽量，虚拟机迁移的持续时间可能会延长。因为 VMware vMotion 处理主要是内存操作，所以很容易使用超出千兆以太网带宽的连接。

VXLAN 标签与 vShield

vShield Manager 使用 VXLAN 创建网络。vShield Manager 从用户分配的 VNID 池中为 VXLAN 网络分配一个唯一的 VNID。vShield 配置了 VXLAN 网段 ID 范围和组播地址池。此配置位于 vShield Manager 中的 Network Virtualization 选项上的 Datacenter 字段下。可在这里定义一个网段 ID 池和一个组播地址范围。然后向这个池分配一个“网络范围”，这个范围通常是一个或多个集群。然后，可创建 VXLAN 网络并为其命名，这些网络在 vCenter 中显示为端口组，可将 VM vNIC 连接到它们。接下来，将 vShield 边缘 VM 添加到 VXLAN 网络，以便它连接到常规的基于 VLAN 的网络。为此，从 vShield Manager 中选择“Edge”选项，选择哪个组件或物理端口提供 VXLAN 网关功能。

备注 有关 vShield Edge 的更多信息，请访问 http://www.vmware.com/files/pdf/techpaper/vShield-Edge-Design-Guide-WP.pdf。

5.5.3 vCloud Director 和 vApp

VMware vCloud Director 是云编排工具，它能够构建安全的多租户云。vCloud Director 提供了资源管理功能，以支持创建以下实体。

- 为每个租户组织创建虚拟数据中心（vDC）。
- 创建目录和自助门户，供最终用户动态地启动和释放虚拟应用（vApp）。

vCloud 在分层结构中组织资源，如下所示。

- **提供者 vDC**：构成“运营商”的 vCenter 资源（例如企业的 IT 部门）的集合。
- **组织 vDC**：运营商 vDC 的一部分，例如企业内的一个业务部门。
- **vApp**：作为单个组建模块来通电或断电的 VM 集合。

vCloud Director 依靠 vCenter、vShield Manager 和 vShield Edge 来编排资源，如图 5-19 所示。

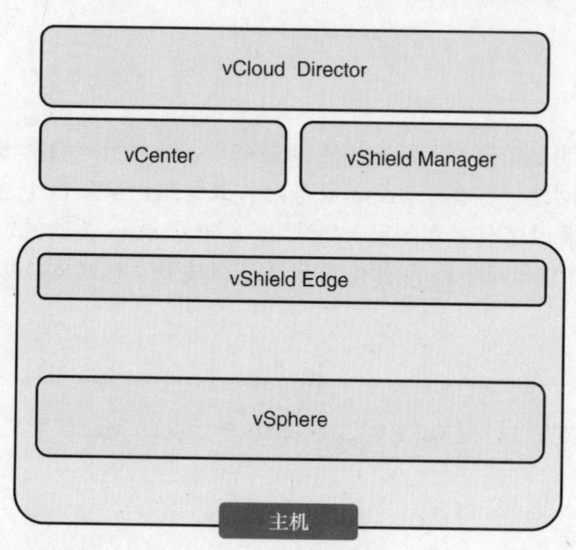

图 5-19 vCloud Director 的组建模块

如图 5-19 所示，vShield Manager 管理 vCloud Director 的网络组件。vShield Edge 是在每个 ESXi 主机中运行的组件，它由 vShield Manager 动态地配置。

vCloud 网络

vCloud Director 引入了一种新的网络构造分层结构。

- **外部（运营商）网络**：连接到外部世界的“真实”网络。组织（也就是租户）通过此网络和云外部相连。
- **组织间网络**：它可以是“外部的”（即随后插入到外部网络中的网络）或内部的。外部网络可以使用网络地址翻译（NAT）。
- **vApp** 网络。

从 vSphere 的角度看，这些都是 VM 网络。

vCloud 中划分网络的单位称为组织。每个组织使用外部组织网络（这也是传统的端口组）和一些内部组织网络（可以是 vDCNI）。在每个组织中，有多个 vDC，基本上来讲，它们都属于资源池，网络是其中的一种资源类型。网络池与组织 vDC 网络之间存在着一对一的映射关系。vApp 属于这个组织中的某个 vDC，它从该 vDC 中定义的池中获取网络资源。

每个 vApp 可以使用以下资源。

- 外部组织网络（该网络映射到运营商外部网络）
- 内部组织网络
- vApp 网络（它们仅存在于 vApp 内）

vApp 网络与内部组织网络之间没有明显的区别。其主要区别是在于，内部组织网络可供组织中的任何 vApp 使用，而 vApp 网络仅存在于 vApp 自身内。最终用户从模板中选择 vApp 时，该 vApp 会将一台新服务器或多台互联的服务器，以及与该 vApp 关联的资源实例化。这些网络中的每一个必须由某种网络划分/传输技术来提供支持，包括支持以下类型。

- VLAN 支持
- Cloud Director 网络隔离（vCNI）支持（这是 IEEE 802.1ah-2008 中定义的 Mac 嵌套机制）
- 端口组支持（仅预先配置）
- VXLAN 支持

图 5-20 演示了组织中的 vApp 的概念。

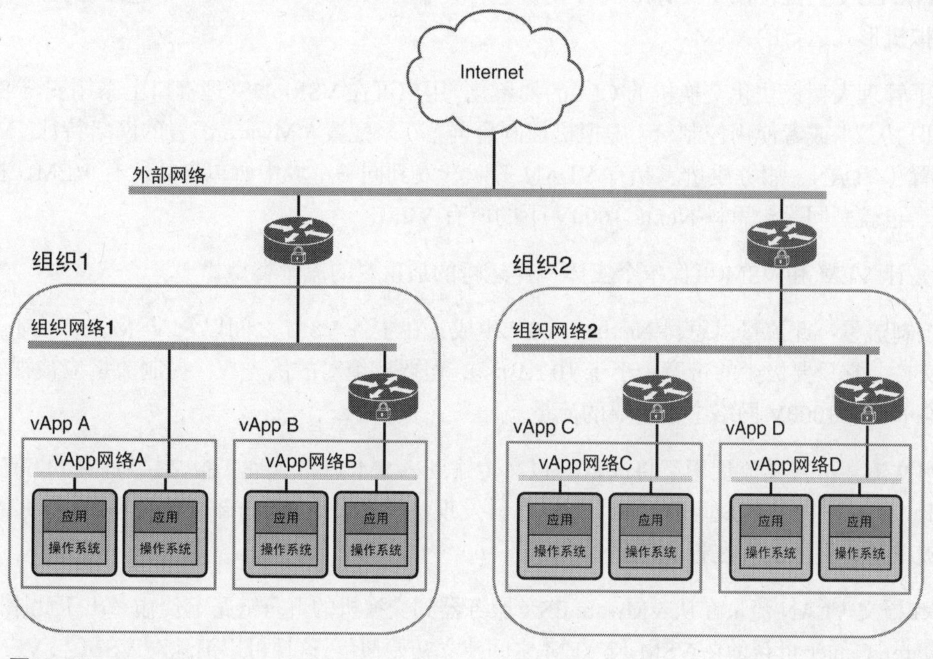

图 5-20 vApp

5.6 思科 Nexus 1000V

思科 Nexus 1000V 是一种功能丰富的软件交换机，它可在多个虚拟机管理程序上运行。思科 Nexus 1000V 提供了如下许多功能。

- 各个 VM 端口上的 ACL 过滤。
- 每个 VMs 上的 Switched Port Analyzer（SPAN）或 Remote SPAN。
- 本地流量的 NetFlow 统计。
- 单独关闭 VM 端口的能力。

思科 Nexus 1000V 是一种分布式软件交换机。它由两个主要组件构成：虚拟管理模块（VSM，控制平面组件）和虚拟以太网模块（VEM，数据平面组件）。这些组件相结合提供了物理交换机的抽象化，其中虚拟机管理程序是 VSM，线卡是在每个 VMware ESX 主机内运行的 VEM。

所有配置都在 VSM 上执行并传播到与它关联的 VEM。VSM 可以是虚拟机，并像其他冗余的虚拟机管理程序一样冗余地运行。可以从 VMware vCenter 向思科 Nexus 1000V vDS 添加 VMware ESX 主机，让 VMware ESX 主机包含在思科 Nexus 1000V 域中，进而运行 VEM。以虚拟机形式运行的 VSM

提供了管理大型模块化交换机的 CLI 的抽象化。用户可在 VSM 的管理接口上采用安全 Shell（SSH）协议，或者使用控制台（虚拟机控制台屏幕）来配置 VMware 部署的网络特征。VSM 将配置（VLAN、服务质量、私有 VLAN 等）转发到同一个域中所包含的所有 VEM，换句话说，也就是同一台思科 Nexus 1000V 下的所有 VEM。

以下是让 VEM 和 VSM 可像单个实体一样运行的最重要的流量类型。

- **控制流量**：此流量由思科 Nexus 1000V 生成，在主备 VSM 之间以及 VSM 与 VEM 之间交换。它只要极少的带宽（小于 10 KBps），但要有绝对的优先权。控制流量应被视为思科 Nexus 1000V 网络中最重要的流量。
- **报文流量**：报文流量用于将选定的报文传输到 VSM 进行处理。报文接口需要的带宽极低，而且它的使用是间隙性的。如果思科发现协议（CDP）和内部网关管理协议（IGMP）被关闭，则不会存在报文流量。

控制和报文 VLAN 流量在从 VMware ESX 服务器到交换机的上行链路上传输。出于此原因，VMware vCenter 可帮助在 VSM 与 VEM 之间建立初始通信，这样可以消除对 VSM 与 VEM 的成功通信的任何依赖性。即使上行链路上的网络配置无效，也可以开始通信。

VSM 与 VMware vCenter 之间的通信使用了 VSM 上的管理接口（mgmt0）。该协议在 HTTPS 上运行。要将关键信息提供给 VMware vCenter，可在浏览器中打开 VSM IP 地址并下载扩展密钥 extension.xml，该文件作为插件添加到 VMware vCenter 中。

粗略来说，端口配置文件等效于 VMware vNetwork 分布式交换机上的分布式虚拟端口组。端口配置文件用于配置接口。端口配置文件可分配给多个接口，为它们提供相同的配置。对端口配置文件的更改，可自动传播到分配给它的任何接口的配置。

在 VMware vCenter Server 中，端口配置文件表示为分布式的虚拟端口组。出于以下原因，可在 VMware vCenter Server 中将虚拟以太网和以太网接口分配给端口配置文件。

- 按策略定义端口配置。
- 在大数量端口上实施单个策略。
- 支持虚拟以太网和以太网端口。

配置为功能性上行链路的端口配置文件，可由服务器管理员分配给物理端口（vmnic）。

上行链路端口配置文件也可以是系统端口配置文件。在用于 VSM 与 VEM 之间通信的系统

VLAN 时，上行链路端口配置文件是系统端口配置文件。

系统端口配置文件的上行链路端口配置文件的典型配置，类似于示例 5-3 中所示的配置。

示例 5-3 Nexus 1000V 中的上行链路端口配置文件

```
port-profile system-uplink
  capability uplink
  vmware port-group fabric_uplinks
  switchport mode trunk
  switchport trunk allowed vlan 23-24
  <channel-group configuration>
  no shutdown
  system vlan 23-24
state enabled
```

此配置中的以下一些参数特别有趣。

- **功能性上行链路**：表示此端口配置文件要用在物理网卡上。
- **系统 VLAN**：将这个特定的上行链路端口配置文件也用作系统端口配置文件。

系统 VLAN 最常见的用途是向这个端口配置文件添加报文和控制 VLAN。这些 VLAN 仍然需要在交换机端口中继下配置，它们才能转发。

每台 VMware ESX 主机必须拥有至少一个物理接口和一个关联的系统端口配置文件。即使没有这个端口配置文件，思科 Nexus 1000V 与 VMware ESX 主机的关联仍会发生，但 VEM 不会在 VSM 上显示为线卡或模块。

系统 VLAN 具有特殊的含义，因为它们比常规 VLAN 优先获得网络通信权利。所以，即使上行链路端口配置文件上的 PortChannel 配置未完全发挥作用，VSM 仍可配置 VEM。

如果缺少系统 VLAN 定义，VEM 连接将依赖于 VSM 上成功的 PortChannel 配置。但此配置需要预先存在有效的 PortChannel 配置，以帮助确保 VSM 与 VEM 的连接。系统 VLAN 配置消除了这一依赖性，即使还未为虚拟机生产 VLAN 完成 PortChannel 设置，也允许 VSM 配置 VEM。

用户在从 VMware vCenter 将 VMware ESX 主机添加到思科 Nexus 1000V 并选择分布式虚拟上行链路端口配置文件时，可向上行链路端口配置文件分配 vmnic。在 VEM 与 VSM 关联之后，VMware ESX 主机的网络适配器显示为一个以太网模块。

常规的端口配置文件分配给虚拟机虚拟适配器。在思科 Nexus 1000V 术语中，这些虚拟适配器叫做虚拟以太网（vEth）接口。常规的端口配置文件的定义如示例 5-4 所示。

示例 5-4 思科 Nexus 1000V 中的端口配置文件

```
port-profile vm-connectivity
  vmware port-group connectivity-via-quad-gige
  switchport mode access
  switchport access vlan 50
  no shutdown
  state enabled
```

通过从 VMware vCenter 配置中选择分布式的虚拟端口组，可将虚拟机附加到端口配置文件。端口配置文件与 VLAN 之间的关联，定义了流量从虚拟机流向外部网络的方向。

可为每个 VMware ESX 主机配置多个上行链路端口配置文件，但它们不能与 VLAN 重叠，否则会破坏关联的唯一性。

在特定的端口配置文件和上行链路端口配置文件上定义关联的 VLAN 的能力，使用户能够控制虚拟机采用哪条路径来与网络的剩余部分通信。

5.7 使用 VN-TAG 扩展端口

端口扩展指的是为远程端口建立索引的能力，就像它是直接附加到交换机（控制网桥）上的一样。该端口所在的远程实体称为端口扩展器。端口扩展器可汇聚物理端口或虚拟端口，所以这个概念就有多个适用区域：例如虚拟化服务器和刀片服务器，甚至卫星交换机。

对于虚拟化服务器，控制网桥是物理交换机，虚拟化服务器内的网络适配器提供端口扩展器功能。基于此种安排，服务器上定义的每片虚拟网卡显示为一片直接连接到控制网桥的物理网卡。要实现此目的，端口扩展器需要使用有关源接口（虚拟接口）的信息来标记 VM 所生成的流量，并将该流量转发到控制网桥。

控制网桥在 2 层表中执行查找，以识别目标接口（可能是虚拟接口）。将数据帧发送到虚拟化服务器之前，控制网桥会附加包含目标虚拟接口的信息的标签。端口扩展器功能与线卡的功能相类似，控制网桥与大型模块化系统（“扩展网桥”）中的虚拟机管理设备/矩阵设备的功能相类似。在编写本书时，思科提供了基于 VN-TAG 的技术。思科和其他供应商目前正在定义 IEEE 802.1Qbh 标准，该标准定义了用于相同的用途的非常类似的标签。

备注 可在以下地址找到端口扩展标准现状简介，以及它们与思科技术的对应关系：

http://www.cisco.com/en/US/prod/collateral/switches/ps9441/ps9902/whitepaper_c11- 620065_ps10277_Products_White_Paper.html

VN-TAG 是一种添加到 2 层数据帧之上的特殊标签，允许外部交换机转发“属于”同一个物理端口的数据帧。摘自 Joe Pelissier（思科）的提案：“对于从网桥传输到 vNIC 的数据帧，该标签应提供通过 IV 传输到最终的 vNIC 的路径的简单表示。对于从 vNIC 传输到网桥的数据帧，该标签应提供源 vNIC 的简单表示。”（参见 http://www.ieee802.org/1/files/public/docs2008/new-dcb-pelissier-NIV- Proposal-1108.pdf）。

备注 IV 表示“接口虚拟化器”，这个组件将 VNTAG 添加到从虚拟接口（下行链路）传入，要传输到网桥（上行链路）的流量中。

前面引语中所说的标签就是预先添加到 2 层数据帧中的 VNTAG，如图 5-21 所示。

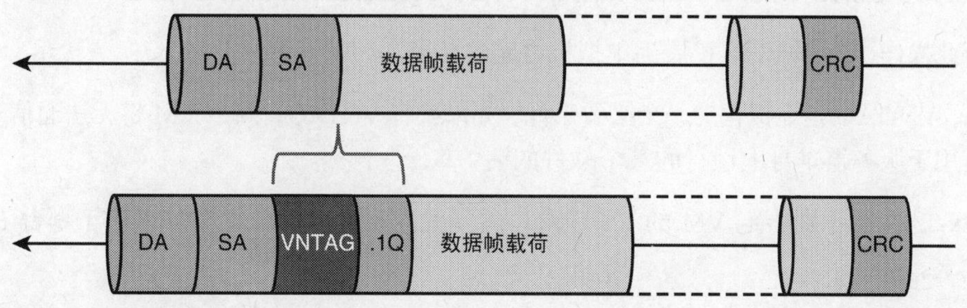

图 5-21 VNTAG

VN-TAG 不仅允许将 MAC 与上游交换机的以太网端口相关联，还允许与服务器内的“虚拟”以太网端口（虚拟接口或 VIF）相关联，进而保留以太网交换语义。如图 5-22 所示，VM1“附加”到 VIF1，VM2“附加”到 VIF2。支持 VNTAG 的交换机的转发表包含目的 MAC 地址和该 MAC 所关联的虚拟接口的信息。

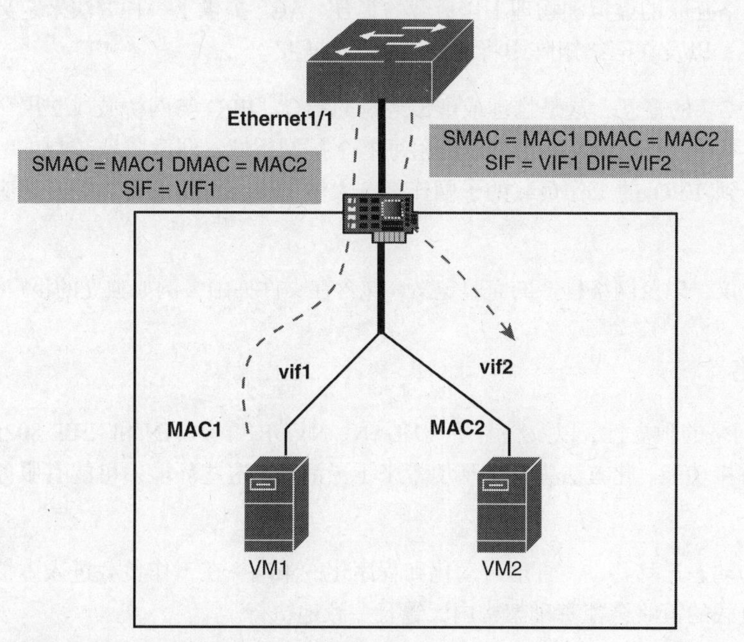

图 5-22 使用 VNTAG 进行流量转发

VM1 发出数据帧，网络适配器修改该数据帧以包含虚拟接口信息，如下所示。

SMAC=MAC1 DMAC=MAC2 Source Interface=VIF1 Destination Interface=0

上游交换机查找2层转发表，以与目的MAC（DMAC）相匹配，示例中的目的MAC为MAC2。该查找返回 VIF2 作为结果，因此支持 VNTAG 的交换机将目标接口（DIF）信息添加到2层数据帧中，在本例中为VIF2。

SMAC=MAC1 DMAC=MAC2 Source Interface=VIF1 Destination Interface=VIF2

通过执行此操作，2层转发可扩展到虚拟机之间的交换。

显而易见，VN-TAG是虚拟化的一个必要条件，如果没有VNTAG，两个VM将无法通信（如果它不是用于服务器本身上运行的某个软件的话）。

此外，VN-TAG 可识别给定 VM 的 vNIC 端口的配置，而不需要知道该 VM 位于哪台 ESX 服务器之上。

5.8 思科 ACI 对虚拟服务器连接性的建模

思科 ACI 是思科为解决虚拟和物理工作负载的连接需求，而引入的最新技术。思科 ACI 为本章目前为止所介绍的现有技术提供了补充，并与它们紧密集成。

应用是由虚拟和物理网络互联的虚拟和物理工作负载的集合。ACI 提供了一种方法来定义这些工作负载之间的关系，以及在网络矩阵中将它们实例化的连接。

ACI 定义了终端组（EPG）的概念，这是物理或虚拟终端的集合。EPG与网桥域或2层命名空间相互关联，无论使不使用泛洪语义，都可以启用每个2层网桥域。网桥域是3层的一部分。3层提供了与连接到 EPG 的工作负载的子网连接。大体上讲，可将此视为拥有相应的IP主备地址的SVI。

EPG及其关联的网络协议，以及网络构造的完整定义，包含在文件夹中，例如独立的租户。

5.8.1 叠加网络标准化

思科ACI提供了叠加网络的独立性，以及将基于VXLAN、NVGRE、VLAN和IEEE 802.1Q封装的数据帧转发的桥接功能。此方法为异构环境带来了灵活性，这些环境中可能有服务位于不同的叠加网络上。

ACI还支持工作负载的动态迁移移动，管理自动化和程序化的策略。在工作负载进入虚拟环境中时，附加到工作负载的策略会在基础架构内无缝且一致地执行。

图 5-23 演示了 APIC 与数据中心虚拟机管理程序之间的交互。

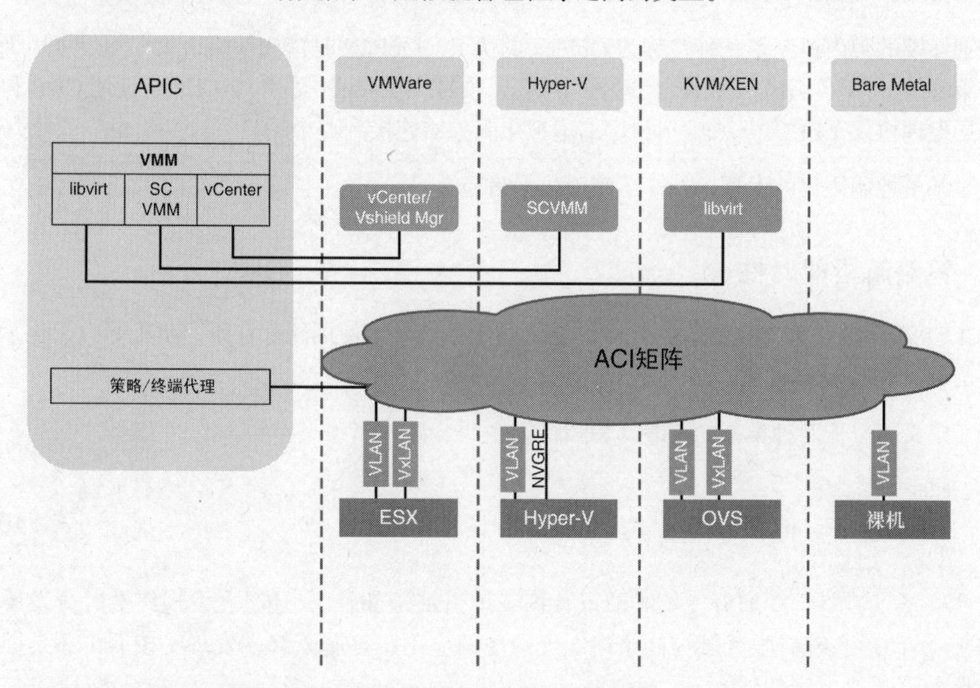

图 5-23 APIC 控制器与多个虚拟机管理程序类型之间的交互

5.8.2 VMM 域

ACI 使用了虚拟机管理器（VMM）域的概念。VMM 的示例包括 VMware vCenter 和 Microsoft SCVMM。ACI 将一些属性与 VMM 域相关联，例如 VMM IP 地址和凭据。VMM 域也是 VM 移动域。VMM 域的移动性仅可在 VMM 域中实现，不能跨不同的 VMM 域移动。VMM 域中包含的另一部分信息是命名空间，它可以是 VLAN 命名空间或 VXLAN 命名空间。可跨不同的 VMM 域而重用命名空间。

在 ACI 中，叶节点上的 VLAN 或 VXLAN 在叶节点本身上，或者甚至在端口级别上都具有重要的意义。这是因为 ACI 将它们重新映射到矩阵范围内的唯一 VXLAN 编号。截至编写本书时，因为它在服务器上的性能非常高效（开销更低），所以使用 VLAN 来分割都很有好处。但是，考虑到 VLAN 空间限制为 4096 个标签，所以通过使用 VMM 域的概念，可创建多个包含 4096 个 VLAN（4096 个 EPG）的报文，其中的 VM 可以毫无限制地移动。

5.8.3 终端发现

ACI 使用 3 种方法来发现存在的虚拟终端。第一种学习方法是控制平面学习，这通过带外握手来实现。vCenter 或 SCVMM 可运行控制协议来与 APIC 通信。

发现终端的带内机制是一种被称为 OpFlex 的协议。OpFlex 是南向策略协议，不仅可用于提交策略信息，还可用于传播终端可达性等信息。如果 OpFlex 不可用，ACI 还会使用 CDP 和链路层发现协议（LLDP）来映射给定的虚拟化服务器连接到哪个端口。

除了基于控制协议的发现，ACI 还使用数据路径学习。

5.8.4 策略解析即时性

ACI 定义了 EPG 与策略之间的连接。为了防止不必要地使用硬件资源，ACI 尽力优化了策略的分发和实例化。

ACI 定义了以下两种类型的策略部署和解析。

- 即时
- 按需

这些决定了策略是立即分发给叶节点数据管理引擎（部署），还是在发现终端时分发（按需）。类似地，解析配置可控制策略在硬件中的应用，是基于终端发现（按需）还是即时应用。

如果策略是按需的，ACI 会在附加实际的 vNIC 时将策略推送到叶节点。

5.8.5 思科 ACI 与 Hyper-V 的集成

ACI 通过 SCVMM API，或通过 Windows Azure Pack API 与 Hyper-V 相集成。Windows Azure Pack 是来自微软的新的云门户产品。使用该产品，管理员可为租户创建不同类型的选项，为他们提供例如访问能力和创建网络的能力的特权。另外还有一个插件可用于填充相关信息，例如 ACI 网络、EPG、契约等。

在 Azure Pack 中的租户空间下专门有一个选项，管理员可在其中提交 EPG 契约或应用网络协议的 XML 表示。XML 表示会被传输到 APIC 控制器内。这会将实际的网络配置推送到 APIC，然后 APIC 分配特定的 VLAN 以用于每个 EPG。

如图 5-24 所示，APIC 在 Hyper-V 中创建逻辑交换机，每个 EPG 成为了一个 VM 网络。

在此之后，租户可将 Windows Server 2012 上的 VM 实例化，可通过叶节点来附加终端。此刻，因为 OpFlex 在实际的虚拟机管理程序上运行，ACI 知道 VM 位于何处，所以 ACI 可向必要的地方下发策略。

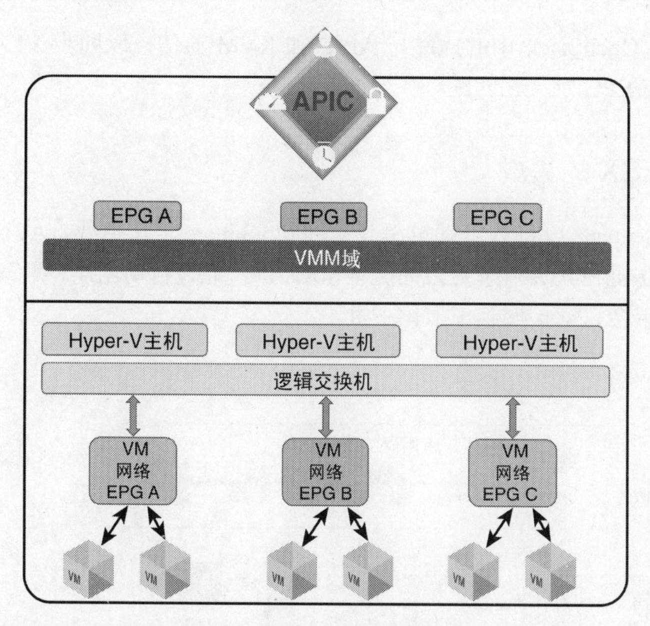

图 5-24 Hyper-V 中与思科 ACI 等效的概念

5.8.6 思科 ACI 与 KVM 的集成

ACI 与 KVM 的集成使用 OpenStack 来调节，这将在第 6 章中介绍。本节简单介绍组件之间的通信模式，如图 5-25 所示。

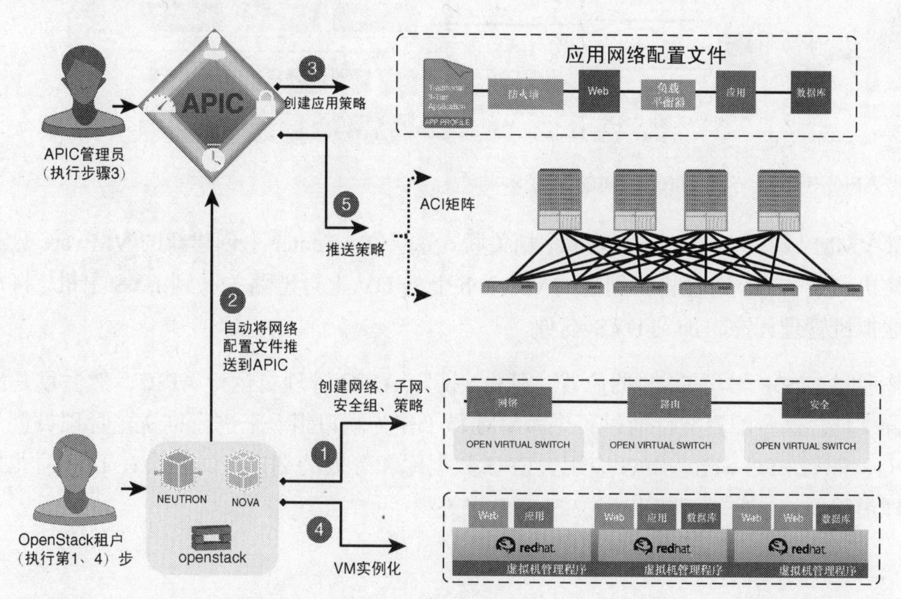

图 5-25 思科 ACI 与 OpenStack 和 KVM 的交互

对于 KVM 和 OpenStack 而言，OpenStack 中的插件与 APIC 和 KVM 通信，以同步 VLAN 和 VXLAN 的分配，确保它们与 EPG 定义相匹配。

5.8.7 思科 ACI 与 VMware ESX 的集成

APIC 控制器集成了 VMware vCenter，以将 ACI 策略框架扩展到 vSphere 工作负载。ACI 集成 vShield Manager 来在虚拟化主机和 ACI 叶节点之间配置 VXLAN。通过自动创建表示 ACI 的 vDS 交换机，ACI 中的终端组会自动扩展到虚拟化主机。

图 5-26 演示了 ACI 如何与 VMware vCenter 集成。

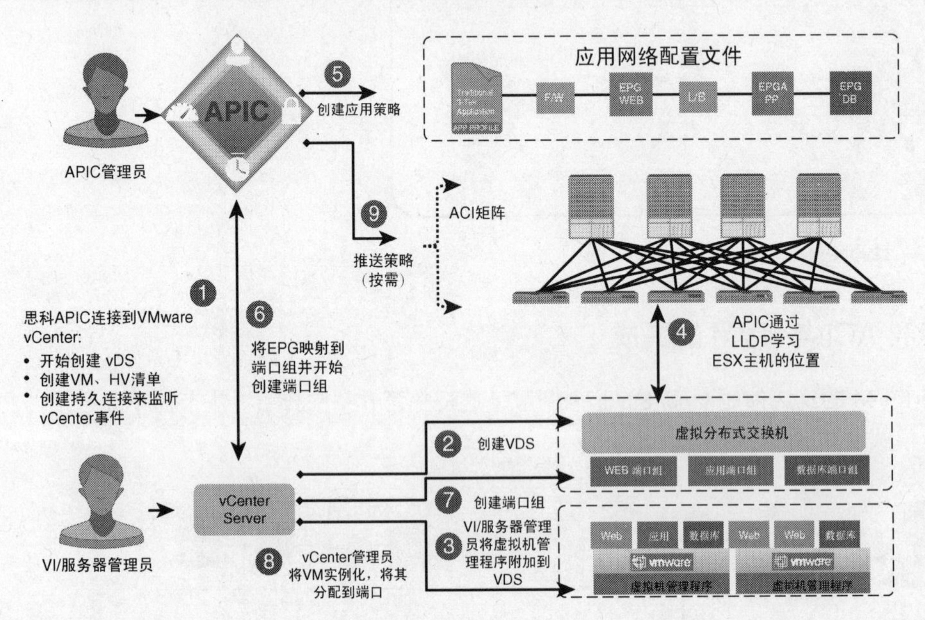

图 5-26 APIC 控制器与 vCenter 之间的交互

通过设置 VMM 域，将 APIC 与 vCenter 相关联。这会在 vCenter 上创建新的 VMware 分布式虚拟交换机。接下来，通过将新创建的 vSwitch 上的 DV 上行链路关联到 EXS 主机，将每个特定的虚拟机管理程序附加到 DVS 本身。

ACI 矩阵通过 LLDP 学习 DVS 的位置。从此刻起，APIC 管理员运行 APIC，然后创建应用网络配置文件。这些配置文件通过各个 VMM 域（作为端口组）来进行推送。管理员创建的每个 EPG，例如 EPG **web**、EPG 应用、EPG 数据库和等效的端口组，也会在 DVS 下创建。虚拟管理员然后将这些端口组与相关的 VM 相关联。

5.9 小结

本章介绍了将虚拟机彼此连接以及与网络其他部分相连接的需求。解释了为何开发了包括 VN-TAG 在内的虚拟交换机和其他技术。本章还展示了在不同虚拟机管理程序中实现虚拟交换的区别。本章最后一部分解释了 ACI 如何提供多虚拟机管理程序连接，以及它如何与每个虚拟机管理程序进行交互。

第6章 OpenStack

本章介绍结合使用 OpenStack 与思科 ACI 的好处。阐述思科 ACI APIC OpenStack 架构以及此组合的可能操作。本章的目的是介绍 OpenStack 的概念，以便可将它与思科 ACI 结合使用。

6.1 什么是 OpenStack？

OpenStack（http://www.openstack.org/）是数据中心环境中用于编排和自动化的开源软件平台。它通常用于私有云和公有云。OpenStack 旨在提供在自动化、监测和管理虚拟化环境中的计算、网络、存储和安全功能。OpenStack 项目的目的是为所有类型的云提供解决方案，其设计易于实现、特性丰富、可扩展且易于部署和操作。OpenStack 包含多个不同的项目，这些项目提供了 OpenStack 解决方案的各个组件。

OpenStack 最初由 Rackspace 和 NASA 创立，后来发展成为开发开放项目的开发人员的协作社区。

OpenStack 拥有不同的组件。该软件套件可从网上下载，并可在多个 Linux 发行版上运行。OpenStack 目前主要包括以下组件。

- 计算（Nova）
- 网络（Neutron）
- 存储（Cinder 和 Swift）
- 仪表板 GUI（Horizon）
- 身份验证（Keystone）

- 映像服务（Glance）

图 6-1 演示了这些主要组件。

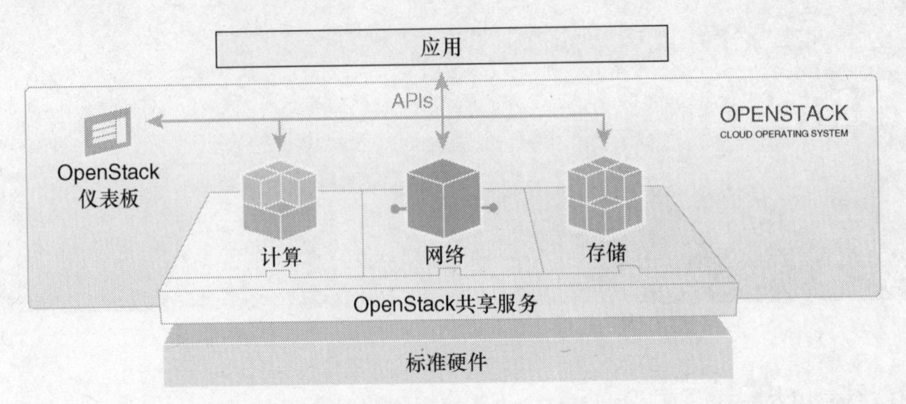

图 6-1　OpenStack 的主要组件和总体交互过程

目前还有以下新的组件在被创造中。

- 物理计算配置（Ironic）
- 自动化（Heat）

每个组件都使用以下设计准则。

- **基于组件的架构**：提供快速添加新功能的能力。
- **高度可用**：提供了工作负载扩展能力。
- **容错**：隔离各个流程以避免级联故障。
- **可恢复性**：故障应易于恢复和调试。
- **开放标准**：提供社区 API 的参考实现和与其他流行云系统的兼容性，例如 Amazon EC2。

6.1.1　Nova

Nova 是 OpenStack Compute 项目，是云计算矩阵控制器。它是基础架构即服务（IaaS）系统的主要组件，作用是托管、配置和管理虚拟机。这包括控制服务器、操作系统映像管理和计算仪表板。服务器资源包括 CPU、内存、磁盘和接口。映像管理包括虚拟机 ISO 文件的存储、导入和共享。OpenStack 中的其他功能包括（但不限于）基于角色的访问控制（RBAC）、跨计算组件的资源池分配，以及仪表板。Nova 不仅可将计算组件分布在多个 KVM 上，还可分布在其他类型的虚拟机管理程序上，例如 Hyper-V、VMware ESX 和 Citrix XenServer。这使得 OpenStack 能够通过 API 同时编排各种虚拟机管理程序。借助这个计算组件，可创建、配置、删除和跨虚拟机管理程序而移动 VM。

6.1.2 Neutron

网络组件 Neutron（以前称为 Quantum）向 OpenStack 提供了网络即服务接口。Nova 提供了动态地为各种虚拟机管理程序请求和配置虚拟服务器的 API，而 Neutron 提供了动态请求和配置虚拟网络的 API。这些网络将来自于其他 OpenStack 服务的接口（例如 vNIC，虚拟网卡）连接到 Nova 虚拟机。尽管核心 Neutron API 主要用在 2 层，但它包含多个扩展来提供更多服务。Neutron 是基于插件模型，使各种网络解决方案能够实现基于该平台的虚拟网络构造。两个流行的开源虚拟交换解决方案是 Linux Bridge 和 Open vSwitch（OVS，已在第 5 章介绍）。

OVS 所提供的功能类型大体上类似于思科 Nexus 1000V 或 VMware vDS（虚拟分布式交换机）。借助 Linux Bridge，可以创建网桥接口，将虚拟网络接口彼此互联，以及将虚拟网络接口桥接到上行链路接口。OVS 使用称为 OVSDB 的数据库模型，该模型可通过 CLI 或 API 指令接收虚拟网络配置，并将配置存储在本地数据库中。在 Linux 网络环境，执行网络变更时无需保存配置文件（例如保存在/etc/network/interfaces 中），而此模型不同，配置无法持久保存到重新启动之后。对于 OVSDB，所有变更都存储在数据库中。OVSDB 与向内核发送指令的 OVS 进程通信。

Neutron 提供了称之为 Modular Layer 2（ML2）的用作 2 层的消息总线。ML2 架构可采用跨不同网段而重用插件。ML2 将组件划分为“类型”和“机制”驱动程序。

思科也拥有多个针对 Nexus 9000 的 ML2。

- Nexus 插件支持独立模式。
- ML2 版本的 Nexus 插件支持 Nexus 3000、5000、7000 和 9000。
- ML2 APIC 插件（自 Juno 版本开始提供）。

Neutron Core API 结构有以下 3 个核心组件。

- **网络**：隔离的 2 层网段，类似于物理领域中的 VLAN。该网络可在租户之间共享，并且具有由管理员所控制的网络状态。
- **子网**：可与网络关联的 IPv4 或 IPv6 地址范围。分配的范围可自定义，而且可以为给定子网禁用 Neutron 默认的 DHCP 服务。
- **端口**：连接点，用于将单个设备（例如虚拟服务器的网卡）附加到虚拟网络。可以将 MAC 和/或 IP 地址重新分配给端口。

示例 6-1 给出了 Neutron Network API 提供的选项，示例 6-2 给出了子网选项。

示例 6-1 Neutron Network API 选项

```
stack@control-server:/home/localadmin/devstack$ neutron net-create -help
usage: neutron net-create [-h] [-f {shell,table,value}] [-c COLUMN]
                          [--max-width <integer>] [--variable VARIABLE]
                          [--prefix PREFIX] [--request-format {json,xml}]
                          [--tenant-id TENANT_ID] [--admin-state-down]
                          [--shared]
                          NAME
Create a network for a given tenant.
Positional arguments
NAME
Name of network to create.
Optional arguments
-h, --help
show this help message and exit
--request-format {json,xml}
The XML or JSON request format.
--tenant-id TENANT_ID
The owner tenant ID.
--admin-state-down
Set admin state up to false.
--shared
Set the network as shared.
```

示例 6-2 Neutron Subnet API 选项

```
stack@control-server:/home/localadmin/devstack$ neutron subnet-create --help
usage: neutron subnet-create [-h] [-f {shell,table,value}] [-c COLUMN]
                             [--max-width <integer>] [--variable VARIABLE]
                             [--prefix PREFIX] [--request-format {json,xml}]
                             [--tenant-id TENANT_ID] [--name NAME]
                             [--gateway GATEWAY_IP] [--no-gateway]
                             [--allocation-pool start=IP_ADDR,end=IP_ADDR]
                             [--host-route destination=CIDR,nexthop=IP_ADDR]
                             [--dns-nameserver DNS_NAMESERVER]
                             [--disable-dhcp] [--enable-dhcp]
                             [--ipv6-ra-mode {dhcpv6-stateful,dhcpv6-
  stateless,slaac}]
                             [--ipv6-address-mode {dhcpv6-stateful,dhcpv6-
  stateless,slaac}]
                             [--ip-version {4,6}]
                             NETWORK CIDR
Create a subnet for a given tenant.
Positional arguments
NETWORK
```

```
Network ID or name this subnet belongs to.
CIDR
CIDR of subnet to create.
Optional arguments
-h, --help
show this help message and exit
--request-format {json,xml}
The XML or JSON request format.
--tenant-id TENANT_ID
The owner tenant ID.
--name NAME
Name of this subnet.
--gateway GATEWAY_IP
Gateway IP of this subnet.
--no-gateway
No distribution of gateway.
--allocation-pool
start=IP_ADDR,end=IP_ADDR Allocation pool IP addresses for this subnet (This option
  can be repeated).
--host-route
destination=CIDR,nexthop=IP_ADDR Additional route (This option can be repeated).
--dns-nameserver DNS_NAMESERVER
DNS name server for this subnet (This option can be repeated).
--disable-dhcp
Disable DHCP for this subnet.
--enable-dhcp
Enable DHCP for this subnet.
--ipv6-ra-mode {dhcpv6-stateful,dhcpv6-stateless,slaac}
IPv6 RA (Router Advertisement) mode.
--ipv6-address-mode {dhcpv6-stateful,dhcpv6-stateless,slaac}
IPv6 address mode.
--ip-version {4,6} IP
version to use, default is 4.
```

备注 有关所有 Neutron 命令的信息，请访问参考指南：http://docs.openstack.org/cli-reference/content/neutronclient_commands.html

Neutron 通过服务插件提供高级服务功能。以下是 4 种最常用的 Neutron 服务。

- **3 层**：此服务支持创建路由器来连接和附加需要 3 层连接的 2 层租户网络。它需要创建浮动 IP 来将 VM 虚拟 IP 地址关联到公共 IP 地址。它允许配置外部网关来将流量转发到租户网络外部。
- **LoadBalancer**：此服务需要创建负载均衡器池，其中包含租户的成员。它支持创建虚拟

IP（VIP），在通过 LoadBalancer 访问时，该 IP 将请求定向到池成员。它允许为池成员配置健康监测检查。

- **VPN**：此服务特定于租户和路由器。VPN 连接表示在两个站点之间为租户建立的 IPsec 隧道。它需要创建以下元素：VPN、IKE、IPsec 和连接。
- **防火墙**：此服务在租户的 Neutron 逻辑路由器上提供边缘防火墙功能。它需要创建防火墙、策略和规则。

部署 Neutron 时，取决于具体配置，除了 neutron-server 服务外，可能还需要多个代理：L3 代理、DHCP 和插件。代理可部署在控制器节点上或单独的网络节点上，如图 6-2 所示。

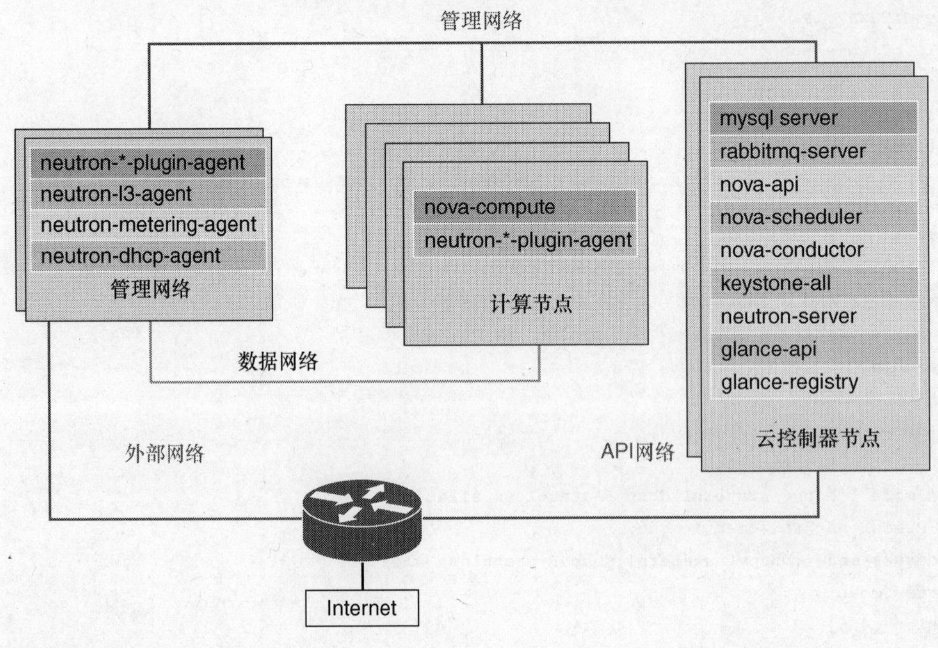

图 6-2 Neutron 代理

6.1.3 Swift

OpenStack 的存储组件由 Swift 和 Cinder 提供。Swift 是分布式对象存储系统，它的设计可从单台机器扩展到数千台服务器。它针对多租户和高并发性进行了优化。它可用于备份，用于能够不受控制地增长的非结构化数据。Swift 提供了基于 REST 的 API。

6.1.4 Cinder

Cinder 是针对块存储的存储项目。它能够创建并集中管理服务，该服务以称为“cinder 卷”

的块设备形式配置存储。最常见的场景是为虚拟机提供持久存储。举例而言，Cinder 支持虚拟机移动性、快照和克隆。这些功能可通过向 Cinder 添加特定于供应商的、第三方的驱动程序插件来增强。在 Cinder 后台附加的物理存储可以是集中化的或分布式的，可使用各种协议：iSCSI、NFS 和光纤通道。

6.1.5 Horizon

GUI 组件 Horizon 是 OpenStack 的仪表板项目。它提供了基于 Web 的 GUI 来访问、配置和自动化 OpenStack 资源，例如 Neutron、Nova、Swift 和 Cinder。其设计有助于与第三方产品和服务集成，例如计费、监测和报警。Horizon 最初是管理 OpenStack Nova 项目的单个应用。起初其需求仅包括视图、模板和 API 调用。后来得到了扩展，可支持多个 OpenStack 项目和 API，这些项目和 API 被编排在仪表板和系统面板组中。Horizon 目前有两个中央仪表板：项目和用户。

这些仪表板涵盖了核心的 OpenStack 应用。核心 OpenStack 项目有一组 API 抽象，提供了一组一致、可重用的开发和交互方法。有了这些 API 抽象，开发人员不需要熟悉每个 OpenStack 项目的 API。

6.1.6 Heat

Heat 是 OpenStack 的编排程序。它创建了人机可访问的服务，用以管理 OpenStack 云中的基础架构和应用的整个生命周期。Heat 的编排引擎，用于基于模板而启动多个组合式云应用，模板具有文本文件的形式，可像代码一样处理。原生的 Heat 模板格式不断在演变，但 Heat 也提供了与 AWS CloudFormation 模板格式的兼容性，允许许多现有的 CloudFormation 模板在 OpenStack 上启动。Heat 提供了 OpenStack 原生 REST API 和兼容 CloudFormation 的查询 API。

6.1.7 Ironic

Ironic 是提供裸机服务的 OpenStack 项目。它使用户能够管理和配置物理机器。Ironic 包含以下组件，如图 6-3 所示。

- **Ironic API**：处理应用请求的 RESTful API，它通过 RPC 将这些请求发送到 ironic-conductor。
- **Ironic Conductor**：添加、编辑和删除节点；使用 IPMI 或 SSH 开启/关闭节点；配置、部署和终止裸机节点。
- **Ironic 客户端**：与裸机服务交互的 CLI。

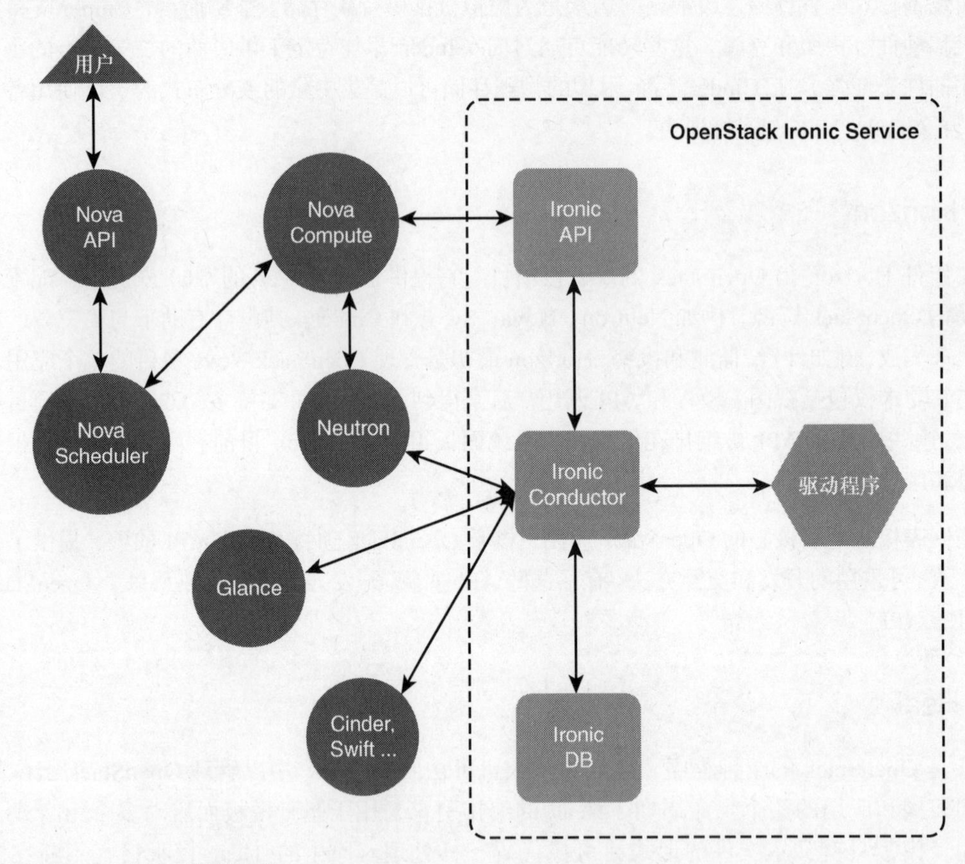

图 6-3　Ironic 逻辑架构

此外，Ironic 裸机服务拥有一些外部依赖项，这些依赖项非常类似于其他 OpenStack 服务：

- **存储硬件信息和状态的数据库**：可设置数据库后台类型和位置。使用与计算服务相同的数据库后台。采用单独的数据库后台来将裸机资源（和关联的元数据）与用户进一步隔离。
- **队列**：传递消息的中心位置。

Triple0 是另一个旨在于 OpenStack 上运行 OpenStack 的项目。它设计了可设置为使用 OpenStack 的裸机服务器。

6.2　企业中的 OpenStack 部署

OpenStack 组件连接到柜顶式（ToR）交换机。部署 OpenStack 环境时，现有数据中心中的网络架构保持不变。OpenStack 包含计算、存储、编排和管理层。部署在 OpenStack 环境中时，各个应用大体上不会改变。还可添加以下其他节点。

- OpenStack 控制器节点（至少是两个，以实现冗余性，可采用双活模式）。
- OpenStack 支持节点。

请注意，一些用户更喜欢在异构部署中将这些额外的节点部署为虚拟机，和基础架构的其余主机保持一致。

图 6-4 中描绘了典型的柜顶式拓扑结构。

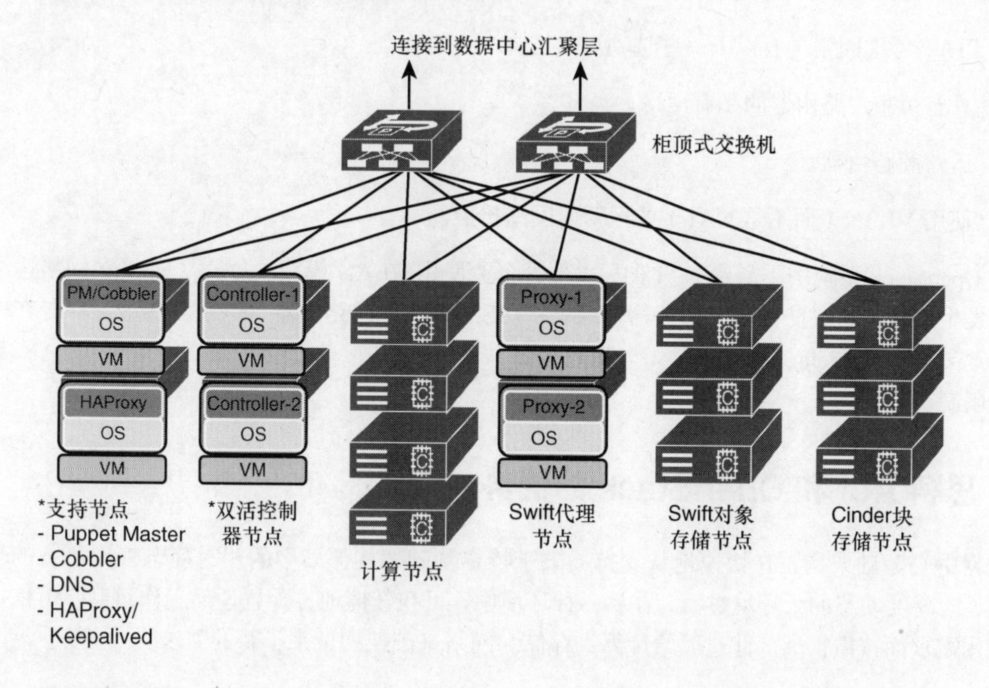

图 6-4 OpenStack 部署的典型设计

典型的部署常常是包含 200 个节点的部署，使用 Canonical 或 Red Hat 操作系统发行版。部署可手动配置，也可使用 Puppet、Juju 或 Turnkey 完全自动化地配置。

规划 OpenStack 部署时，总体考虑以下因素。

- OpenStack 部署在现有 POD 还是新 POD 中。
- 执行硬件资产清点：包括所有机架服务器、所有刀片服务器、硬件和 VM。
- 哪些应用要在新部署中运行。

- 是否使用多租户。这不仅是功能和业务主题，同样也是技术主题 - 在部署时始终需要考虑到多租户场景。
- IP 地址规划：在 OpenStack 内采用 NAT？不采用 NAT？叠加 IP？
- 自动化选择。
- 使用“纯”OpenStack（仅 OpenStack 项目）部署还是混合部署，在混合部署中可使用 OpenStack 提供的一些功能并利用第三方应用、管理和监视服务。
- 了解 OpenStack 当前的高可用性/灾难恢复(HA/DR)模型的局限性。

对于网络考虑因素，有以下一些选项可供选择。

- 具有每租户路由器的私有网络。
- 运营商路由器。
- 使用 VLAN（而不是 NAT）的运营商网络扩展。

在 OpenStack 系统中不需要 NAT 时，大部分企业使用 VLAN 模型。大多数 NAT 在网络边缘上发生，例如通过防火墙、服务器负载均衡(SLB)、代理或路由器。但是，在系统部署在棕色地带（brownfield）设计中时（与其他 pod 共享 VLAN），大型企业部署会受到 VLAN 数量限制。

6.3　思科 ACI 和 OpenStack 的优势

数据中心基础架构正在快速地从支持局限于特定基础架构孤岛中的相对静态工作负载的环境，向高度动态的云环境过渡，在后一种环境中，可在任何地方配置任何工作负载，可依据应用需求而按需扩展。此过渡给计算、存储和网络基础架构带来了新的需求。

思科 ACI 和 OpenStack 的设计都可帮助 IT 管理员掌控向云架构的过渡。思科 ACI 提供了新方法来管理基础架构，旨在通过基于策略的集中化框架来提高灵活性、可扩展性和性能。例如，叶节点的标准化（服务器上没有网关）改善了可扩展性。该解决方案的设计同时涵盖物理和虚拟基础架构，而且仍提供了深入的可视性和实时遥测功能。此外，思科 ACI 是针对开放 API 而构建的，允许集成新的和现有的基础架构组件。

思科为 OpenStack Neutron 开发了开源插件，允许 OpenStack 租户透明地配置和管理基于思科 ACI 的网络。这个用于思科 APIC 的插件，会自动将针对网络、子网、路由器等的 OpenStack Neutron API 命令转换为应用网络配置文件。

思科 APIC 插件可用作开源项目组件，以支持来自于 Ice House 版本的主要 OpenStack 的发行版，也包括 Canonical、Red Hat 和 Mirantis 的发行版。

思科 ACI 网络矩阵与 OpenStack 环境结合使用，具有多种优势。其中一些优势如图 6-5 所示。

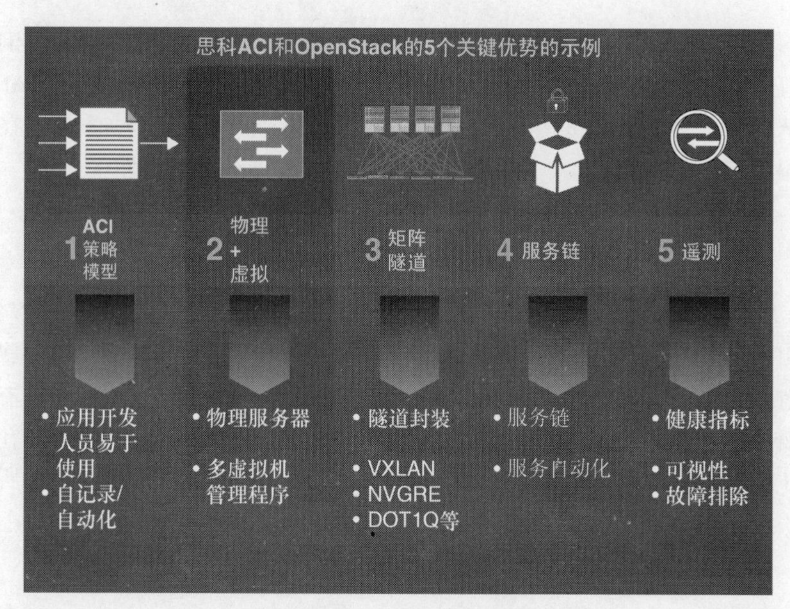

图 6-5 思科 ACI 和 OpenStack 的 5 个关键优势

6.3.1 思科 ACI 策略模型

在思科 ACI 网络矩阵中，在网络上运行的应用与策略相关联，该策略定义了应用组件与外部世界之间的通信。此工作流通过以应用为中心的抽象策略语言来实现，它可转换成具体的网络需求，例如 VLAN、子网和访问控制列表（ACL）。通过引入这个策略概念，思科 ACI 使应用开发人员能够描述其网络需求，将这些需求透明地映射到网络硬件。此过程使网络和应用开发人员都可使用通用需求语言，最终加速应用部署。

6.3.2 物理和虚拟集成

思科 ACI 旨在将物理和虚拟网络结合起来，提供端到端的解决方案。例如，思科 ACI 为连同虚拟化的 Web 服务器和应用一起运行的任务关键型物理数据库工作负载提供了透明的支持。此特性允许操作者支持以下多个虚拟机管理程序，包括：Citrix Xen、基于 Linux 内核的虚拟机(KVM)、VMware 虚拟机管理程序和 Microsoft Hyper-V，并连接同一台思科 ACI 网络矩阵上的物理服务器。随着开放项目（例如 OpenStack Ironic）的继续演进，涵盖这些不同环境的能力将成为任何云的必要组件。思科 ACI 网络矩阵允许 OpenStack Neutron 网络透明地涵盖物理和多虚拟机管理程序虚拟环境。

6.3.3 矩阵通道

思科 ACI 的设计还提供了基于硬件的隧道环境，该环境不需要逐台设备地配置。隧道在网络矩阵中自动建立，任何形式的封装（VXLAN、网络虚拟化通用路由封装[NVGRE]或 VLAN）都可以作为输入传入。思科 ACI 网络矩阵是标准化的网关，能够理解不同的叠加封装并在它们之间建立通信。最终将使管理非常简单，而且不损害性能、可扩展性或灵活性。

6.3.4 服务链

思科 ACI 矩阵提供了原生的服务链功能，允许用户在两个终端之间透明地插入或删除服务。而且，思科 ACI 矩阵可使用服务层设备的 API 来实时配置，这些设备包括防火墙、负载均衡器、应用交付控制器（ADC）等。此功能允许租户和管理员以全自动的方式，基于一流的基础架构而部署复杂的应用和安全策略。此功能可通过思科 APIC 提供，可通过目前正在开发的 OpenStack API 扩展访问。因为思科 ACI 矩阵的设计涵盖了物理和虚拟基础架构，所以服务链功能既可应用到物理网络服务设备上，也可应用到在任何支持的虚拟机管理程序上运行的虚拟化设备上。

6.3.5 遥测

思科 ACI 是旨在提供可实时逐跳（hop-by-hop）可视性和遥测的软件组合。思科 APIC 提供了网络中的各个终端组和租户的性能的详细信息。此数据包括延迟、报文丢弃和流量路径的细节，可以在组或租户级别上查看。遥测信息对许多故障排除和调试任务都非常有用，允许操作员跨物理和虚拟基础架构并且快速地识别租户问题的来源。

6.4 OpenStack APIC 驱动程序架构和操作

思科 OpenStack 插件基于 OpenStack Neutron 多供应商框架 Modular Layer 2（ML2）插件。ML2 允许管理员指定一组驱动程序来管理网络的各部分。类型驱动程序指定特定类型的标记或封装，机制驱动程序旨在与网络内的特定设备交互。具体来讲，思科开发了思科 APIC 驱动程序，它使用思科 APIC 所公开的开放 REST API 来通信，如图 6-6 所示。

来自一些供应商的 OpenStack Icehouse 发行版，包括 Red Hat、Canonical 和 Mirantis 最先为此集成提供了支持。此外，思科正与其他一些合作伙伴紧密合作，在 OpenStack 社区中推进 Group Policy API 项目的实施，这些合作伙伴包括：Big Switch Networks、IBM、Juniper、

Midokura、Nuage、One Convergence 和 Red Hat。

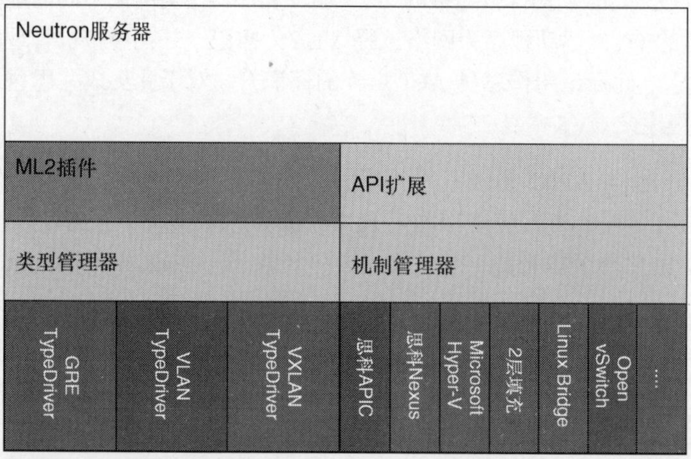

Neutron服务器
ML2插件
API扩展
类型管理器
机制管理器
GRE TypeDriver
VLAN TypeDriver
VXLAN TypeDriver
思科APIC
思科Nexus
Microsoft Hyper-V
2层填充
Linux Bridge
Open vSwitch
...

图 6-6 思科 ACI 使用的 Modular Layer 2 插件组件（红色）

集成的工作原理

OpenStack 集成使用两个不同的 ML2 驱动程序来与网络的不同部分集成，如图 6-7 所示。

OpenStack APIC插件-细节
APIC
openstack
Neutron 网络
APIC 驱动程序
OVS 驱动程序
ACI矩阵提供了应用在柜顶式交换机上的分布式L2和L3（不含L3代理）隧道
OVS驱动程序为每个网络选择VLAN/VXLAN标记并配置OVS
OVS为每个网络应用VLAN/VXLAN标记
用于安全组的IP表
OVS
网络A V(X)LAN 100 10.0.0.0/24
网络B V(X)LAN 101 10.0.1.0/24
网络C V(X)LAN 102 10.0.2.0/24
IP表
主机3
主机1
主机2
主机4
APIC驱动程序映射：
• 网络->EPG
• 路由器->上下文

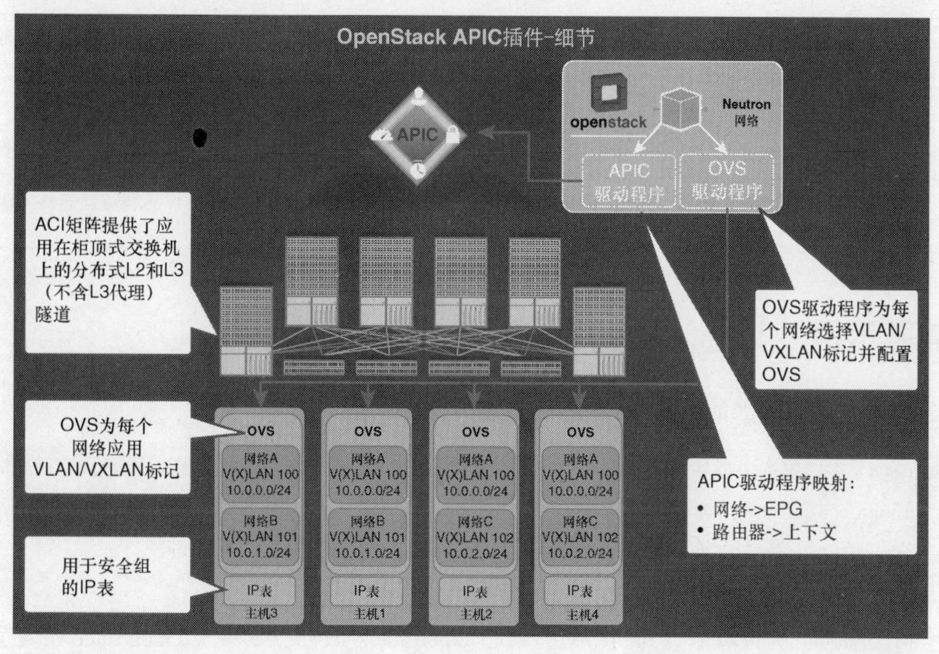

图 6-7 架构

- **Open vSwitch（OVS）驱动程序**：思科 ACI 集成在未经修改的 OVS 驱动程序版本上执行，支持大多数主要的 OpenStack 发行版随带的 OVS 驱动程序。在实例化不同的虚拟机时，会使用 Neutron 中的 OVS 驱动程序为网络选择 VLAN 标记，并在虚拟机管理程序上的 OVS 端口上配置它。此标记用作思科 ACI 矩阵的标识符。对于此集成，思科 ACI 不需要修改 OVS 驱动程序或 OVS 本身。

- **思科 APIC 驱动程序**：思科 APIC 驱动程序是思科创建的一个新组件。它透明地将 Neutron 资源映射到思科 APIC 中的应用网络配置文件配置。表 6-1 中描述了具体的映射关系。在网络上实例化每个虚拟机时，该驱动程序还会动态地添加终端组（EPG）映射。

表 6-1 插件映射关系

Neutron 对象	APIC 映射	描述
项目	租户（fvTenant）	项目直接映射到一个思科 APIC 租户
网络	EPG（fvAEPg） 网桥域（fvBD）	创建或删除网络会同时触发 EPG 和网桥域配置。思科 ACI 矩阵充当着分布式 2 层矩阵，允许网络存在于任何位置
子网	子网（fvSubnet）	子网是一对一映射关系
安全组和规则	—	解决方案中全面支持安全组。但是，这些资源未映射到思科 APIC，而像传统 OpenStack 部署中一样通过 IP 表执行
路由器	契约（vzBrCP） 主体（vzSubj） 过滤器（vzFilter）	契约用于连接 EPG 和定义路由关系。思科 ACI 矩阵还充当着默认网关。未使用 3 层代理
网络：外部	外部	使用外部 EPG，包含路由器配置
端口	静态路径绑定（fvRsPathAtt）	附加虚拟机时，会使用静态 EPG 映射来连接柜顶式交换机上的特定端口和 VLAN 组合

6.5 部署示例

本节通过示例演示了如何部署 OpenStack 和思科插件。

备注 OpenStack 文档中包含部署 OpenStack 的操作说明和指南：http://docs.openstack.org/trunk/install-guide/install/apt/content/index.html

典型的 OpenStack 部署包含以下 3 种类型的节点，如图 6-8 所示。

- **控制器节点**：为计算节点和网络运行核心 OpenStack 服务。依赖于 OpenStack 的配置，它可出于高可用性目的而进行冗余运行。

- **网络节点**：运行动态主机配置协议（DHCP）代理和其他网络服务。请注意，对于思科 APIC 驱动程序，未使用 3 层代理。可在同一台物理服务器上运行网络节点和控制器节点。

- **计算节点**：运行虚拟机管理程序和租户虚拟机。每个计算节点还包含一台 Open vSwitch。

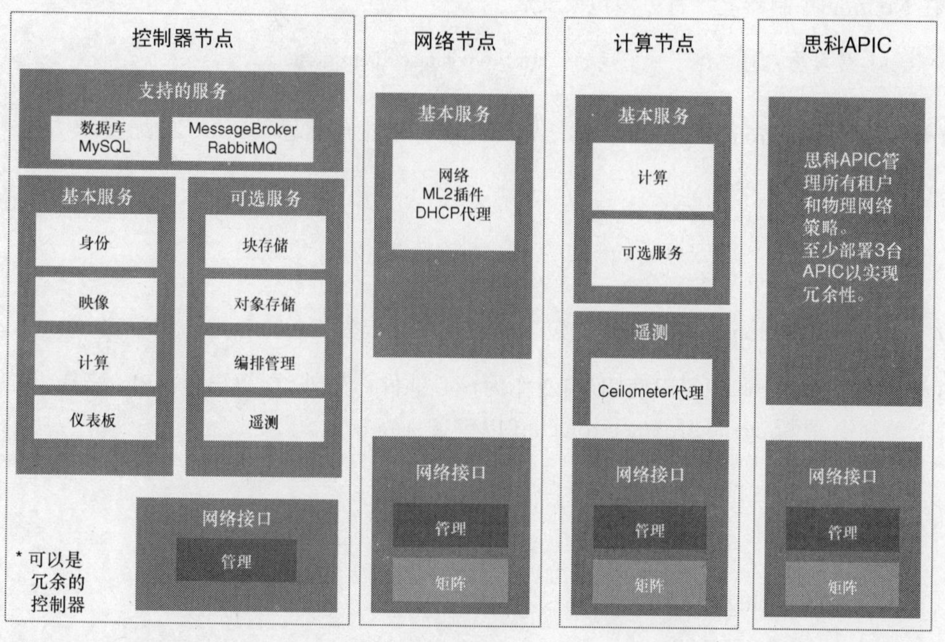

图 6-8 典型的 OpenStack 部署包含 3 种类型的节点

OpenStack 必须部署在基于思科 Nexus 9000 系列交换机而构建的叶节点-主干拓扑结构之上，并且该拓扑结构需要配置为在思科 ACI 模式下运行。思科 APIC 和 OpenStack 控制器和网络节点冗余地部署在叶节点交换机之上（使用带内或带外管理）。在许多常见部署中，网络节点与控制器节点位于同一台服务器上。此外，运行虚拟机的计算节点也必须部署在叶节点交换机上，并将随云部署需求增长而扩展。

6.5.1 Icehouse 的安装

思科 APIC 驱动程序可安装在 OpenStack Neutron 之上。

> **备注** 部署选项会因使用的工具不同而不同，以下地址提供了一种最佳的部署指南：
> http://docs.openstack.org/ icehouse/install-guide/install/apt/content。

以下步骤中的操作说明，应作为将思科 APIC 驱动程序安装在 Neutron 中的现有 ML2 插件部署之上的指南。他们假设控制器和网络节点在同一台物理服务器上运行。

第 1 步 设置 apt-get 并将软件包安装。

- 在 Neutron 控制器和 Nova 计算节点上。
- 在 Neutron 控制器上，有更多包要安装。

备注 更详细的安装信息可在以下地址找到：http://www.cisco.com/go/aci。

第 2 步 在/etc/neutron/plugins/ml2/ ml2_conf_cisco.ini 中创建思科 APIC 的配置。

```
[ml2_cisco_apic]
apic_hosts=192.168.1.3
apic_username=admin
apic_password=secret
```

确保 Neutron 服务器初始化包含此配置文件作为 -- config-file 选项之一。

第 3 步 更新 Neutron 配置以使用 ML2 作为核心插件。另外，配置思科 APIC 来提供路由服务，更新/etc/neutron/neutron.conf 以包含：

- service_plugins：

```
neutron.services.l3_router.l3_apic.ApicL3ServicePlugin
```

- core_plugin：

```
neutron.plugins.ml2.plugin.Ml2Plugin
```

另外，更新 ML2 机制驱动程序列表以包含以下两个驱动程序（例如，如果使用/etc/neutron/plugins/ml2/ml2_conf.ini 创建 ML2 配置，则更新它）。

- mechanism_drivers：

```
openvswitch,cisco_apic
```

第 4 步 更新 VLAN 网段的 ML2：例如，如果使用 physnet1 上的 VLAN 100 到 200，则配置 ML2 如下所示。

```
tenant_network_types = vlan
type_drivers = local,flat,vlan,gre,vxlan
mechanism_drivers = openvswitch,cisco_apic

[ml2_type_vlan]

/usr/lib/python2.7/dist-packages/neutron
```

6.5.2 思科 APIC 驱动程序的配置

要激活思科 APIC 驱动程序，它必须位于 Neutron 所使用的 ML2 目录中。在任何通过 OpenStack 发行版执行的受支持的安装过程中，都会自动放置它。如果遇到问题，请确认已有的思科 APIC 驱动程序的所有文件，这些文件已在表 6-2 中列出。

表 6-2 思科 APIC 驱动程序文件

文件名	常见位置	描述
apic_client.py apic_model.py apic_manager.py mechanism_apic.py ...	<neutron>/plugins/ml2/ drivers/cisco/apic	思科 APIC 的 ML2 驱动程序
l3_apic.py	<neutron>/services/l3_router/	思科 APIC 的 3 层扩展
*_cisco_apic_driver.py *_cisco_apic_driver_update.py *_add_router_id_*_apic.py	<neutron>/db/migration/ alembic_migrations/versions	数据库迁移文件
neutron.conf	/etc/neutron	Neutron 的全局配置文件
cisco-apic.filters	/etc/neutron/rootwrap.d	允许以根用户身份运行链路层发现协议（LLDP）服务
ml2_conf.ini	/etc/neutron/plugins/ml2	Meutron 创建的 ML2 配置文件
ml2_conf_cisco.ini	/etc/neutron/plugins/ml2	特定于思科 APIC 的 ML2 配置文件

在表 6-2 中，<neutron>是 neutron 基础目录，如此配置所示。

```
/usr/lib/python2.7/dist-packages/neutron
```

Neutron.conf 文件

在 neutron.conf 文件中启用 ML2 插件，指定思科 APIC3 层服务插件。

- service_plugins：

```
neutron.services.l3_router.l3_apic.ApicL3ServicePlugin
```

- core_plugin：

```
neutron.plugins.ml2.plugin.Ml2Plugin
```

ML2_conf.ini 文件

ml2.conf 文件应针对 OVS 和思科 APIC 而激活两个合适的机制驱动程序。它还必须指定要在服务器与矩阵叶节点交换机之间使用的 VLAN 范围，以及 Linux 接口与 OVS 网桥之间的映射。它应类似于示例 6-3。ML2_conf.ini 文件将在“配置参数”小节中解释。

示例 6-3 要配置的 ML2_conf.ini 参数

```
tenant_network_types = vlan
type_drivers = local,flat,vlan,gre,vxlan
mechanism_drivers = openvswitch,cisco_apic

[ml2_type_vlan]
network_vlan_ranges = physnet1:100:200

[ovs]
bridge_mappings = physnet1:br-eth1
```

ML2_cisco_conf.ini 文件

必须在同一个目录中包含一个针对思科 APIC 的额外的配置文件。它应类似于示例 6-4。

示例 6-4 要配置的 ML2_cisco_conf.ini 参数

```
[DEFAULT]
apic_system_id=openstack

[ml2_cisco_apic]
apic_hosts=10.1.1.10
apic_username=admin
apic_password=password

apic_name_mapping=use_name
apic_vpc_pairs=201:202,203:204

[apic_external_network:ext]
switch=203
port=1/34
cidr_exposed=192.168.0.2/24
gateway_ip=192.168.0.1

#note: optional and needed only for manual configuration
[apic_switch:201]
compute11,compute21=1/10
compute12=1/11

[apic_switch:202]
compute11,compute21=1/20
compute12=1/21
```

配置参数

表 6-3 列出了可在 ML2_conf.ini 文件中指定的配置参数。

表 6-3 配置参数

参数	是否必需	描述
apic_hosts	是	思科 APIC IP 地址列表（以逗号分隔）
apic_username	是	思科 APIC 的用户名；通常使用 admin 来允许配置多个租户
apic_password	是	用户所标识的思科 APIC 用户的密码
apic_name_mapping	否	思科 APIC 驱动程序有两种模式。它可使用 OpenStack 中配置的相同名称创建对象，或者可使用 OpenStack 所选择的统一用户 ID(UUID)。因为 OpenStack 不需要唯一名称，所以如果使用了重复的名称，思科 APIC 上的网络创建命令将失败。选项包括 use_name 和 use_uuid
apic_system_id	否	思科 APIC 矩阵中的 VLAN 或 VXLAN 命名空间的名称(apic_phys_dom)；如果在同一个矩阵上运行多个 OpenStack 实例，则使用此名称

主机-端口连接

思科 APIC 驱动程序必须理解每个虚拟机管理程序有哪些端口连接。这通过两种机制来完成。默认情况下，该插件使用 LLDP 来自动发现邻接设备信息，所以这是可选的。此特性提供了交换机端口上的计算节点的自动发现功能，允许在思科 ACI 矩阵中的叶节点交换机之间移动物理端口。另一种机制是手动定义哪些端口连接到哪个虚拟机管理程序。

但是，对于故障排除用途，用户可能希望忽略此行为，用手动配置来排除 LLDP 问题。举例而言，如果使用通过 PortChannel 连接的双宿主服务器，也需要此配置。在此情况下，需要为 OpenStack 环境中的每个计算节点添加配置块，格式如下所示。

```
[apic_switch:node-id]
compute-host1,compute-host2=module-id.node-id
```

外部网络

与外部 3 层网络的连接通过该插件自动配置。要激活此特性，可提供表 6-4 中列出的信息。

表 6-4 连接到外部网络

配置	是否必需	描述
switch	是	来自思科 APIC 的交换机 ID
Port	是	外部路由器连接到交换机端口
Encap	否	使用的封装
Cidr_exposed	是	向外部路由器公开的无类域间路由(CIDR)
gateway_way	是	外部网关的 IP 地址

PortChannel 配置

为实现冗余性，常常在主机和交换机之间配置多个上行链路。此特性被思科 APIC 插件所支持，可通过枚举虚拟 PortChannel（vPC）对来配置。

```
apic_vpc_pairs=switch-a-id:switch-b-id,switch-c-id:switch-d-id
```

6.5.3 故障排除

如果确认该插件已正确安装，但它却无法正常运行，可首先验证代理设置和物理主机接口来开始排除故障。

- 代理设置：许多实验室环境需要设置代理才能访问外部 IP 地址。请注意，OpenStack 还依赖于内部通信，所以绝不能通过同一个代理发送本地 HTTP/HTTPS 流量。例如，在 Ubuntu 上，/etc/environment 中的代理设置必须类似于以下所示。

```
http_proxy="http://1.2.3.4:80/"
https_proxy="http://1.2.3.4:8080/"
HTTP_PROXY="http://proxy.yourco.com:80/"
HTTPS_PROXY="http://proxy.yourco.com:8080/"
FTP_PROXY="http://proxy.yourco.com:80/"
NO_PROXY="localhost,127.0.0.1,172.21.128.131,10.29.198.17,172.21.128.98,local
address,.localdomain.com" [->
The IP addresses listed here are the IP addresses of the NIC of the server
for OpenStack computing and controller nodes, so they don't go to proxy when
they try to reach each other.]
no_proxy="localhost,127.0.0.1,172.21.128.131,10.29.198.17,172.21.128.98,local
address,.localdomain.com"
```

- 主机接口：确认附加到叶节点交换机的物理主机接口已开启，并附加到 OVS 网桥。此接口通常在 OVS 安装过程中配置。要确认 OVS 网桥上存在接口（例如 eth1），可运行此命令。

```
$> sudo ovs-vctl show

abd0fa05-6c95-4581-a906-46634db74d91
    Bridge "br-eth1"
        Port "phy-br-eth1"
            Interface "phy-br-eth1"
        Port "br-eth1"
            Interface "br-eth1"
                type: internal
        Port "eth1"
            Interface "eth1"
```

```
    Bridge br-int
        Port "int-br-eth1"
            Interface "int-br-eth1"
        Port br-int
            Interface br-int
                type: internal
    ovs_version: "1.4.6
```

备注 在OpenStack的不同版本中，安装、配置和故障排除方法可能改变。请参阅http://www.cisco.com/go/aci上的最新文档，查看 OpenStack 安装指南。

6.6 OpenStack 上的 Group Based Policy 项目

Group Based Policy是自Juno OpenStack版本发行之后的OpenStack社区项目。Group Based Policy 在现有的 OpenStack 上运行，可兼容现有的 Neutron 或供应商驱动程序。Group Based Policy 的理念是，使 Neutron 能够使用 EPG、契约等以策略的方式配置。这简化了当前的 Neutron 配置方法，实现了比使用当前的 Neutron API 模型更容易的面向应用的接口。Group Based Policy API 扩展的目标是通过将组织和管理系统分开，帮助更轻松地使用网络资源。

Group Based Policy 是为用于广泛的网络后端而设计的通用 API。它向后兼容现有的 Neutron 插件，但也可与思科 ACI 原生地结合来公开策略 API。Group Based Policy 的架构如图 6-9 所示。

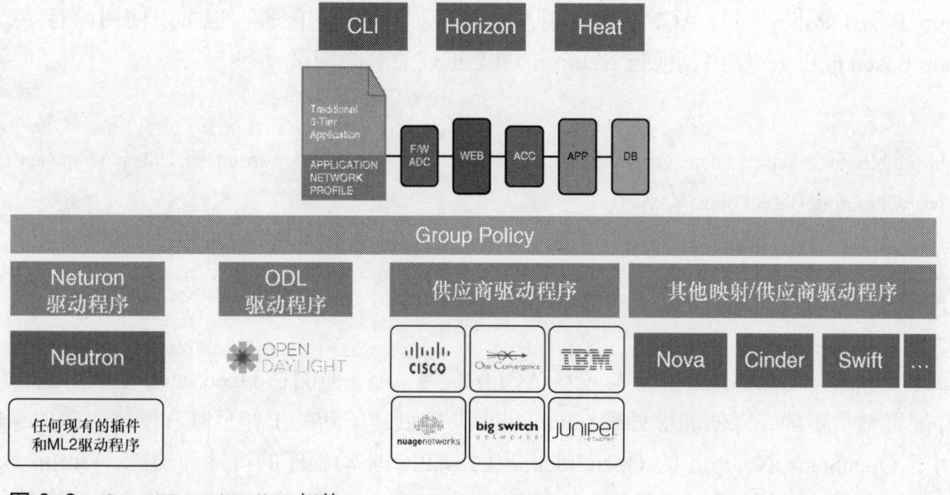

图 6-9 Group Based Policy 架构

Group Based Policy 和第 3 章"策略数据中心"中详细介绍的概念都受益于同样的方法。图 6-10 详细描绘了 OpenStack 工作流与 ACI 工作流的组合。

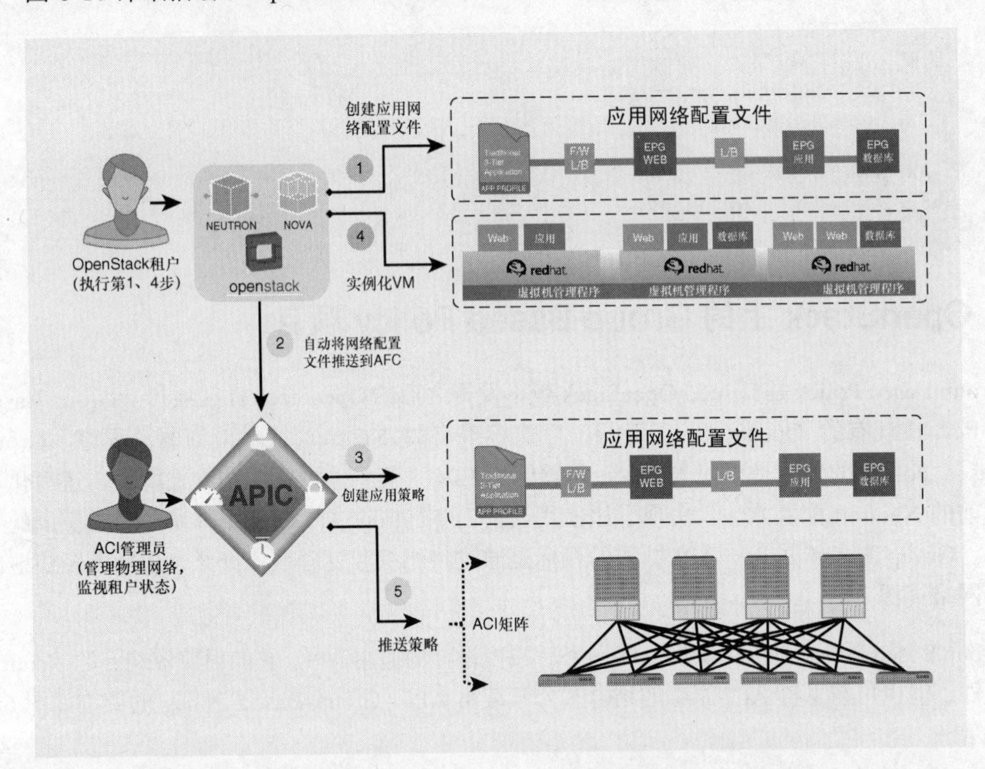

图 6-10 Group Based Policy 工作流

Group Based Policy 可与 ACI 结合使用，在两端采用相同的配置。也可以使用没有 ACI 的 Group Based Policy，使用其他与 Neutron ML2 扩展兼容的网络设备。

备注 有关更多信息，请访问：
https://blueprints.launchpad.net/group-based-policy/+spec/group-based-policy-abstraction https://wiki.openstack.org/wiki/GroupBasedPolicy

6.7 小结

本章详细介绍了 OpenStack 和它与思科 ACI 的关系。ACI 监测在 OpenStack 上执行的任何更改并配置整个矩阵，以便能够处理在 OpenStack 中创建的新的工作负载和网络。表 6-5 总结了用于 OpenStack Neutron 的 OpenStack ML2 APIC 驱动程序的特性和功能。Group Based Policy 是 OpenStack 社区中的新项目，目的在于为 OpenStack 带来策略数据中心网络抽象。

表 6-5 OpenStack APIC 驱动程序特性和功能汇总

特性	描述
Neutron L2 支持	分布式的 2 层支持，允许灵活地放置虚拟机
Neutron L3 支持	支持使用分布式硬件网关在 ACI 中实现多台路由器
安全组	安全组支持由 OpenStack 实现（在计算节点上使用 IP 表）
扩展	第 2 层：支持的 Neutron 网络数量为 4000 第 3 层：支持的 Neutron 网络数量与附加的 ACI 矩阵所支持的契约数量相同
OVS 兼容性	APIC 驱动程序与 Neutron ML2 框架中的 OVS 驱动程序兼容。OVS 驱动程序自动处理 ACI 矩阵的服务器配置 OVS 与 ACI 矩阵的交互支持 VLAN，在未来的版本中还会支持 VXLAN
多 APIC 支持	APIC 驱动程序与多个 APIC 控制器通信，能在任何特定 APIC 控制器发生故障时自愈
双宿主服务器	APIC 驱动程序支持使用 ACI 矩阵的柜顶式交换机的 vPC 功能实现双宿主服务器
自动虚拟机管理程序发现	APIC 驱动程序使用 LLDP 自动发现虚拟机管理程序与柜顶式交换机的物理连接。这支持更改物理拓扑结构，而无需重新配置
许可	APIC 驱动程序是开源的，无需 APIC 或 ACI 矩阵的额外许可即可使用 Icehouse 的最新代码可在以下地址获得： https://github.com/noironetworks/neutron/tree/cisco-apic-icehouse/neutronplugins/ml2drivers/cisco/apic
支持的版本	OpenStack Icehouse 目前支持 APIC 驱动程序，未来的 OpenStack 版本也将支持

第 7 章

ACI 矩阵设计方法

本章的目的是阐述思科 ACI 矩阵的设计方法。思科 ACI 矩阵由一些分立组件构成，这些组件发挥着路由器和交换机的作用，但却是作为单个实体来配置和监测。因此，该矩阵像单台交换机和路由器一样运行，提供了以下高级的流量优化特性。

- 安全性。
- 遥测功能。
- 将虚拟和物理工作负载融合在一起。

使用思科 ACI 矩阵包括以下主要优势。

- 单一配置点，可通过 GUI 或 REST API 配置。
- 将物理和虚拟工作负载联系起来，具有虚拟机和物理机流量的完整可视性。
- 虚拟机管理程序兼容性和集成，无需向虚拟机管理程序添加软件。
- 自动化的简洁性。
- 多租户（网络切片）。
- 基于硬件的安全。
- 从矩阵中消除了泛洪。
- 易于将应用架构映射到网络配置中。
- 能够嵌入和自动运行防火墙、负载均衡器及其他 4 到 7 层服务。

7.1 ACI 矩阵重要功能总结

本节介绍 ACI 矩阵的重要功能，以便可以更好地了解如何设计和配置 ACI 矩阵。

7.1.1 ACI 转发行为

ACI 的转发改变了现有的网络转发模式，引入了以下新的关键概念。

- 工作负载的分类与传输 VLAN、VXLAN 还是子网均无关。分类基于安全区域（称为终端组，EPG），它不像传统网络中那样与子网或 VLAN 具有一对一的映射关系。
- 尽管全面支持 2 层和 3 层网络，但报文是使用 3 层路由在矩阵中传输的。
- 网桥域中没有必要执行泛洪操作。
- 流量转发类似于基于主机的路由；在该矩阵中，IP 是终端或隧道终端标识符。

如果熟悉思科 TrustSec 的概念，尤其是安全组标签（SGT）的概念，就会发现 EPG 的概念与 SGT 很相似。如果熟悉思科定位符/ID 分离协议（LISP），就会发现它们在使用 IP 作为主机标识符上很相似。在思科 FabricPath 中，会发现它们和矩阵处理组播的方式很相似，能够对 2 层流量执行等价多路径转发。换言之，ACI 转发是所有这些现有技术的超集，乃至更多。

命令式拓扑结构

在思科 ACI 中，拓扑结构是命令式的，通过自动发现、全自动配置和内置电缆计划来自动执行。在完整的二分图中可以看到，思科 ACI 拓扑结构由连接到主干设备上的叶节点设备，或者使用 40GB 以太网链接的 Clos 架构构成。

所有叶节点设备都连接到所有主干设备，所有主干设备都连接到所有叶节点设备，主干设备之间或叶节点设备之间的链接是禁用的（如果存在的话）。

叶节点设备可以连接到执行策略的任何网络设备或主机。叶节点设备还提供了路由和网桥连接到外部网络基础架构的能力。

- 园区
- WAN
- 多协议标签交换（MPLS）
- 虚拟专用网络（VPN）云

在此情况下，它们有时被称为边界叶节点设备。在编写本书时，ACI 矩阵未实现 VPN 或

MPLS，所以用于此用途的外部设备，如思科 ASR 9000 就需要连接到该矩阵。

以下终端可连接到叶节点设备。

- 虚拟化服务器
- 裸机服务器
- 大型机
- 4 到 7 层服务节点
- IP 存储设备
- 交换机
- 路由器

主干设备构成了矩阵的主干网，提供了映射数据库功能。

图 7-1 描述了如何实现 ACI 矩阵。

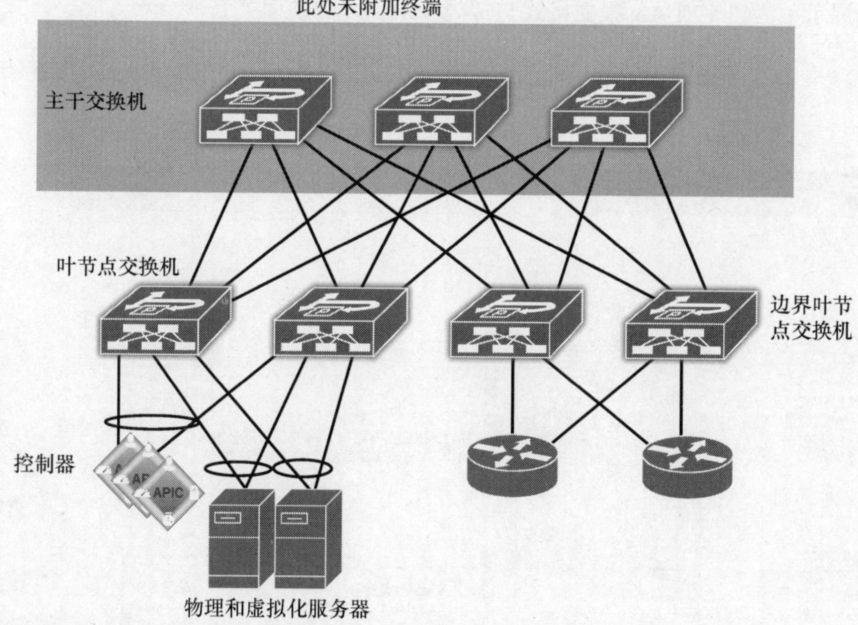

图 7-1 思科 ACI 矩阵

叠加数据帧格式

现有数据中心网络面临着 VLAN 网段的短缺的问题。ACI 解决此问题的方法是，使用虚拟可扩展 LAN（VXLAN），在 3 层网络上使用 2 层叠加网络模式。封装中包含 24 位 VXLAN

网段 ID 或 VXLAN 网络标识符（VNI），可提供 1600 万个 VXLAN 网段来进行流量隔离和分割，而 VLAN 仅能提供 4000 个网段。每个网段表示唯一的 2 层广播域或 3 层上下文，这具体取决于使用的是网桥还是路由，而且网段可采用唯一标识给定租户的地址空间或子网的方式来进行管理。VXLAN 使用 UDP 作为封装协议，将以太网帧封装在 IP 报文中。

ACI 转发基于 VXLAN 封装，与最初的 VXLAN 协议存在一些区别。常规的 VXLAN 在传输网络中利用组播，模拟 2 层网段中的广播、未知单播和组播的泛洪行为。不同于传统的 VXLAN 网络，ACI 首选的操作模式并不依赖于组播进行学习和发现，而是依靠映射数据库，该数据库在发现终端时以更类似于 LISP 的方式填充。如果需要支持组播和广播，它会依靠组播来实现。

ACI VXLAN（VXLAN）报文头提供了标识机制用于识别 ACI 矩阵中数据帧的性质。它是 2 层 LISP 协议（draft-smith-lisp-layer2-01）的一种扩展，增加了策略组、负载和路径度量指标、计数器和入口端口，以及封装信息。VXLAN 报文头不与特定的 2 层网段或 3 层域关联，而是提供了用在支持应用定义网络（ADN）的 ACI 矩阵中的多功能标签机制。

图 7-2 展示了 ACI 矩阵所使用的数据帧结构。a 部分展示了终端生成的原始以太网数据帧，b 部分展示了通过 VXLAN 封装到 UDP 中的原始数据帧，c 部分展示了 VXLAN 报文头的格式，d 部分展示了 ACI VXLAN 报文格式与常规 VXLAN 的映射关系。

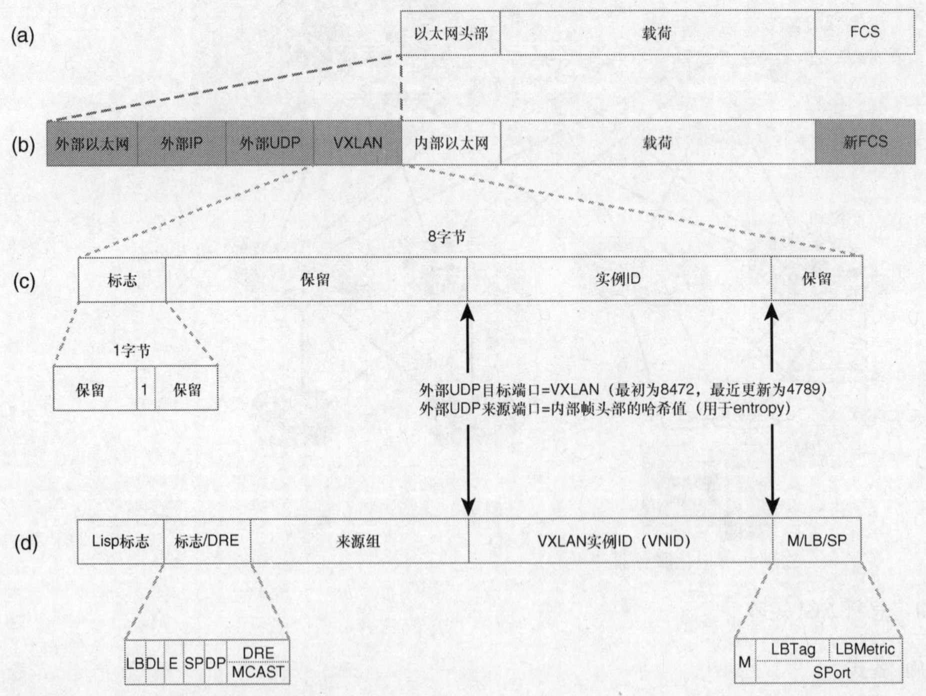

图 7-2 思科 ACI VXLAN 帧格式

VXLAN 转发

ACI 矩阵解耦了租户终端地址（它的“标识符”）与终端的位置，位置由终端的“定位符”或 VXLAN 隧道终端（VTEP）地址来定义。如图 7-3 所示，该矩阵中的转发在 VTEP 之间进行，并采用了称为 ACI VXLAN 策略报文头部的 VXLAN 报文头部格式。内部租户 MAC 或 IP 地址与位置的映射，由 VTEP 使用分布式映射数据库来执行。

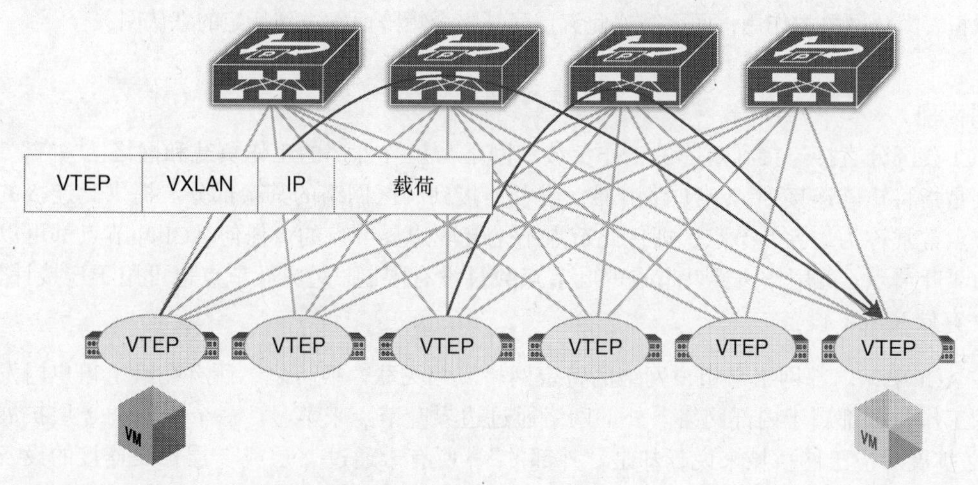

图 7-3 思科 ACI VXLAN 转发

在思科 ACI 中，无论是虚拟的还是物理的工作负载，所有工作负载都是等同的。来自物理服务器、虚拟化服务器或其他附加到叶节点的网络设备的流量，可使用网络虚拟化通用路由封装（NVGRE）、VXLAN 或 VLAN 报文头部来打标签，然后重新映射到 ACI VXLAN。同样地，虚拟的和物理的工作负载之间的通信不通过网关瓶颈来进行，而直接沿着到该工作负载位置的最短路径进行。图 7-4 显示了在叶节点交换机层面上标准化的 VLAN 和 VXLAN。

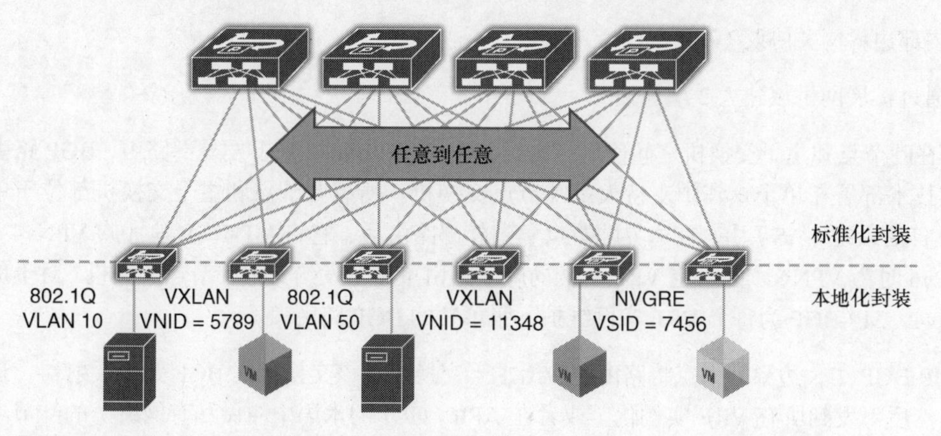

图 7-4 边缘上的 VLAN 和 VXLAN 是标准化的

普遍网关

使用 ACI，就不需要配置热备份路由器协议（HSRP）或虚拟路由器冗余协议（VRRP）地址。ACI 矩阵使用普遍网关（Pervasive Gateway）的概念，这是一种任播网关。子网默认网关地址在所有叶节点中并在指定租户子网中存在。这样做的好处是通信很简单，每个柜顶式设备承担着默认网关的作用，而无需让此流量穿越整个矩阵而发送到特定的默认网关。

外部与内部

ACI 会区分直接连接到矩阵的工作负载和网络与矩阵外部的工作负载和网络。“外部”连接是指将矩阵连接到 WAN 路由器，或者连接到园区网络的其余部分。提供此连接的叶节点常常称为边界叶节点，即使此节点不是专职边界节点的。任何 ACI 叶节点都可以是边界叶节点。可用作边界叶节点的叶节点数量没有限制。边界叶节点也可用于连接计算、IP 存储和服务设备。

在 ACI 中，内部网络与租户网络的特定网桥域相关联。换言之，所有在给定租户内发现的工作负载都属于内部网络。外部网络通过边界叶节点来学习。一个例外是 2 层扩展。L2 扩展对应于网桥域来说，却是“外部的”。所有未通过 2 层或 3 层扩展连接的设备都是“内部的”。

在编写本书时，该矩阵可通过以下方式学习外部网络连接。

- 静态路由，有或没有 VRF-lite（Virtual Routing and Forwarding lite 是 VRF 实现的最简单形式。在此实现中，网络中的每台路由器都以对等的方式参与到虚拟路由环境中）都可以。
- 开放最短路径优先（OSPF）。
- 内部边界网关协议（iBGP）。
- 通过扩展网桥域建立 2 层连接。

ACI 在叶节点和主干交换机之间使用多协议 BGP（MP-BGP）来下发外部路由。BGP 路由反射器技术部署在单个矩阵中支持大量叶节点交换机。所有叶节点和主干交换机都位于单个 BGP 自治系统（AS）中。在边界叶节点学到外部路由后，它将 MP-BGP 地址族 VPNv4（使用 IPv6 时为 VPNv6）的给定 VRF 实例的外部路由重新分发给其他叶节点交换机。对于地址 VPNv4，MP-BGP 为每个 VRF 实例维护一张单独的 BGP 路由表。

在 MP-BGP 中，边界叶节点将路由通告给主干交换机，该交换机是 BGP 路由反射器。这些路由然后下发到所有 VRF 实例化（或者在 APIC GUI 的术语中叫做私有网络）的叶节点。图 7-5 展示了这一概念。

每个网桥域中的子网配置控制矩阵中的哪些子网允许被通告给外部。

从策略角度看，外部流量分类到 EPG 中，就像内部网络一样。然后在内部和外部 EPG 之间定义策略。图 7-6 演示了该概念。每个外部网络可以有多个外部 EPG。

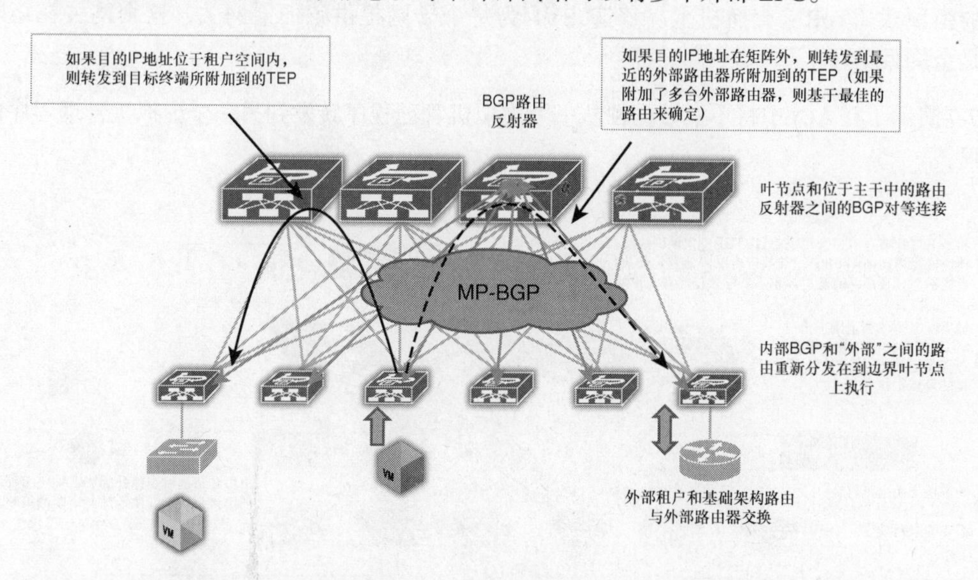

图 7-5 外部网络通过 MP-BGP 来通告

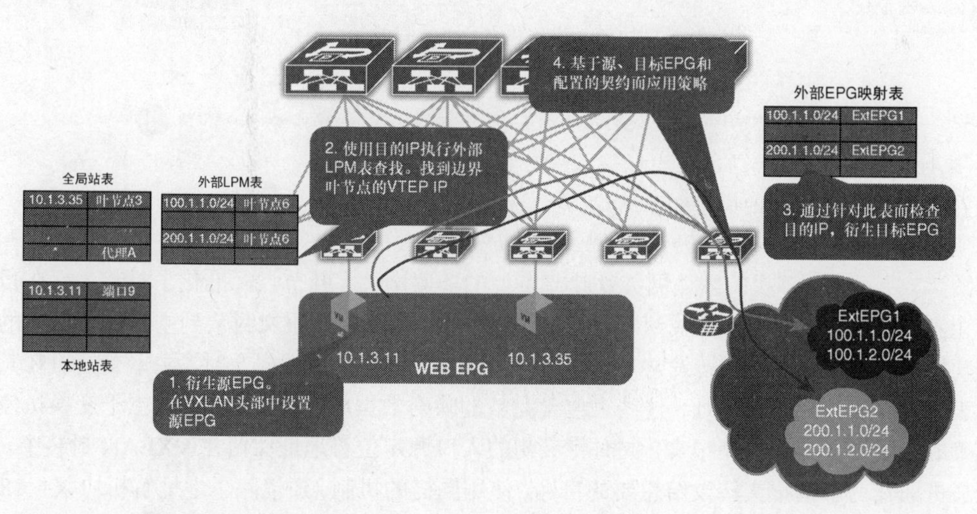

图 7-6 将策略从内部应用到外部 EPG

报文轨迹（Packet Walk）

矩阵内的转发在 VTEP 之间进行，会在现有的 VXLAN 报文头部中使用一些额外的位来承载策略信息。内部租户 MAC 或 IP 地址与位置的映射，由 VTEP 使用分布式映射数据库来执行。思科 ACI 支持完整的 2 层和 3 层转发语义；无需更改应用或终端 IP 堆栈。每个网桥域的默认网关是普遍交换机的虚拟接口（SVI），该接口配置在存在于租户的网桥域的柜顶式（ToR）交换机上。普遍 SVI 为每个子网提供了任播网关，这个网关在矩阵中是全局性的。

图 7-7 演示了在 ACI 中将单播数据帧从一个虚拟机管理程序转发到另一个虚拟机管理程序的过程。

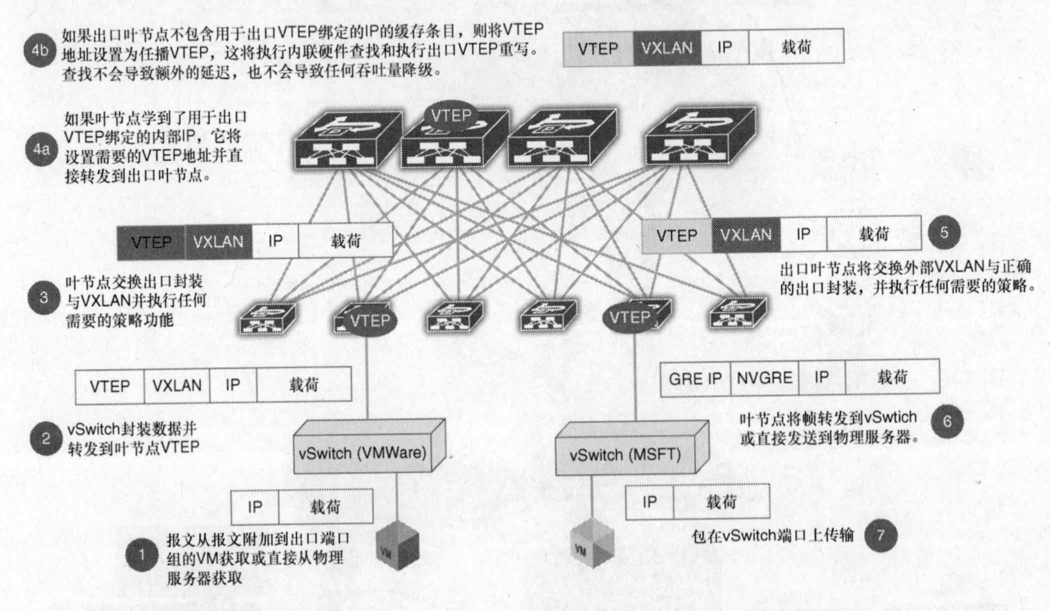

图 7-7 用于 ACI 转发的报文轨迹

如图 7-7 所示，虚拟机的默认网关是叶节点上的普遍网关。叶节点标准化了封装，它在目的 IP 上执行查找。如果它没有找到所寻找的终端地址，它会将该报文封装到主干交换机中的代理功能中，并以单播形式转发它。当收到一个要发送到其代理的报文时，主干交换机在其转发表中查找目的标识符地址，这些表包含完整的映射数据库。基于结果，该主干交换机使用正确的目的定位符来封装报文，同时将最初的入口源定位符地址保留在 VXLAN 封装中。该报文进而作为单播报文转发给想要的目标。使用同样的机制，还消除了地址解析协议（ARP）泛洪。但不会基于 ARP 报文的 2 层目标广播地址来执行封装和转发，而使用 ARP 报文的载荷中的目的 IP 地址。之后会部署所描述的机制。如果未在叶节点的转发表中找到目标 IP 地址，该报文会采用单播封装并发送给代理。如果在叶节点的转发表中找到目的 IP 地址，就会相应地转发该报文。

如果目标 MAC 地址是路由器的 MAC 地址，矩阵就会执行路由；否则它会执行桥接。经典的网桥语义保留给桥接流量（但有例外，稍后将介绍），会缩短存活时间（TTL），不会发生 MAC 地址头部重写，而路由语义保留给路由流量。非 IP 报文始终使用 MAC 地址转发，而 IP 报文可桥接或路由，具体依赖于它们是否以 2 层的默认网关为目的地址。对于非 IP 报文，矩阵学习 MAC 地址；对于所有其他报文，它学习 MAC 和 IP 地址。

对于桥接流量，默认行为是为未知的单播报文使用主干代理功能，以消除 2 层泛洪。这增强了网络行为，可避免将这些报文发送到非目标终端。但是如果需要的话，可禁用此默认行为，使用经典的泛洪行为。推荐保留默认行为不变。

在报文发送到主干上的任播 VTEP，且主干中的映射数据库中没有该目标的条目（缺少流量）时，会针对桥接流量和路由流量对该报文进行不同的处理。如果缺少桥接流量，该报文会被丢弃。如果缺少路由流量，主干会与叶节点通信，以向目的地址发出 ARP 请求。ARP 请求由所有拥有目的子网的叶节点发出。目的主机响应 ARP 请求后，叶节点中的本地数据库和主干中的映射数据库将更新。静默主机需要这种机制。

7.1.2 使用终端组划分网段

可在逻辑上将思科 ACI 矩阵视为分布式交换机/路由器，它还根据策略模型而指定了应用连接关系。ACI 提供了以下分段层。

- 使用网桥域进行分段。
- 在同矩阵的不同租户中分段。
- 在同租户的终端中分段。

分段利用 VXLAN 报文头部的 VNID 字段和 EPG 的 ACI 扩展来实现。在传统上，分段是使用 VLAN 来执行的，这些 VLAN 有时也是广播和泛洪域。在思科 ACI 中，这两个概念是解耦的。网桥域是在需要时提供泛洪和广播域的元素。在不需要泛洪时，网桥域仅用作一个或多个子网的容器。另外，在网桥域上关闭了路由时，网桥域还像经典 VLAN 一样提供分段。EPG（像端口组或端口配置文件一样）在工作负载之间进行分段。EPG 包含一台或多台虚拟和物理的服务器，这些服务器需要类似的策略和连接。示例包括应用层、开发阶段或安全区域。

思科 ACI 矩阵允许在 EPG 中定义通信路径，就像使用 IP 路由和访问控制列表（ACL）来在 VLAN 之间建立虚拟线路一样。分段可从矩阵扩展到虚拟化服务器，以便思科 ACI 矩阵为工作负载提供有意义的服务（例如流量负载均衡、分段、过滤、流量插入和监测）。

图 7-8 展示了该矩阵提供的分布式策略，该策略中的两个 EPG 由防火墙连接。

图 7-8 中的每个 EPG 可属于一个或多个子网。虚拟工作负载连接到与 EPG 同步的端口组中，将带 VLAN ID 或 VXLAN VNID 标签的流量发送到叶节点设备。VLAN 和 VXLAN 是动态生成的，不需要用户维护。它们对叶节点交换机和 VMM 域至关重要，被用于在服务器与叶节点之间的链接上划分流量。它们还被用于表明源流量的 EPG 成员关系（VMM 域将在本章后面的“虚拟机移动域”小节中介绍）。

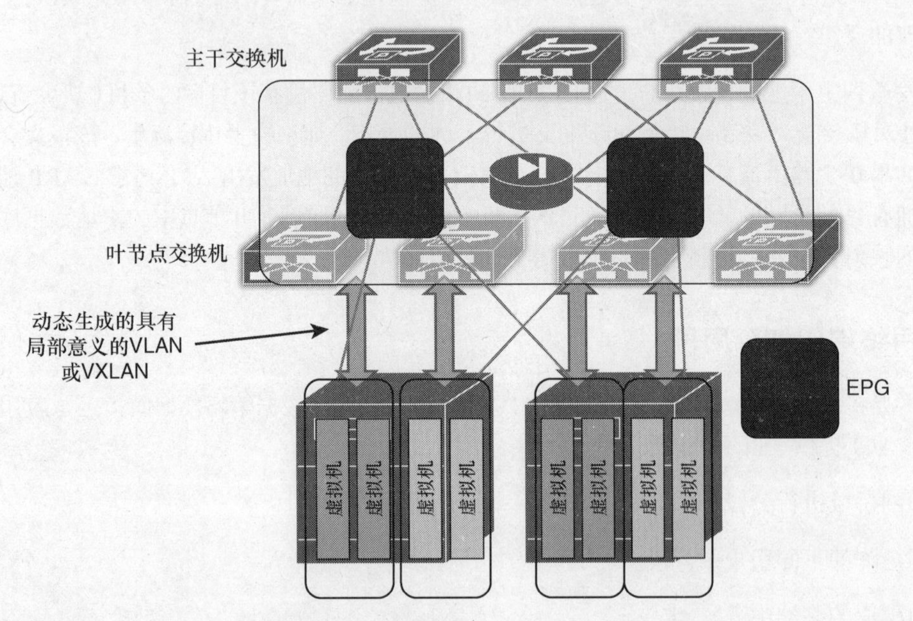

图 7-8 思科 ACI 矩阵提供了分布式策略

策略的执行包括将工作负载嵌入到正确的 EPG 中，将源绑定到合适的 EPG，将目标绑定到合适的 EPG、安全、服务质量、日志等。策略执行在叶节点上完成。然后基于源与目的 EPG 和来自报文的信息结合在一起执行策略。

7.1.3 管理模型

作为其许多创新之一，思科 ACI 正将网络管理从传统的逐个特性、逐条链接的方法向声明性模型转变，在该模型中，控制器依靠每个节点来呈现所声明的目标最终状态。用户在思科 APIC 上配置策略，并通过 OpFlex 协议将策略配置下发到矩阵中的所有叶节点设备，如图 7-9 所示。

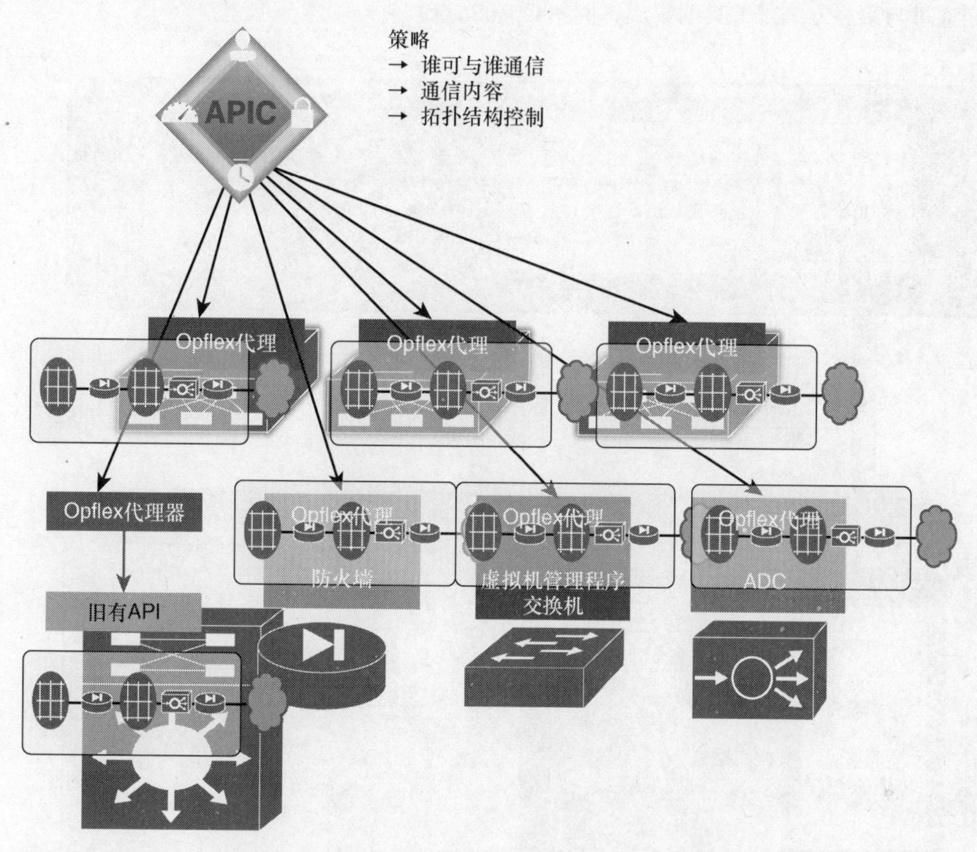

图 7-9　思科 ACI 将策略下发到矩阵中的所有叶节点设备

如果服务器和服务器上的软件交换支持 OpFlex，策略也可在服务器内使用。每个网络组件（物理或虚拟的）然后依据本地功能而呈现策略，如图 7-10 所示。

可通过多种方式在思科 APIC 控制器中定义配置，如图 7-11 中展示和下面描述。

- 使用在提供控制器功能的同个设备上运行的易用的 GUI。
- 结合使用表述性状态传递（REST）调用和发送到思科 APIC 的直观的 XML 或 JSON 格式载荷；这些载荷可以用多种方式发送，例如使用 Google 的 POSTMAN 或发送 REST 调用的 Python 脚本等工具。
- 使用发送 REST 调用的自定义的 GUI。
- 使用命令行接口（CLI）来对来自思科 APIC 的对象模型进行导航。
- 使用 Python 脚本来使用关联的思科 ACI 库。

- 通过与第三方编排工具的集成，例如OpenStack。

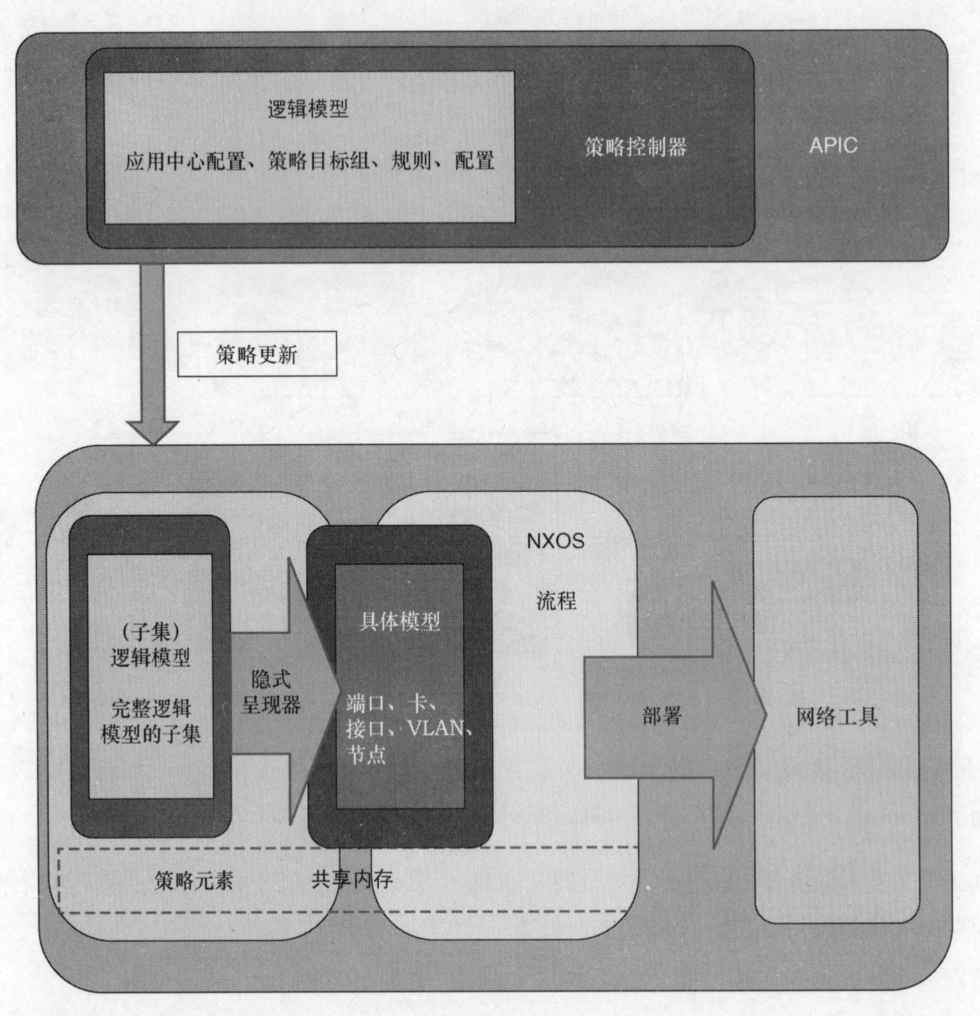

图7-10 每个网络元素依据本地功能而呈现策略

即使主干和叶节点设备收到了来自控制器的策略配置，仍可通过控制台或管理（mgmt0）端口连接到每个设备，使用著名的思科Nexus软件CLI来监测策略的呈现方式。但是，在直接连接到叶节点或主干时，仅允许读取操作，以防止与APIC控制器之间的状态同步问题。

每个工具都有其优点和不足。以下是不同团队最可能使用的工具。

- **GUI**：主要用于基础架构管理，以及监测和故障排除用途。它还用于生成模板。

- **思科 APIC 上的 CLI**：主要用于创建 Shell 脚本和执行故障排除。
- **POSTMAN 和其他 REST 工具**：主要用于测试和定义要自动化的配置。

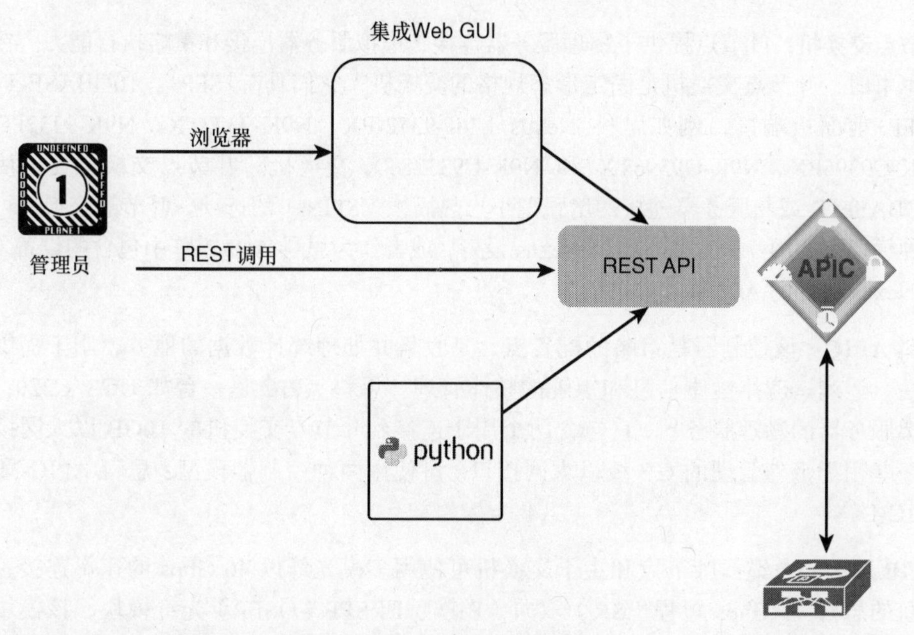

图 7-11 用户可通过多种方式在思科 APIC 上定义配置

这些脚本基于 XML、JSON 或 REST 调用，包含适合操作员的简单脚本。可使用脚本语言，例如 Python，或者可直接通过 POSTMAN 完成。

- **Python 脚本**：主要用于创建全面的配置。思科 ACI 提供的 SDK 执行此操作。
- **PHP 和具有嵌入式 REST 调用的网页**：主要用于为操作员或 IT 客户创建简单的用户界面。
- **高级编排工具，例如 OpenStack、Cisco Intelligent Automation for Cloud（IAC）或 Cisco UCS Director**：主要用于端到端地配置计算和网络。

7.2 硬件和软件

本章介绍的拓扑结构基于以下组件。

- **主干交换机**：主干交换机在叶节点交换机之间映射数据库功能和连接。在编写本书时，主干交换机是配备了 N9K-X9736PQ 线卡的思科 Nexus N9K-C9508 交换机，或者是固定形态规格的交换机，例如思科 Nexus N9K-C9336PQ ACI 主干交换机。主干交换机在叶节点交换机之间提供高密度的40GB以太网连接。思科Nexus 9336PQ的形态规格非常适合较小的部署，因为它提供了36个40GB以太网端口。思科Nexus 9508提供了288个40GB以太网端口。

- **叶节点交换机**：叶节点提供了物理服务器连接、虚拟服务器连接和策略执行能力。在编写本书时，叶节点交换机是固定形态规格的交换机，它们具有SFP+、10GBASE-T或QSFP+前面板端口，例如思科Nexus N9K-9372-PX、N9K-9372TX、N9K-9332PQ、N9K-C9396PX、N9K-C9396TX和N9K-C93128TX交换机。叶节点交换机提供使用10GBASE-T或与服务器连接的增强型小形热插拔（SFP+）的选项。叶节点交换机可在两种模式下使用：作为独立思科Nexus设备，或者作为思科ACI矩阵中包含的设备（拥有Nexus软件的ACI版本）。

- **思科APIC**：该控制器是策略的配置点，是收集并处理统计数据的地方，用于提供可视性、遥测、应用健康信息和矩阵的整体管理。思科APIC是一台如UCS C220 M3机架服务器的物理服务器，它包含两个用于连接到叶节点交换机的10GB以太网接口和一些用于带外管理的GB级以太网接口。可使用两种控制器模型：思科APIC-M和APIC-L。

- **40GB以太网电缆**：叶节点和主干交换机可使用多模光纤以40 Gbps的速率连接，使用新的思科40-Gbps短程（SR）双向（BiDi）四SFP（QSFP）光纤模块，该模块不需要新电缆。使用这些光纤模块，可将OM3电缆上距离最多100米的设备连接起来，以及将OM4电缆上距离125米或更远的设备连接起来。还可使用其他QSFP选项来建立40-Gbps链路。

备注 有关40-Gbps电缆选项的更多信息，请访问：http://www.cisco.com/c/dam/en/us/products/collateral/switches/nexus-9000-series-switches/white-paper-c11-729384.pdf 或 http://www.cisco.com/c/en/us/td/docs/interfaces_modules/transceiver_modules/compatibility/matrix/OL_24900.html。

- **经典的10GB以太网电缆**：用于10GB以太网的电缆使用SFP+光纤或铜线或使用10GBASE-T技术来实现服务器连接。

思科Nexus 9000系列交换机可采用以下两种模式来部署。

- **独立模式**：交换机提供类似于其他思科Nexus交换机的功能，添加了可编程性、Linux容器、Python shell等。本章的介绍并不是基于独立模式的。

- **矩阵模式**：交换机作为矩阵的一部分运行。本章的介绍是基于在ACI模式下使用Nexus 9000系列交换机。

备注 用于ACI模式部署的思科NX-OS软件，不是加载到在独立模式下使用的思科Nexus 9000系列交换机上的同一个映像。如果现有的思科Nexus 9300平台部署为常规的3层交换机，则需要安装思科NX-OS软件来执行ACI模式操作。

7.3 物理拓扑结构

思科 ACI 使用主干-叶节点拓扑结构。所有叶节点连接到所有主干节点，但不需要全网状连接。主干节点不会彼此连接，叶节点也不会彼此连接。如图 7-12 所示，简单的拓扑结构可能包含一对主干交换机（例如思科 Nexus 9336PQ 交换机）和叶节点通过 40GB 以太网与每个主干设备建立双向连接。服务器可连接到两个叶节点设备，可潜在地通过 PortChannel 或虚拟 PortChannel （vPC）来连接。任何叶节点交换机也可以是边界叶节点交换机，用于处理来自每个租户的外部连接。所有设备都可通过 mgmt0 端口连接到带外管理网络。可将带外管理网络连接到交换机的 mgmt0 端口以及 APIC 的 REST API。

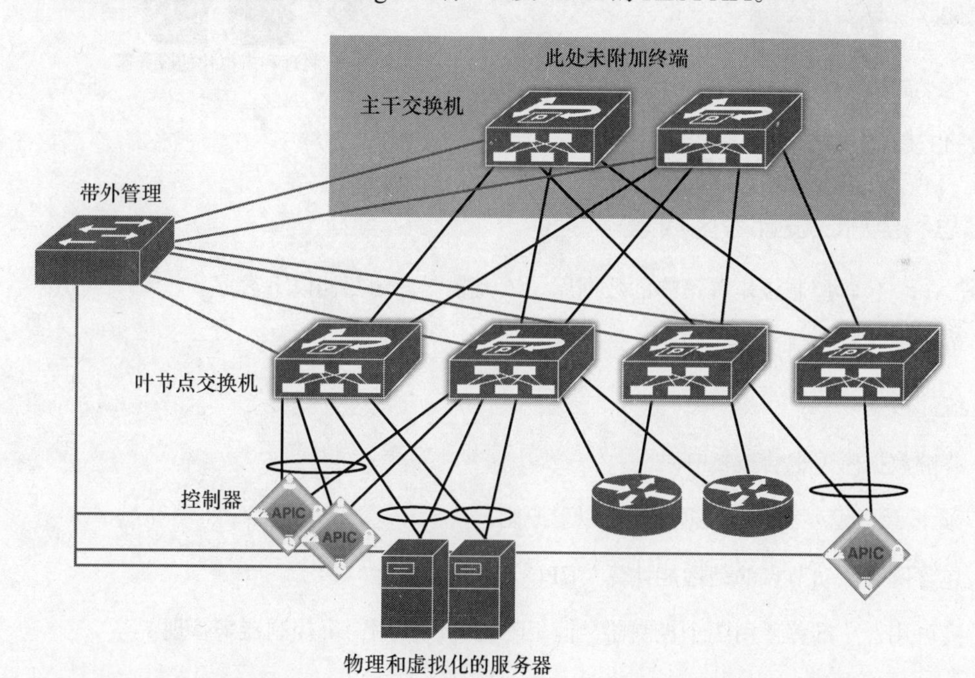

图 7-12 简单的物理拓扑结构

可在主干和叶节点设备之间通过全网状电缆互联，但这不是必须的。也可以有这样一种设置，其中的一些叶节点设备位于两个分开的物理区域之间的过渡路径中，此时一个区域内的主干设备不会附加到另一个机房内的所有叶节点设备，如图 7-13 所示。这样的拓扑结构性能并非最优，但对不同机房或邻近建筑之间的矩阵拆分可能会很方便。

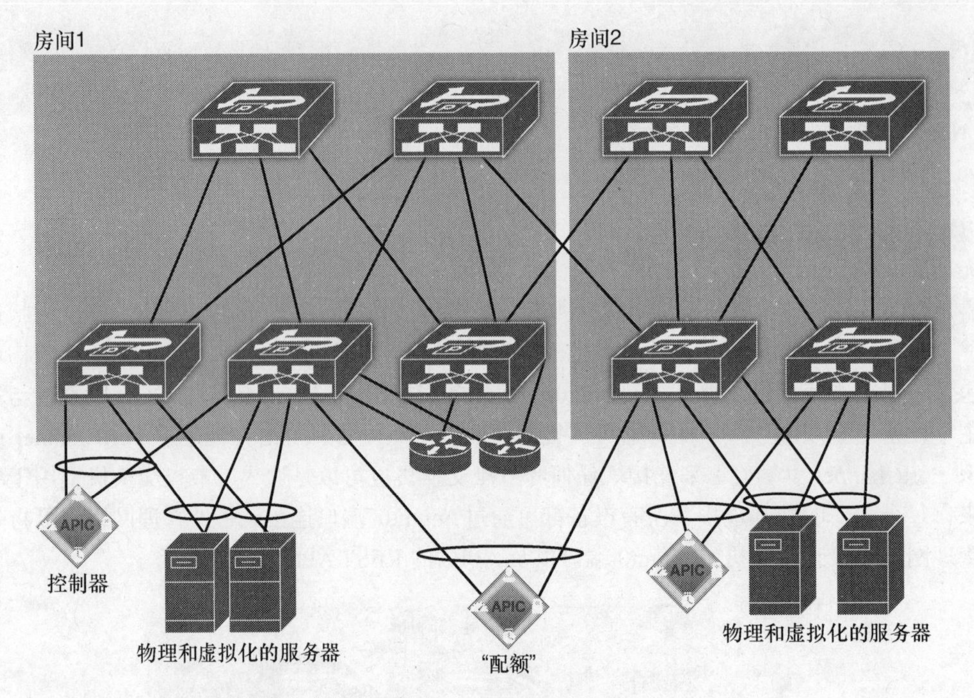

图 7-13　不同机房的叶节点和主干设备

7.3.1　思科 APIC 设计考虑因素

思科 APIC 包含控制该矩阵策略的数据库。该控制器自动归档以下数据。

- 策略（会被复制）
- 统计数据
- 终端数据库（也会被复制）

源于此设计，思科 APIC 数据库基于以下原则。

- 包含所有活动节点的高性能计算（HPC）类型的集群
- 高可用性（推荐使用 3 个控制器，但矩阵也可仅使用一个控制器来管理）
- 低延迟
- 增量可扩展性
- 一致性
- 分区容错

即便是缺少控制器，矩阵也会继续转发流量。在缺少控制器时，仍可添加新服务器或 VM，将 VM 移入矩阵中。在缺少控制器时，唯一不能做的事就是更改策略。

思科 APIC 控制器应双连接到两台叶节点设备。构建网卡捆绑接口时无需配置，思科 APIC 设备的 10GB 以太网端口会针对网卡捆绑而进行预配置。

矩阵需要至少一台思科 APIC 服务器来提供交换机启动、策略管理及故障和统计数据关联等功能。推荐使用 3 个控制器来实现冗余性，但仍可为仅有 1 个控制器的矩阵部署和配置策略。3 个控制器提供了最优的冗余性，同时支持思科 APIC 软件升级和故障处理场景。要实现地理位置冗余性，以及在需要更大的事务规模（为 API 提供较高的业务处理率来创建策略或监测网络）时，可使用多于 3 个控制器。

思科 APIC 集群的成员不需要在交换机节点启动之前形成完整的集群。控制器集群设计为在脑裂模式下运行，此模式会在启动时和分区网络发生故障（大规模故障）期间发生。

思科 APIC 集群成员之间的连接通过管理端口和基础架构 VRF 来建立，所以无需带外管理网络即可建立集群。在每个节点可初始化该矩阵和交换机之前，也不需要建立集群。

定义思科 APIC 集群时，会被问及想要多少成员处于稳定状态。此数字告诉集群，还需要其他多少个节点，每个节点才能跟踪启动场景（仅第一个节点已附加）、矩阵分区和其他仅部分思科 APIC 节点被激活的场景。

在所有节点都激活时，思科 APIC 集群的分布式管理信息树（DMIT）会在服务器之间复制数据库分片（表示系统和策略的托管对象的容器），分配一个分片副本作为主副本，业务处理都对该副本执行。如果集群中定义了 3 台服务器，那么在所有 3 台服务器都激活时，每台服务器都支持对 1/3 的 DMIT 执行业务处理。如果只有两台服务器是激活的，那么每台服务器将一半的分片标记为主要分片，系统负载在两个激活的思科 APIC 节点之间共享。

7.3.2 主干设计考虑因素

主干的主要功能是提供映射数据库，用于帮助当叶节点未学到终端的映射需要在叶节点交换机之间转发流量。

映射数据库由矩阵维护，包含附加到网络的每个终端（标识符）与它后端的隧道终端地址（定位符）之间的映射。终端地址包括终端和它所在的逻辑网络（VRF 或网桥域实例）的 MAC 地址和其 IP 地址。主干中的映射数据库会通过复制来实现冗余性，并跨所有主干而同步。映射数据库中的实体本身不会过期（老化）。它们仅在叶节点过期后才会过期。一旦叶节点上的映射条目过期，该叶节点会指示主干删除它的条目。

映射数据库以冗余方式存储在每个主干中。它复制到各台主干交换机中，如果主干失效，流量转发会继续执行。

模块化的主干交换机具有比固定形态规格的主干更大的映射数据库存储容量。事实上，映射数据库会分片在交换卡上，所以交换卡越多，可存储的终端映射就越多。增加的交换卡的使用，还取决于想要提供给线卡的转发容量。

映射数据库中的每个条目存储在至少两块交换卡中，以实现冗余性。双交换卡的设计方式，可避免出现导致一个目标负担过重的热点。在一块交换卡发生故障时，流量会发送到下一个主干。此特性称为主干链（spine chaining）。基本来讲，主干链是在内部内置的，其中一个主干充当着另一个主干的备份。主干链由思科 APIC 在内部管理。不允许也不需要在主干交换机之间建立直接的连接。

7.3.3 叶节点设计考虑因素

叶节点提供物理和虚拟服务器连接。它们可终止 VLAN 和 VXLAN，并将流量封装在标准化的 VXLAN 报文头部，并且它们是策略的执行点。思科 ACI 矩阵解耦了租户终端地址（它的“标识符”）与终端的位置，位置由终端的“定位符”或 VXLAN 终止终端地址来定义。通常，因为可能会使用 PortChannel 在 vPC 模式下将服务器连接到叶节点交换机，所以会希望叶节点交换机能成对。思科 ACI 叶节点交换机支持 vPC 接口，类似于思科 Nexus 系列交换机（将链接拆分到两台设备上的 IEEE 802.3ad PortChannel）。但是，在思科 ACI 中，不需要对等链接来连接叶节点交换机。可以使用交换机配置文件轻松地定义成对的叶节点交换机。

叶节点交换机既可以是工作负载的附加点，也可以是边界叶节点，以提供通过 IP 连接到外部路由器的 WAN 的连接。

要将策略下发到叶节点，取决于如何在可扩展性与即时性之间做出权衡，有以下 3 种模式可供选择。

- **策略预先配置**：思科 APIC 将所有策略推送到 VMM 域中的所有叶节点交换机，策略会立即编程到硬件或软件数据路径中（VMM 域将在本章后面的“虚拟机移动域”一节中定义）。
- **无策略预先填充**：在收到通知或发生针对新终端的数据路径检测时，从思科 APIC 请求策略。在策略编程完成之前，所有报文都会被丢弃。
- **具有按需配置的策略预先填充（默认）**：思科 APIC 将所有策略推送到 VMM 域中的所有叶节点交换机。在通知 VMM 或数据平面学到新终端时，对策略进行编程。在配置阶段，报文转发并在出口叶节点上执行策略。

未知单播和广播

思科 ACI 中流量转发的操作方式如下所示。

- 思科 ACI 路由以路由器 MAC 地址为目标的流量。
- 思科 ACI 桥接不是以路由器 MAC 地址为目标的流量。

在这两种情况下，流量都会以 VXLAN 封装流经矩阵，并被传输到终端所属的 VTEP 目地 IP 地址。

思科 ACI 默认不会使用泛洪，但可配置此行为。因此，ACI 发现终端和填充映射数据库的操作模式称为硬件代理。使用此操作模式，未知的单播报文绝不会泛洪。而且，ACI 提供了将 ARP 请求转换为单播的能力。所有这些选项都可配置，如图 7-14 所示。请注意，网桥域必须与要实例化的子网的路由器实例相关联。其他字段控制未知单播流量和组播流量的转发方式。

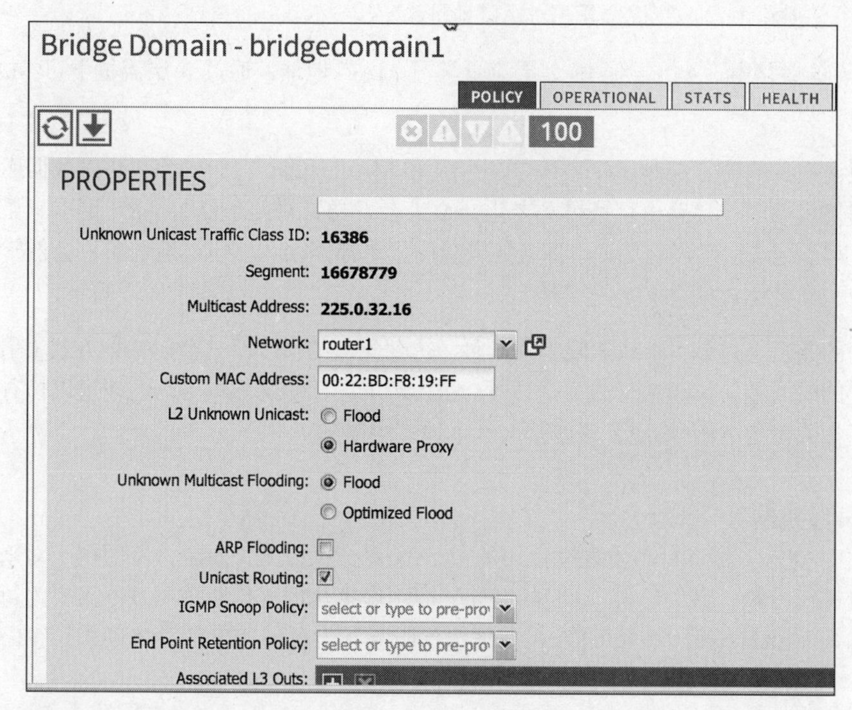

图 7-14 转发选项

以下是 2 层未知单播数据帧的转发选项。

- 泛洪：如果在网桥域中启用了泛洪选项，将使用以网桥域中的主干为根的组播树，在网桥域中泛洪报文。

- **无泛洪（默认）**：在主干中查找该报文，如果未在主干中找到它，则丢弃它。此操作模式称为硬件代理。

以下是未知组播数据帧的选项（以组播组为目标的数据帧，而且矩阵没有收到针对该组的 IGMP 加入请求）。

- **泛洪（默认）**：在网桥域中泛洪。
- **优化的泛洪**：仅将数据帧发送到路由器端口。

以下是 ARP 的转发选项。

- **泛洪**：使用传统的 ARP 泛洪。
- **基于目标 IP 的单播转发（默认）**：使用单播机制将 ARP 发送到目标终端。

单播路由字段控制这是否是纯 2 层网桥域，或者提供普遍默认网关。

- 如果禁用了单播路由，ACI 仅会学习 MAC 地址。
- 如果启用了单播路由，ACI 会通过 2 层流量学习 MAC 地址，通过 3 层流量学习 MAC 和 IP 地址。

硬件代理会假设设备响应了探测，而且一旦知道 IP 和 MAC 地址，它们就会在映射数据库中得以维护。如果启用了单播路由且条目已老化，ACI 会发送针对此条目的 ARP 请求来更新映射数据库。对于纯 2 层转发行为（也即，如果禁用了单播路由），MAC 地址条目会像常规的 2 层交换中一样老化过期。

映射数据库中的条目会过期。默认期限为 900 秒。达到此值的 75%后，会以错列方式（请求之间存在一定的时间差）以单播形式发送 3 个 ARP 请求，探测终端的 MAC 地址以检查终端是否存在。如果没有 ARP 响应，该终端会从本地表中删除。

使用 VLAN 作为分段机制

在思科 ACI 中，在服务器和叶节点之间使用的 VLAN 对交换机至关重要，专门用于对来自服务器的流量进行分段。借助思科 ACI 的设计，使用虚拟化的工作负载时，不需要为每个终端组手动输入 VLAN 编号。如果可能，可在虚拟化服务器与思科 ACI 矩阵之间采用 VLAN 动态协商。

图 7-15 显示了虚拟化服务器如何使用 VLAN 或 VXLAN 来给流量打标签，并将它发送给叶节点。租户配置定义了属于该 EPG 的 VLAN 或 VXLAN。

对于物理工作负载，可使用 VLAN 将来自中继的流量映射到正确的 EPG。

EPG 配置在租户空间内执行。ACI 将管理员角色划分为租户管理员或基础架构管理员。这为基础架构管理员提供了一种途径来限制每个租户可执行的操作，以及可在哪些端口上使用哪个 VLAN。租户管理员可将 EPG 关联到叶节点、端口和 VLAN。只有在基础架构管理员将叶节点和端口与包含一个 VLAN 的 VLAN 命名空间关联时（通过物理域和附加条目配置文件，AEP），才会激活此配置。

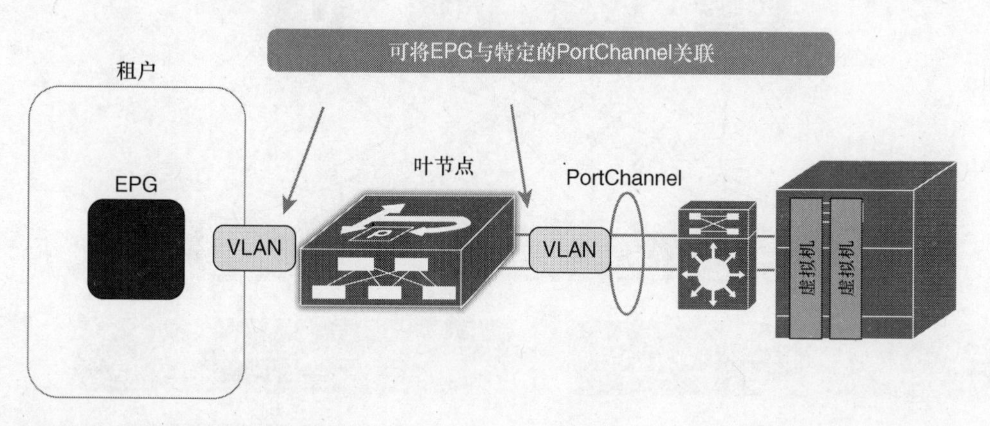

图 7-15 使用 VLAN 执行分段

VLAN 和 VXLAN 命名空间

矩阵可有多个虚拟化服务器域，每个域使用 4000 个 VLAN（EPG），所以有时可能希望多次重用一个 VLAN 范围。只要 VLAN 池与不同的叶节点交换机和不同的 VMM 域关联，就可重用同一个 VLAN 池。如果在虚拟化服务器与思科 ACI 网络之间使用 VXLAN，因为地址空间更大，所以对重用的需求会更低。

在生成树网络中，可使用 switchport trunk allowed vlan 命令指定哪些 VLAN 属于哪些端口。在思科 ACI 中，可指定一个（物理或虚拟的）域，并将该域与一个端口范围关联。不同于传统的思科独立操作，在思科 ACI 中，用于虚拟化服务器上的端口组的 VLAN 是通过动态协商建立的，如图 7-16 所示。

VLAN 池有以下两种类型。

- **静态 VLAN 池**：这些池用于静态绑定，EPG 与特定端口和 VLAN 静态关联。
- **动态 VLAN 池**：来自这些池的 VLAN 在矩阵与虚拟机管理器之间动态分配。

域概念

根据是将物理服务器还是虚拟服务器连接到思科 ACI 矩阵，可以定义物理域或虚拟域。虚拟域引用特定的虚拟机管理器（例如 VMware vCenter 1 或数据中心 ABC）和包含要使用的 VLAN 或 VXLAN 的特定池。物理域与虚拟域类似，但没有与它关联的虚拟机管理器。

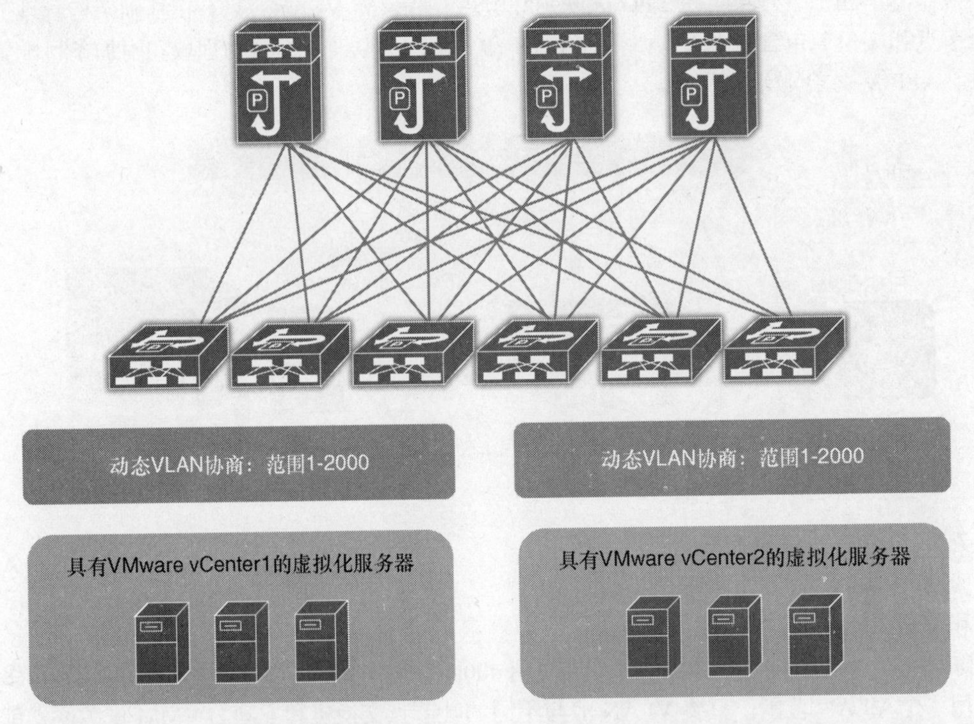

图 7-16 通过动态协商来重用 VLAN

VLAN 或 VXLAN 空间的管理者是基础架构管理员。该域的使用者是租户管理员。基础架构管理员将域与一组端口相关联，这组端口有权或应该通过附加实体配置文件（AEP）连接到虚拟化服务器或物理服务器。实际上是不需要了解 AEP 的详细信息，只需要知道它封装了域就可以了。AEP 可包含要从网络启动的虚拟化服务器的启动策略，可将多个域包含在同一个 AEP 中，并为不同类型的虚拟化服务器进行授权。示例 7-1 显示了 AEP，它指定思科 ACI 应需要的 VMware ESX 服务器，该服务器由叶节点 101 上的端口 1/3 上的 VMware vCenter 1 来管理。通常会指定更大的端口范围（例如 VMware vMotion 域）。

示例 7-1 将虚拟化服务器移动域映射到矩阵

```
<infraInfra dn="uni/infra">
<!-- attachable entity, i.e. Domain information  -->
   <infraAttEntityP name="Entity_vCenter1_Domain">
      <infraRsDomP tDn="uni/vmmp-VMware/dom-vCenter1" />
   </infraAttEntityP>
<!-- Policy Group, i.e. a bunch of configuration bundled together -->
   <infraFuncP>
         <infraAccPortGrp name="vCenter1_Domain_Connectivity">
```

```
        <infraRsAttEntP tDn="uni/infra/attentp-Entity_vCenter1_Domain" />
      </infraAccPortGrp>
  </infraFuncP>
  <infraAccPortP name=" Leaf101esxports ">
     <infraHPortS name="line1" type="range">
        <infraPortBlk name="block0" fromPort="3" toPort="3" />
        <infraRsAccBaseGrp tDn="uni/infra/funcprof/accportgrp-vCenter1_Domain_Con-
nectivity" />
     </infraHPortS>
  </infraAccPortP>
  <infraNodeP name="Leaf101">
     <infraLeafS name="line1" type="range">
        <infraNodeBlk name="block0" from_="101" to_="101" />
     </infraLeafS>
     <infraRsAccPortP tDn="uni/infra/accportprof-Leaf101esxports " />
  </infraNodeP>
</infraInfra>
```

使用 AEP 时，如果只需向配置中添加端口，可编辑接口配置文件 infraAccPortP 并添加包含新接口范围的行，例如<infraHPortS name="line2" type="range">。

附加实体配置文件的概念

ACI 矩阵提供了多个附加点，这些附加点通过叶节点端口连接到各种外部实体，例如裸机服务器、虚拟机管理程序、2 层交换机（例如思科 UCS Fabric Interconnect），和 3 层路由器（例如思科 Nexus 7000 系列交换机）。这些附加点可以是物理端口、端口通道或叶节点交换机上的 vPC。

AEP 表示一组具有类似的基础架构策略需求的外部实体。基础架构策略由以下物理接口策略组成。

- 思科发现协议（CDP）
- 链路层发现协议（LLDP）
- 最大传输单位（MTU）
- 链路汇聚控制协议（LACP）

要有 AEP，才能将 VLAN 池部署在叶节点交换机上。可以跨不同的叶节点交换机来重用封装池，例如 VLAN 池。AEP 隐式地向物理基础架构提供了 VLAN 池的范围（与 VMM 域关联）。

AEP 会在叶节点上配置 VLAN 池（和关联的 VLAN）。VLAN 不会在端口上实际启用。除非在端口上部署了 EPG，否则就没有流量。

如果未使用 AEP 部署 VLAN 池，即使配置了 EPG，也不会在叶节点端口上启用 VLAN。基于静态绑定在叶节点交换机上的 EPG 事件，或者基于来自外部控制器（例如 VMware vCenter）的 VM 事件，会在叶节点交换机上配置或启用特定的 VLAN。

7.4 多租户考虑因素

思科 ACI 矩阵在设计时考虑了多租户场景。可使用 REST 调用创建租户，如示例 7-2 所示。

示例 7-2 租户创建

```
http://10.51.66.236/api/mo/uni.xml
<polUni>
    <!-- Tenant Customer1 -->
    <fvTenant dn="uni/tn-Customer1" name="Customer1">
       <fvCtx name="customer1-router"/>
       <!-- bridge domain -->
       <fvBD name="BD1">
          <fvRsCtx tnFvCtxName="customer1-router" />
          <fvSubnet ip="10.0.0.1/24" scope="public"/>
          <fvSubnet ip="20.0.0.1/24" scope="private"/>
          <fvSubnet ip="30.0.0.1/24" scope="private"/>
        </fvBD>
       <!-- Security -->
       <aaaDomainRef dn="uni/tn-Customer1/domain-customer1" name="customer1"/>
    </fvTenant>
</polUni>
```

示例 7-2 显示了 REST 调用，它用于创建名为 Customer1 的租户，关联名为 customer1-router 的 VRF 实例和名为 BD1 的网桥域，以及创建 3 个子网：10.0.0.0/24、20.0.0.0/24 和 30.0.0.0/24。这些子网包含位于叶节点交换机上的租户的默认网关，它们的 IP 地址分别为 10.0.0.1、20.0.0.1 和 30.0.0.1。

租户管理员无法看到完整的矩阵。此管理员可使用一些资源，例如物理端口和 VLAN，退出矩阵或连接到外部网络，还可将 EPG 的定义扩展到虚拟化服务器中。

基础架构管理员管理整个矩阵，可控制和限定给定租户可使用的 VLAN 域和 VXLAN 命名空间。

矩阵中的资源可专供给定租户使用，而其他资源可以共享。专用资源的示例是非虚拟化服务器。共享资源的示例包括虚拟化服务器和连接到矩阵外部的端口。

为了简化将这些资源与租户关联的任务，思科提出了如下建议。

- 为每个租户创建一个物理域，用于非虚拟化服务器：物理域是 VLAN 命名空间。VLAN 命名空间用于将服务器进一步拆分为 EPG。物理域然后与租户有资格使用的一组端口相关联。

- **为每个租户创建一个物理域，用于外部连接**：此方法定义一组 VLAN，它们可用于将虚拟数据中心与 MPLS VPN 云相融合，或者融合多个数据中心。因为用于连接到外部的端口是在多个租户之间共享的，所以然后可以将多个物理域分组到一个 AEP 中。

为每个租户创建一个 VMM 域在理论上是可行的，但是因为管理员希望跨多个租户而共享该 VMM，所以此方法是不切实际的。在此情况下，汇聚 VMM 域的最佳方式是将同一个 VMM 域与同一个移动域中所有可连接到虚拟化服务器的叶节点端口相关联。

7.5 初始配置步骤

基础架构管理员管理思科 ACI 的初始配置。在思科 APIC 附加到叶节点时，以及管理员从 GUI 或使用脚本来验证合法节点时，该矩阵都会被自主发现。

配置基础架构之前，需确认具备以下要素。

- 时钟同步/NTP 服务器。如果为节点和控制器上的时钟所配置的日期和时间相差甚远，该发现过程可能不会发生。

- 带外管理，用于连接到思科 APIC，以及潜在地连接到叶节点和主干交换机的 mgmt0 端口（在编写本书时，需要 GB 级以太网来执行带外管理）。

备注 思科 APIC 不需要带外管理；可使用带内管理。

- 动态主机配置协议（DHCP）服务器用于服务器，也可潜在地用于网络设备。
- 预启动执行环境（PXE）服务器用于服务器，也可潜在地用于网络设备。

7.5.1 全自动配置

使用思科 ACI 时，不需要执行以下操作。

- 配置地址和子网来建立通信。
- 配置基础架构的路由。
- 指定要在内部网关协议（IGP）区域内通告的子网，需要路由时除外。
- 指定用于 IGP 通告的环回地址。
- 指定要建立对等连接的接口。

- 路由计时器调优。
- 验证布线和邻接设备。
- 从中继中消除 VLAN。

将叶节点和主干节点连接在一起时，所有这些配置都会自动设置。

思科 ACI 矩阵旨在通过以下方面提供全自动的操作体验。

- 在逻辑上位于中央但在物理上是分布式的控制器，用于策略、启动和映像管理。
- 通过拓扑结构自动发现、自动化配置和使用行业标准协议的基础架构寻址来轻松启动：中间系统间协议（IS-IS）、LLDP 和 DHCP。
- 简单且自动化的基于策略的升级过程和自动化的映像管理。

思科 APIC 是物理上分散但逻辑上集中的控制器，为矩阵提供了 DHCP、启动配置和映像管理，以实现自动启动和升级。执行 LLDP 发现后，思科 APIC 动态地学习所有邻接设备连接。然后以宽松的规范规则来验证这些连接，该规则由用户通过 REST 调用或通过 GUI 来提供。如果发生规则不匹配，将发生故障，而且该连接将被阻止。此外，还会发出报警来指示该连接需要关注。

思科 ACI 矩阵操作员可以选择从简单的文本文件将所有矩阵节点的名称和序列号导入到思科 APIC 中，或者自动发现序列号并从思科 APIC GUI、CLI 或 API 分配名称。矩阵激活是自动的，但在控制器发现每个节点时，管理员需要为该节点提供 ID。主干交换机应获得介于最高 ID 范围或最低范围（101-109）内的一个编号，以便所有叶节点交换机的编号都在连续范围内，以让范围配置更易于读取。

交换机启动时，它们会发送 LLDP 报文和 DHCP 请求。思科 APIC 充当着交换机的 TFTP 和 DHCP 服务器，为交换机提供 TEP 地址、交换机映像和全局配置。基础架构管理员会看到所发现的叶节点和主干交换机，验证它们的序列号，以及决定是否接受它们加入到矩阵中。

7.5.2 网络管理

思科 APIC 自动配置基础架构 VRF 实例，以用于思科 APIC 与交换机节点之间的带内通信，但它无法路由到矩阵外部。

思科 APIC 充当着矩阵的 DHCP 和 TFTP 服务器。思科 APIC 为每台交换机分配 TEP 地址。核心链接是无编号的。

思科 APIC 会从私有地址空间分配 3 种类型的 IP 地址。

- **交换机 TEP IP 地址**：pod 内的交换机所共享的通用地址前缀。
- **思科 APIC IP 地址**：思科 APIC 设备的管理 IP 地址。
- **VXLAN 隧道终端（VTEP）IP 地址**：叶节点背后的 VTEP 所共享的通用地址前缀。

此外，可向思科 ACI 矩阵附加管理站，它可与矩阵节点通信，或者在名为“mgmt”的租户上与思科 APIC 进行带内通信。

带内管理配置允许定义 APIC 控制器、叶节点和主干的 IP 地址，以便它们可共享网桥域用于管理用途。配置包括 VLAN 定义，该 VLAN 用于实现控制器与矩阵之间的通信。这个 VLAN 必须在 mgmt 租户上配置，并在通过基础架构配置在连接到控制器的端口上启用。mgmt 租户的配置如示例 7-3 所示。

示例 7-3 用于带内管理的租户 mgmt 配置

```
POST http://192.168.10.1/api/policymgr/mo/.xml
<!-- api/policymgr/mo/.xml -->
<polUni>
   <fvTenant name="mgmt">
     <!-- Addresses for APIC in-band management network -->
     <fvnsAddrInst name="apic1Inb" addr="192.168.1.254/24">
       <fvnsUcastAddrBlk from="192.168.1.1" to="192.168.1.1"/>
     </fvnsAddrInst>
     <!-- Addresses for switch in-band management network -->
     <fvnsAddrInst name="leaf101Inb" addr="192.168.1.254/24">
       <fvnsUcastAddrBlk from="192.168.1.101" to="192.168.1.101"/>
     </fvnsAddrInst>
   </fvTenant>
 </polUni>
[...]
<!-- Management node group for APICs -->
     <mgmtNodeGrp name="apic1">
       <infraNodeBlk name="line1" from_="1" to_="1"/>
       <mgmtRsGrp tDn="uni/infra/funcprof/grp-apic1"/>
     </mgmtNodeGrp>
     <!-- Management node group for switches-->
     <mgmtNodeGrp name="leaf101">
       <infraNodeBlk name="line1" from_="101" to_="101"/>
       <mgmtRsGrp tDn="uni/infra/funcprof/grp-leaf101"/>
     </mgmtNodeGrp>
[...]
<infraFuncP>
       <!-- Management group for APICs -->
```

```
      <mgmtGrp name="apic1">
        <!-- In-band management zone -->
        <mgmtInBZone name="apic1">
          <mgmtRsInbEpg tDn="uni/tn-mgmt/mgmtp-default/inb-default"/>
          <mgmtRsAddrInst tDn="uni/tn-mgmt/addrinst-apic1Inb"/>
        </mgmtInBZone>
      </mgmtGrp>
[...]
<!-- Management group for switches -->
      <mgmtGrp name="leaf101">
        <!-- In-band management zone -->
        <mgmtInBZone name="leaf101">
          <mgmtRsInbEpg tDn="uni/tn-mgmt/mgmtp-default/inb-default"/>
          <mgmtRsAddrInst tDn="uni/tn-mgmt/addrinst-leaf101Inb"/>
        </mgmtInBZone>
      </mgmtGrp>
    </infraFuncP>
  </infraInfra>
 </polUni>
 [...]
<!-- api/policymgr/mo/.xml -->
 <polUni>
   <fvTenant name="mgmt">
     <fvBD name="inb">
       <fvRsCtx tnFvCtxName="inb"/>
       <fvSubnet ip="192.168.111.254/24"/>
     </fvBD>
     <mgmtMgmtP name="default">
       <!-- Configure the encap on which APICs will communicate on the in-band
  network -->
       <mgmtInB name="default" encap="vlan-10">
         <fvRsProv tnVzBrCPName="default"/>
       </mgmtInB>
     </mgmtMgmtP>
   </fvTenant>
 </polUni>
```

基础架构的配置需要以下步骤。

第 1 步 选择 VLAN 池（例如 VLAN 10）。

第 2 步 定义物理域（指向 VLAN 池）。

第 3 步 使用 AEP 定义策略组。

第 4 步 配置指向物理域的 AEP。

第 5 步 规划节点选择器和端口选择器，端口选择器用于选择 APIC 所关联的端口。

7.5.3 基于策略的访问端口配置

基础架构管理员配置矩阵中的端口的速率、LACP 模式、LLDP、CDP 等参数。在思科 ACI 中，物理端口的配置设计对小规模和大规模数据中心都非常简便。基础架构管理员基于服务器的连接特征而为服务器准备配置模板。例如，管理员对使用主备捆绑、PortChannel 和 vPC 连接的服务器进行分类，将端口的所有设置捆绑到策略组中。管理员然后创建一些对象，用以在共享同组策略配置的范围内选择矩阵的接口。图 7-17 定义了服务器与矩阵的连接。

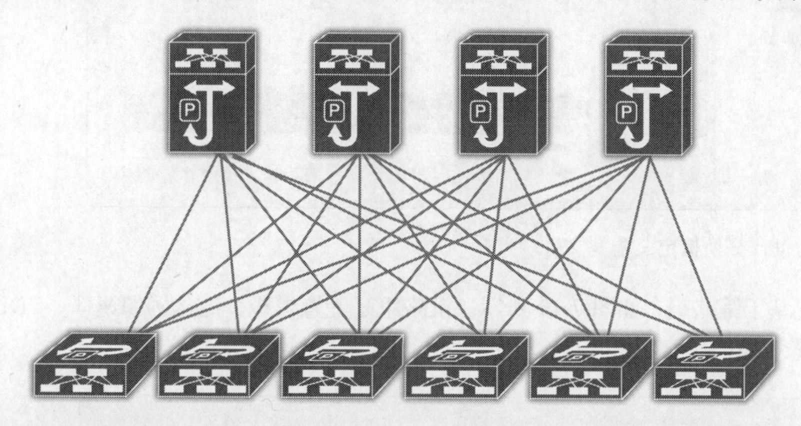

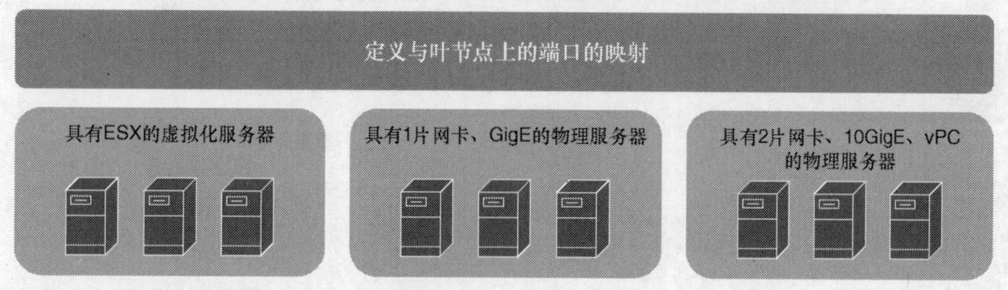

图 7-17 定义服务器与矩阵的连接

通过下面的配置示例，可以更好地理解该逻辑。在矩阵访问策略中，在交换机配置文件下，可为每台交换机定义配置文件：leaf101、leaf102 等，如图 7-18 所示。

现在已创建了表示每台叶节点设备的对象。也可创建一个对象来表示两台叶节点设备，然后创建配置文件来将端口分类到不同组中，并在以后将这些组添加到交换机中。

如果加亮所关注的叶节点的对象，就可以通过向字段 Associated Interface Selector Profiles（关联接口选择器配置文件）添加条目，并向该对象添加接口配置文件。

接口配置文件包含具有类似配置的接口。例如，范围 kvmportsonleaf101 可选择端口 1 到 10。

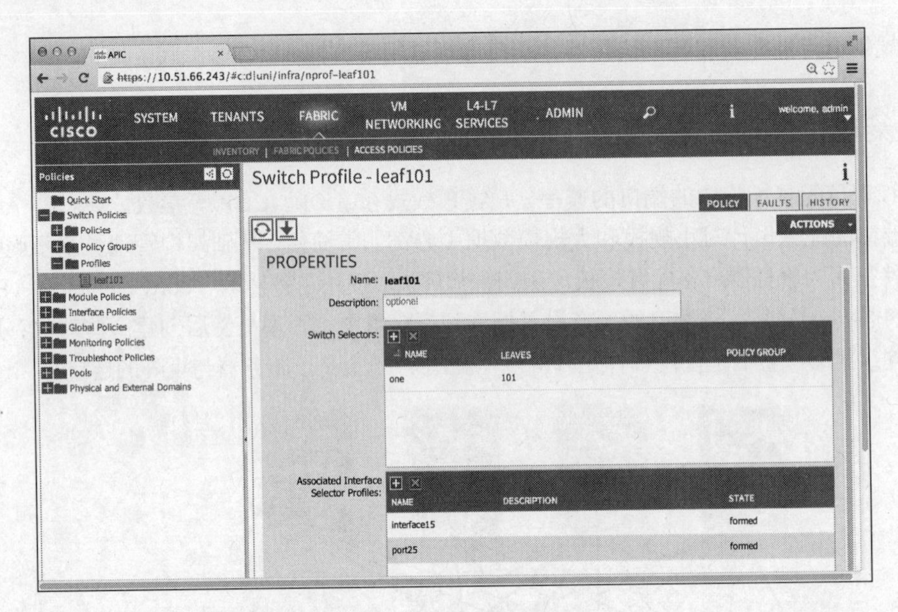

图 7-18 为每台交换机定义配置文件

端口的配置基于策略组，如图 7-19 所示。策略组是配置模板，包含例如速率、CDP、LLDP、生成树协议、LACP 等参数。

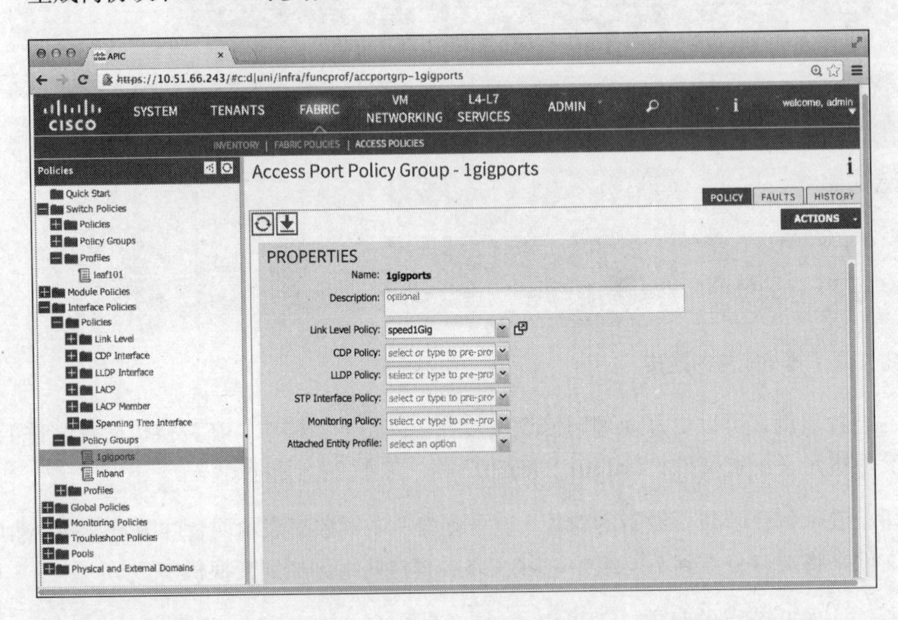

图 7-19 策略组

要将配置与叶节点交换机上的接口相关联，可创建接口配置文件。例如，假设叶节点 101 上的端口 1/15 附加到物理服务器上。可创建名为 physicalserversonleaf101 的接口配置文件对象，并将端口 1/15 添加到其中。可在以后添加更多端口，将同样配置应用到所有连接到物理服务器的端口，如图 7-20 所示。

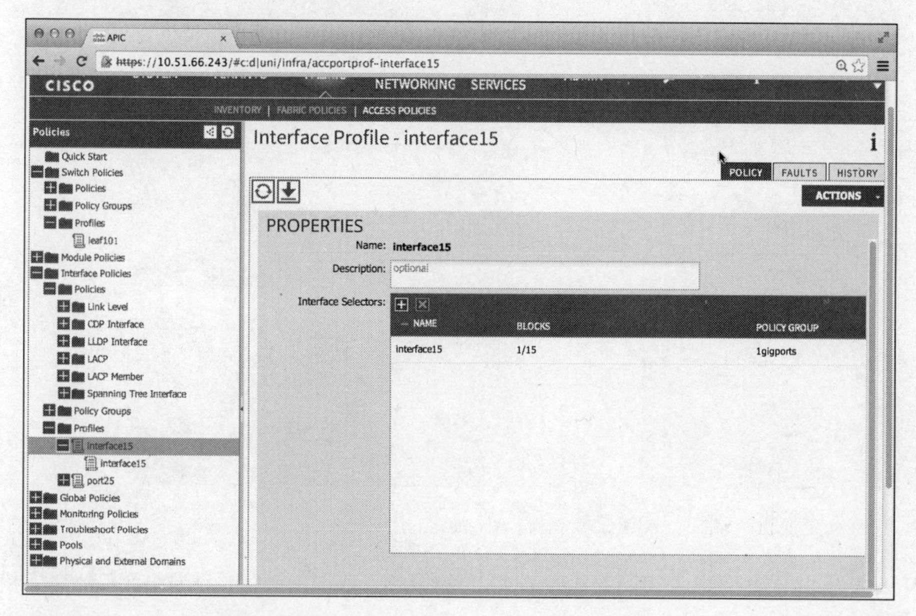

图 7-20 创建接口配置文件

要从叶节点 101 中排除这些端口，可将它添加到标识为 leaf101 的交换机配置文件中。

图 7-21 展示了叶节点交换机、端口、AEP、域和 VLAN 池之间的关系。并表明了以下要点。

- 基础架构管理员可创建 VLAN 范围。
- 该 VLAN 范围与物理域相关联。
- 此关联封装在 AEP 中（该 AEP 在 GUI 的全局策略区域中配置）。
- 该图的左侧部分显示了 AEP 如何与接口相关联。
- 接口配置文件选择接口编号。
- 交换机配置文件选择交换机编号。
- 策略组基本上就是接口配置，它可能包含 AEP（由于存在各种链接，它还包含一组 VLAN）。

此配置只需通过单次 REST 调用就可实现。

此方法的优势在于，可实际上以更符合逻辑的方式来施行配置。例如，如果想要将端口添加到物理服务器中，只需向该接口配置文件添加接口。如果想要更改物理端口设置，可在策略组中执行该更改。如果想要将 VLAN 添加到该范围，只需修改物理域。

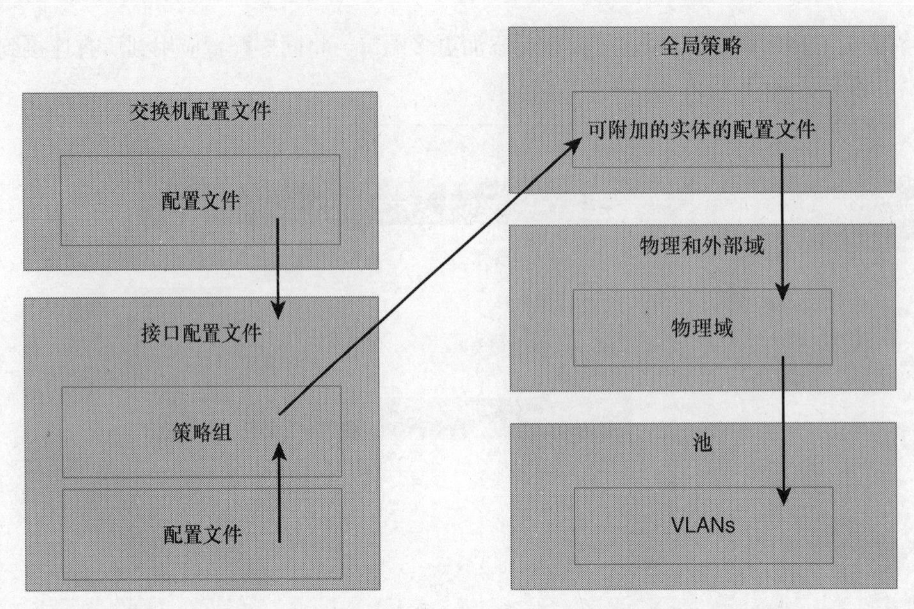

图 7-21 叶节点交换机、端口、AEP、域和 VLAN 池之间的关系

而且，可创建并非一次只能应用到一台交换机上的策略，而是一次就可应用到多台交换机上的策略，这对 vPC 的配置非常有用。

为每台叶节点配置交换机配置文件

激活矩阵后，管理员可创建交换机配置文件。举例而言，管理员可能希望创建两种类型的交换机配置文件，一种用于单宿主服务器端口或主备端口，另一种用于与 vPC 连接的设备，如下所示。

- 每台叶节点交换机一个交换机配置文件：例如，switch101、switch102 和 switch103 的交换机配置文件分别选择 leaf 101、leaf 102 和 leaf 103。
- 每对叶节点交换机一个交换机配置文件：例如，交换机配置文件 switch101and102 选择 leaf 101 和 leaf 102，交换机配置文件 switch103and104 选择 leaf 103 和 leaf 104。

需要向叶节点添加端口范围时，可将它添加到已定义的配置文件。类似地，需要添加 vPC 时，只需将接口配置文件添加到预定义的一对叶节点交换机上即可。

配置接口策略

接口策略控制一些特性的配置，例如 LLDP 和思科发现协议。举例而言，创建一个启用了 LLDP 的对象和另一个禁用了 LLDP 的对象。创建一个启用了思科发现协议的对象和另一个禁用了思科发现协议的对象，等等。此方法的优势在于，在以后配置接口时，只需选择 LLDP

或思科发现协议等的预定义状态。

在 Interface Policies 中的 Link Level 下，可预先配置快速以太网链路或 GB 以太网链接。在 Cisco Discovery Protocol Interface（CDP Interface）下，可指定启用的协议和禁用的协议的配置。在 LACP 下，可指定 LACP 激活配置（并定义想要的其他针对此配置的选项：最大和最小链接数量，等等）。

7.5.4 接口策略组和 PortChannel

PortChannel 和虚拟 PortChannel 通过策略组来配置。

接口策略组

策略组可按以下方式使用。

- 接口配置模板：应用于给定接口的特性集合；这些特性是指向在前一节中定义的接口配置文件的指针列表。
- 通道组模板（使用 PortChannel 或 vPC 策略组时）。

定义策略组的最有意义方式是，考虑计划连接的服务器类型，然后创建类别。例如，可以创建如下类别。

- 通过 1GB 以太网连接，没有捆绑的基于 Linux 内核的虚拟机（KVM）服务器。
- 通过 1GB 以太网连接，采用 PortChannel 的 Linux KVM 服务器。
- 通过 10GB 以太网连接的 Microsoft Hyper-V 服务器。
- 通过 10GB 以太网连接，采用 PortChannel 的 Microsoft Hyper-V 服务器。

对于每种设备类别，定义策略组。

策略组还包含对 AEP 的引用（不必立即添加该 AEP；可在以后添加或更改它）。策略组可使用接口配置文件与接口关联，使用交换机配置文件与交换机关联。

PortChannel

在思科 ACI 中，可比常规交换机更快、更轻松地创建 PortChannel。其原因是，借助策略模型，只需创建一些接口并将其与同一个策略组相关联。每个 PortChannel 类型的策略组都是一个不同的通道组。

LACP 主动或被动配置通过接口策略配置来管理（策略组会引用该配置）。

图 7-22 展示了如何创建 PortChannel 组。

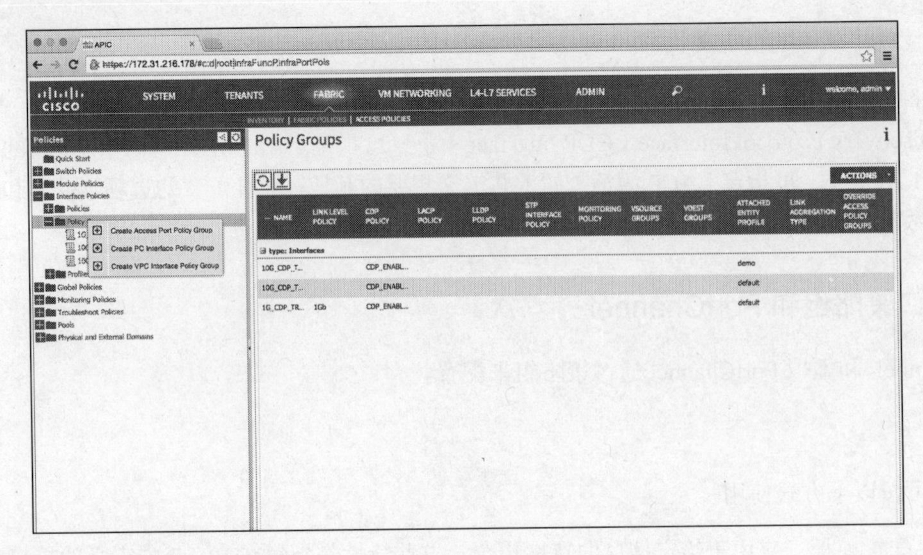

图 7-22　创建 LACP 配置

在单个 REST 调用中配置所有设置参数，如示例 7-4 所示。

示例 7-4　PortChannel 的配置

```
http://10.51.66.236/api/mo/uni.xml
<infraInfra>

<infraNodeP name="leafs101">
   <infraLeafS name="leafsforpc" type="range">
     <infraNodeBlk name="line1" from_="101" to_="101" />
   .</infraLeafS>
   <infraRsAccPortP tDn="uni/infra/accportprof-ports22and23" />
</infraNodeP>

<infraAccPortP name="ports22and23">
  <infraHPortS name="line1" type="range">
     <infraPortBlk name="blk"fromCard="1" toCard="1" fromPort="22" toPort="23" />
     <infraRsAccBaseGrp tDn="uni/infra/funcprof/accbundle-channel-group-1"/>
  </infraHPortS>
 </infraAccPortP>

 <infraFuncP>
   <infraAccBndlGrp name="channel-group-1" lagT="link">
   </infraAccBndlGrp>
 </infraFuncP>

 </infraInfra>
```

备注 使用设置 lagT="link"定义的捆绑组，表示这是 PortChannel 的配置。如果设置为 lagT="node"，它将是 vPC 的配置。

虚拟 PortChannel

在思科 ACI 中创建 vPC，也比在常规思科独立配置中创建它们更简单，由于出错的可能性更小，所以可使用交换机选择器同时在多个虚拟机上配置端口。

使用思科 ACI 配置 vPC，与在其他思科独立 NX-OS 平台中配置它们有所不同，原因如下所示。

- 不需要 vPC 对等链接。
- 不需要 vPC 对等设备保持连接。

为创建包含一对叶节点交换机的 vPC，需要创建 vPC 保护策略，然后以在交换机配置文件中配对的相同方式对叶节点交换机配对：也即创建 vpcdomain1、vpcdomain2 等，其中 vpcdomain1 选择叶节点交换机 101 和 102，vpcdomain2 选择叶节点交换机 103 和 104，依此类推。

有了此策略后，为每个通道组创建一个 vPC 类型的策略组，并从接口配置文件引用它。

还可以创建交换机配置文件，其中包含的两台叶节点交换机形成 vPC 域，并将所有接口配置添加到同一个交换机配置文件对象下。

所有这些配置都通过多个 REST 调用或通过结合了所有命令的单个 REST 调用来完成。示例 7-5 中的配置创建了这个 vPC 域。

示例 7-5 vPC 保护组的配置

```
POST to api/mo/uni/fabric.xml
<polUni>
  <fabricInst>
     <fabricProtPol name="FabricPolicy">
     <fabricExplicitGEp name="VpcGrpPT" id="101">
        <fabricNodePEp id="103"/>
        <fabricNodePEp id="105/>
     </fabricExplicitGEp>
     </fabricProtPol>
  </fabricInst>
</polUni>
```

示例 7-6 中的配置创建了 vPC 通道组；关键字 lagT="node"表示这是 vPC。

示例 7-6　vPC 通道组的配置

```
POST to api/mo/uni.xml
 <polUni>
   <infraInfra dn="uni/infra">
     <infraFuncP>
       <infraAccBndlGrp name="vpcgroup1" lagT="node">
       </infraAccBndlGrp>
     </infraFuncP>
 </infraInfra>
 </polUni>
```

示例 7-7 中的配置将端口和交换机与策略相关联。

示例 7-7　端口与 vPC 通道组的关联

```
POST to api/mo/uni.xml
<polUni>
  <infraInfra dn="uni/infra">
   <infraAccPortP name="interface7">
      <infraHPortS name="ports-selection" type="range">
        <infraPortBlk name="line1"
  fromCard="1" toCard="1" fromPort="7" toPort="7">
        </infraPortBlk>
        <infraRsAccBaseGrp tDn="uni/infra/funcprof/accbundle-vpcgroup1" />
      </infraHPortS>
    </infraAccPortP>
 <infraNodeP name="leaf103andleaf105">
       <infraLeafS name="leafs103and105" type="range">
         <infraNodeBlk name="line1" from_="103" to_="103"/>
         <infraNodeBlk name="line2" from_="105" to_="105"/>
       </infraLeafS>
       <infraRsAccPortP tDn="uni/infra/accportprof-interface7" />
    </infraNodeP>
  </infraInfra>
 </polUni>
```

7.5.5　虚拟机管理器（VMM）域

思科 APIC 旨在提供虚拟化服务器和虚拟机连接性的完整可视性。

多个租户共享同一组虚拟化服务器上的虚拟机。用于划分这些虚拟机的 VLAN 分配必须是动态的：虚拟机管理器和思科 APIC 会协商所使用的 VLAN 标签。

VMM 域是移动域，它并不与特定的租户相关联。相反，可将多个 VMM 域分组到一个 AEP 中，以标识一组虚拟机管理器的通用移动域。例如，移动域可能涵盖 leaf101 到 leaf 110，所以具有针对 VMware vCenter、Linux KVM 和 Microsoft System Center Virtual Machine Manager（SCVMM）的 VMM 域的 AEP 适用于这些叶节点交换机上的所有端口。

然后必须将 VMM 域的 AEP 附加到虚拟化主机将要连接到的接口集。附加过程通过定义策略组、接口配置文件和交换机配置文件来完成。

VMM 域

VMM 域定义为虚拟机管理器和 VLAN 与 VXLAN 池，虚拟机管理器使用这个池向叶节点交换机发送流量。VMM 域与 AEP、策略组和一些接口相关联，它附加到这些接口来定义虚拟机可移动到何处。

在虚拟机网络视图中，可创建多个虚拟机提供域，它们定义了虚拟机管理器和思科 APIC 接口所连接的数据中心，以及这个 VMM 域有权使用的 VLAN 池。

VLAN 池应该是动态的，允许虚拟机管理器和思科 APIC 根据需要为将要使用的端口组分配 VLAN。

对于每个 VMM 域，思科 APIC 在虚拟机管理程序中创建一台虚拟交换机。例如，在 VMware vCenter 中，如果用户配置两个 VMM 域（在示例中它们与同一个 VMware vCenter 和不同的数据中心相关联），思科 APIC 将在虚拟机管理程序中创建两台虚拟分布式交换机（VDS），如图 7-23 所示。

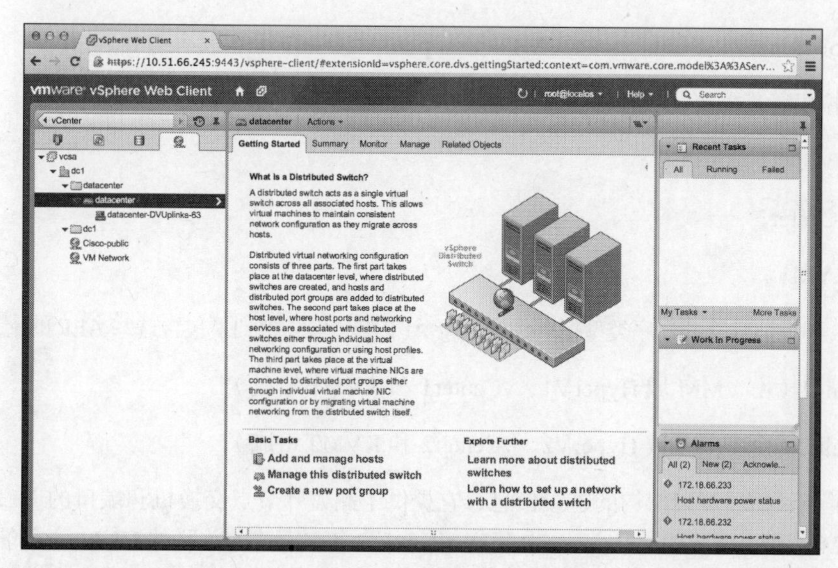

图 7-23 对于每个 VMM 域，思科 APIC 在虚拟机管理程序中创建一台虚拟交换机

使用 AEP 建立虚拟化服务器连接

出于实际原因，可将多个不同类型的 VMM 域捆绑在同一个 AEP 中。例如，应用将可能包含一些工作负载的组合：Linux KVM、Microsoft Hyper-V 和 VMware vCenter。每种工作负载定义一个 VMM 域，但这些域一起出现在同一个叶节点上。因此，可创建一个名为 VMM1 的 AEP，如下所示。

- VMM 域 vCenter Datacenter1
- VMM 域 Hyper-V
- VMM 域 KVM

它们的 VLAN 范围没有重叠。

然后，可以按如下方式组织 VLAN 池。

- vlan-pool-HyperV1
- vlan-pool-KVM1
- vlan-pool-vCenter1
- vlan-pool-HyperV2
- vlan-pool-KVM2
- vlan-pool-vCenter2

同样，vlan-pool-HyperV1、vlan-pool-KVM1、vlan-pool-vCenter1 等也没有重叠。

现在为各个虚拟机管理器提供了以下 3 个不同的 VMM 域。

- VMM 域 HyperV1
- VMM 域 vCenter1
- VMM 域 KVM1

然后将应用的 3 种虚拟机管理程序类型捆绑到同一个 AEP 中，最终得到了包含这些 AEP 的配置。

- VMMdomain1（由 VMM 域 HyperV1、vCenter1 和 KVM1 组成）
- VMMdomain2（由 VMM 域 HyperV2、vCenter2 和 KVM2 组成）

该 AEP 提供了域到物理基础架构的连接信息，它提供了涵盖叶节点交换机和端口的 VLAN 池（该池与 VMM 和物理域相关联）。AEP 仅将 VLAN 命名空间（和关联的 VLAN）部署在叶节点上。这些 VLAN 未在端口上实际配置或启用，所以如果不配置 EPG，将不会传输任何流量。基于 EPG 事件，会在叶节点端口上配置和启用特定的 VLAN：在叶节点端口上执行静态 EPG 绑定，或者在 VMM 域中执行 LLDP 发现。

除了启用 VLAN 命名空间，AEP 还提供了以下功能：VMM 域自动从与 AEP 关联的接口策略组中获得所有针对物理接口的策略，例如 MTU、LLDP、CDP 和 LACP。

7.6 配置虚拟拓扑结构

图 7-24 显示了简单的网络拓扑结构。

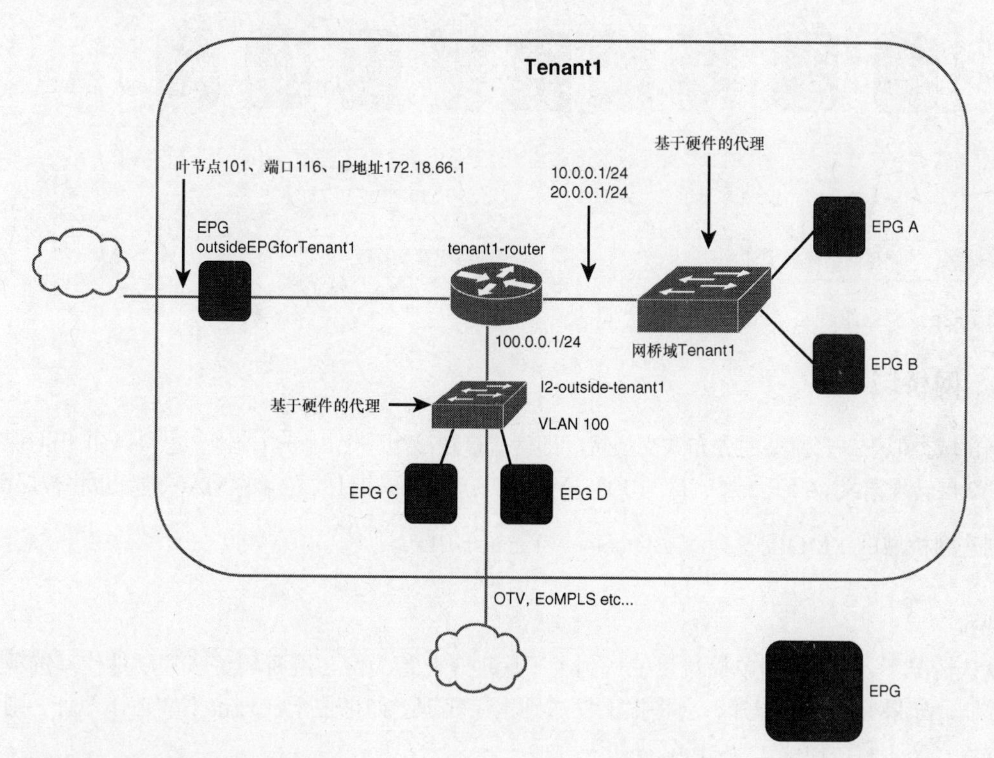

图 7-24 简单的网络拓扑结构

该拓扑结构包含一个内部网络，其中的网桥域拆分为两个 EPG：EPG A 和 EPG B。它还包含一个扩展的 2 层网络，其中包含本地和远程工作负载，该网络进一步拆分为 EPG C 和 EPG D，该网络通过带有 3 层接口的多个三层间隔跳与外部建立连接。

图 7-25 提供了网络交换与路由功能之间的关系的示例，还演示了它们如何映射到网络、网桥域、EPG 和可能涵盖这些 EPG 的应用网络配置文件。网桥域和 EPG 将在以下两节介绍。

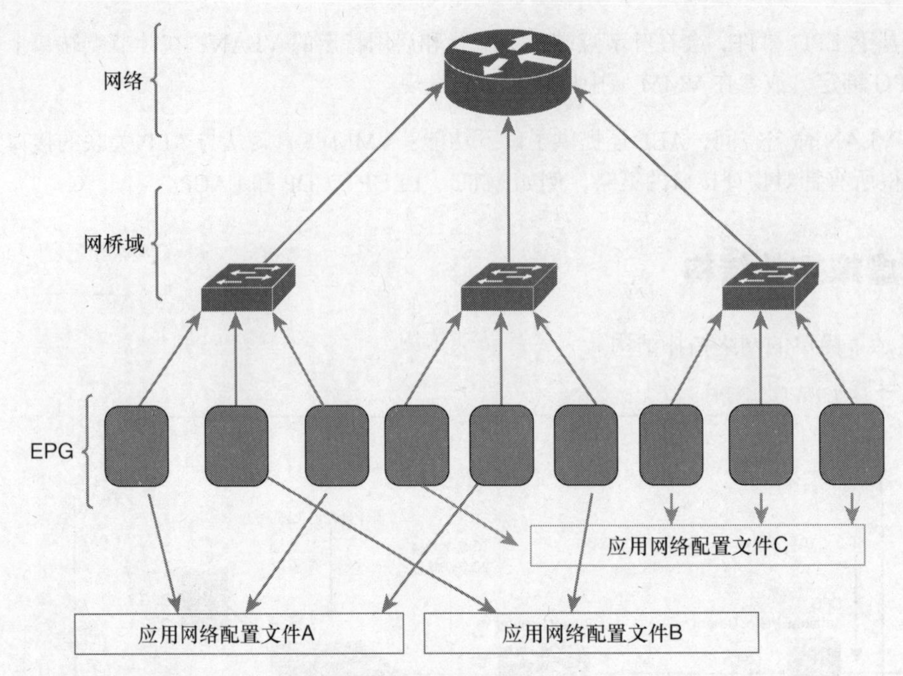

图 7-25　网络组件与 ACI 矩阵术语之间的关系

7.6.1　网桥域

网桥域类似于一台巨型的分布式交换机。即使流量在该矩阵上由路由控制，思科 ACI 仍旧保留了 2 层转发语义。用于 2 层流量的 TTL 不会减少，而且源和目的终端的 MAC 地址也将被保留。

创建网桥域的 XML 配置为<fvBD name="Tenant1-BD"/>。

硬件代理

默认情况下，2 层未知单播流量发送到主干代理。此行为由与网桥域关联的硬件代理选项所控制。如果目标位置未知，会将报文发送到主干代理。如果主干代理也不知道该地址，则丢弃该报文（默认模式），隐式配置如下所示。

```
<fvBD arpFlood="no" name="tenant1-BD" unicastRoute="yes" unkMacUcastAct="proxy"
unkMcastFlood="yes"/>
```

硬件代理模式的优势是，矩阵中不会发生泛洪。可能的不足是，矩阵需要学习所有终端地址。

但是借助思科 ACI，矩阵中包含的虚拟和物理服务器不存在此问题：所构建的数据库支持扩展到数百万个终端。但是，如果矩阵需要学习来自互联网的所有 IP 地址，此规模显然不够。

泛洪模式

也可启用泛洪模式：如果目标 MAC 地址未知，则在网桥域中执行泛洪。默认情况下，ARP

流量不会泛洪，而是发送到目标终端。通过启用 ARP 泛洪，ARP 流量也会泛洪。

```
<fvBD arpFlood="yes" name="VLAN100" unicastRoute="no" unkMacUcastAct="flood"
unkMcastFlood="yes"/>
```

此操作模式等效于常规的 2 层交换机，但在思科 ACI 中，此流量会作为 3 层报文在矩阵中传输，并具有 2 层多路径、快速聚合等优势。

硬件代理与未知单播和 ARP 泛洪是两种相反的操作模式。如果禁用硬件代理，而且也没有单播和 ARP 泛洪，2 层交换将不起作用。

禁用基于硬件的代理，并为未知主机和 ARP 使用泛洪的优势是，矩阵不需要学习来自给定端口的数百万个源 IP 地址。

fvCtx

除了网桥域，租户也经常会使用 VRF 实例来配置，以建立路由。ACI 将此 VRF 称为私有网络。如果需要更多重叠的 IP 地址，就需要配置更多的路由器实例。

```
<fvCtx name="Tenant1-router"/>
```

7.6.2 终端连接

虚拟网络中的终端连接，通过将网桥域融合到 EPG 中，将这些 EPG 与虚拟机管理器或物理服务器关联（静态绑定）来定义。

EPG 配置要生效，即要能发现终端并将 EPG 下发到虚拟机管理器，请记住，需要执行以下操作。

- 关联 EPG 与网桥域。
- 在租户中创建路由器。
- 将网桥域与该路由器关联。
- 启用单播路由（如果想要路由流量；也即如果想要普遍网关）。

连接物理服务器

前面已提到，<fvCtx name="Tenant1-router"/>配置定义了物理服务器与 EPG 的连接。EPG 始终是应用网络配置文件<fvAp>的一部分，该配置文件在示例 7-8 中名为“test”。在这里，fvRsPathAtt 表示连接到叶节点 101 上的端口 1/33 的物理服务器可发送未打标签流量（mode="native"），并且在叶节点 101 上，来自此服务器的流量被标记为 vlan- 10（具有本地意义）。来自此服务器的所有流量都与网桥域“Tenant1-BD”相关联。

示例 7-8 与物理服务器的连接配置

```
Method: POST
http://10.51.66.243/api/mo/uni.xml
<polUni>
  <fvTenant dn="uni/tn-Tenant1" name="Tenant1">
    <fvAp name="test">
       <fvAEPg name="EPG-A">
         <fvRsBd tnFvBDName="Tenant1-BD" />
         <fvRsPathAtt tDn="topology/pod-1/paths-101/pathep-[eth1/33]"
  encap="vlan-10"  mode="native"/>
         </fvAEPg>
     </fvAp>
  </fvTenant>
</polUni>
```

如果为网桥域启用了硬件代理（默认设置），终端在发送第一个数据时就会被发现，并且它们将显示在 Client Endpoints 下的操作视图中。

连接虚拟服务器

示例 7-9 给出了建立虚拟服务器与 EPG 的连接的配置。EPG 始终是应用网络配置文件<fvAp>的一部分，该配置文件在本例中名为“test”。名为“EPG-A”的 EPG 在虚拟化服务器上显示为名为 Tenant1|test|EPG-A 的端口组。虚拟服务器管理员然后将该虚拟机与端口组相关联。

示例 7-9 与虚拟化服务器的连接配置

```
Method: POST
http://10.51.66.243/api/mo/uni.xml
<polUni>
  <fvTenant dn="uni/tn-Tenant1" name="Tenant1">
    <fvAp name="test">
       <fvAEPg name="EPG-A">
         <fvRsBd tnFvBDName="Tenant1-BD" />
         <fvRsDomAtt tDn="uni/vmmp-VMware/dom-vCenter1"/>
       </fvAEPg>
    </fvAp>
  </fvTenant>
</polUni>
```

与 EPG 关联的虚拟机显示在 Client-Endpoints 下的操作视图中。可以看到它们位于哪些虚拟化服务器上。

7.6.3 外部连接

思科 ACI 矩阵会区分内部终端与外部路由。矩阵内部的每个终端通过发现该终端本身来获知。外部路由的获知方式是，使用开放最短路径优先（OSPF）或边界网关协议（BGP）与邻接路由器建立对等连接，或者配置静态路由。

3 层连接的配置需要确认这个特定租户的边界叶节点，使用的接口，应使用的 IP 地址，以及这些路由应关联到的租户的路由实例，如示例 7-10 所示。

示例 7-10 外部连接配置

```
<fvTenant name="Tenant1">
  <l3extOut name="Internet-access-configuration">
    <l3extInstP name="outsideEPGforTenant1">
      <fvRsCons tnVzBrCPName="ALL"/>
      <l3extSubnet ip="0.0.0.0" />
    </l3extInstP>
    <l3extLNodeP name="BorderLeafConfig">
     <l3extRsNodeL3OutAtt tDn="topology/pod-1/node-101">
        <ipRouteP ip="0.0.0.0">
          <ipNexthopP nhAddr="172.18.255.254"/>
        </ipRouteP>
     </l3extRsNodeL3OutAtt>
     <l3extLIfP name="L3If">
        <l3extRsPathL3OutAtt tDn="topology/pod-1/paths-101/pathep-[eth1/16]"
 ifInstT="l3-port" addr="172.18.66.1/16"/>
     </l3extLIfP>
     </l3extLNodeP>
    <l3extRsEctx tnFvCtxName="Tenant1-router"/>
  </l3extOut>
</fvTenant>
```

示例 7-10 显示了以下信息。

- l3InstP 是来自外部的流量的 EPG。
- l3extSubnet 是过滤器，以防用户想要将外部流量分类为多个 EPG。
- fvRsCons 定义了此 EPG 所使用的契约，进而与内部 EPG 建立通信。
- l3extLNodeP 是放置边界叶节点的配置的地方（例如静态路由配置）。
- l3extRsNodeL3OutAtt 标识选择作为租户的边界叶节点的特定的叶节点。
- 可在 l3extLIfP 中配置边界叶节点的端口和子节点的 IP 地址等。

- 可在 l3extRsEctx 中将该配置与租户的路由实例相关联。

7.7 小结

本章介绍了 ACI 矩阵的拓扑结构，以及如何以基础架构管理员和租户管理员身份来配置它。本章的内容涵盖物理接口、PortChannels、虚拟 PortChannels 和 VLAN 命名空间的配置，这些都是基础架构配置的一部分。本章还介绍了租户配置中的分段、多租户、与物理和虚拟服务器的连接，以及外部连接等主题。

第 8 章

在 ACI 中实现嵌入式服务

思科以应用为中心的基础架构（ACI）技术提供了使用服务图的方法来嵌入 4-7 层功能的能力。业界通常将在端点之间的路径中嵌入 4-7 层服务的能力称为服务嵌入。思科 ACI 服务图技术被视为服务嵌入的超集。本章的目的是介绍服务图的概念，以及如何使用服务图来设计服务嵌入。

如图 8-1 所示，4 到 7 层服务可放在矩阵中的任何物理位置，这些服务可作为物理或虚拟设备运行。

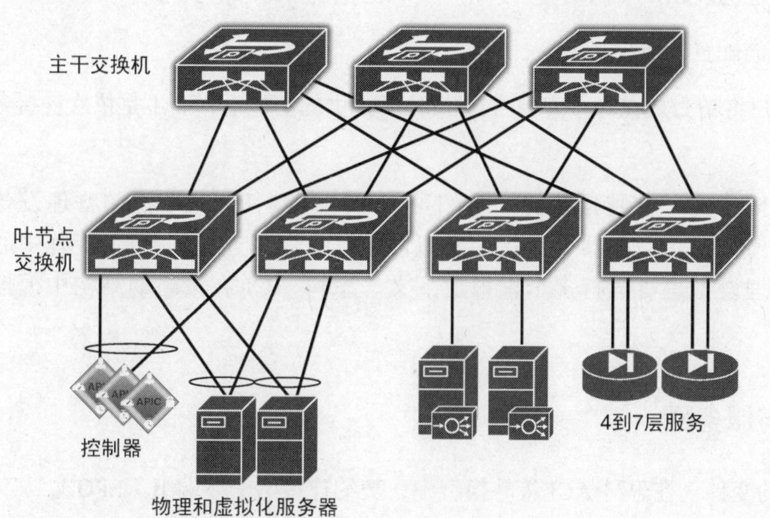

图 8-1　包含 4 到 7 层服务的 ACI 矩阵

8.1　包含 4 到 7 层服务的 ACI 设计概述

数据中心矩阵的主要用途是，将来自物理和虚拟化服务器的流量转发到它的目的地，并在此过程中应用以下 4 到 7 层服务。

- 流量检查
- SSL 卸载
- 应用加速
- 负载均衡

8.1.1 优势

使用思科 ACI 矩阵来配置 4 到 7 层服务的主要优势如下所示。

- 在单一位置通过 GUI、表述性状态传递（REST）API 或 Python 脚本进行配置。
- 包含 Python 软件开发工具包（SDK）的脚本和编程环境。
- 能够迅速配置复杂的拓扑结构。
- 能够创建逻辑功能流，而不是 4 到 7 层服务序列。
- 矩阵和服务设备上的多租户（网络切片）。
- 能够创建可移植的配置模板。

思科 ACI 能够使用户将精力放在各个 4 到 7 层设备所提供的功能上，而不是依次连接各个独立的机器。

设备不需要放在矩阵中的任何特定位置。它们可作为连接到任何叶节点的物理设备运行，或者作为在任何虚拟化服务器上运行的虚拟设备。它们可连接到 ACI 矩阵中的任何叶节点端口。物理设备也可运行多个虚拟上下文。思科 ACI 在策略的结构中模拟了此概念。

8.1.2 连接终端组与服务图

服务图是契约概念的变种。在思科 ACI 策略模型中，契约连接两个终端组（EPG）。契约还提供了流量过滤、流量负载均衡和 SSL 卸载等功能。思科 ACI 找到提供了这些功能的服务，并将它们嵌入到服务图策略所定义的路径中。如图 8-2 所示，可使用一系列 4 到 7 层功能来连接两个 EPG。

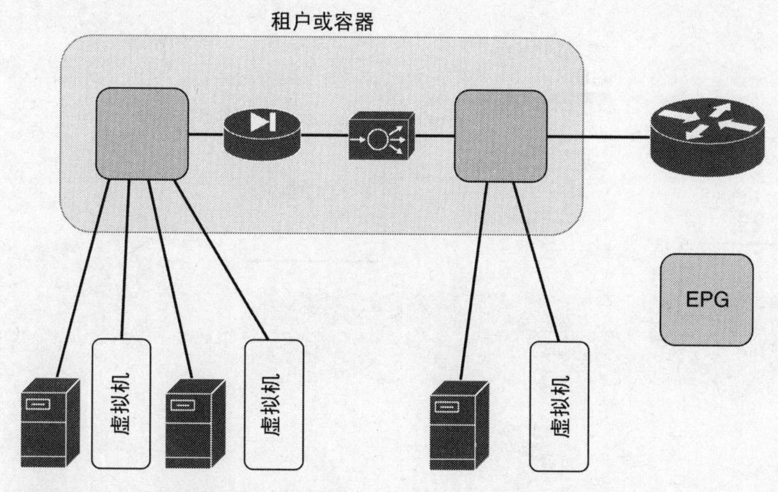

图 8-2 包含服务图的思科 ACI

8.1.3 对虚拟化服务器的扩展

思科应用策略基础架构控制器（APIC）会自动将虚拟设备嵌入到思科 ACI 矩阵中。

思科 ACI 找到虚拟防火墙和虚拟负载均衡器的虚拟网卡（vNIC）后，会自动将它们连接到正确的 EPG。

8.1.4 管理模型

用户可通过多种方式在思科 APIC 上定义配置，如图 8-3 所示。这些配置可包含服务图的定义。思科 APIC 与负载均衡器和防火墙通信，以分配必要的网络路径来创建想要的服务图路径。

可使用以下选项来定义服务图配置。

- 在提供控制器功能的同一台设备上运行的 GUI。
- 对发送到思科 APIC 的 XML 或 JSON 格式的载荷使用 REST 调用；这些载荷可采用多种方式发送，例如使用 POSTMAN 或发送 REST 调用的 Python 脚本等工具。
- 发送 REST 调用的自定义 GUI。
- 使用命令行接口（CLI）来导航来自思科 APIC 的对象模型。
- 使用关联思科 ACI 库的 Python 脚本。

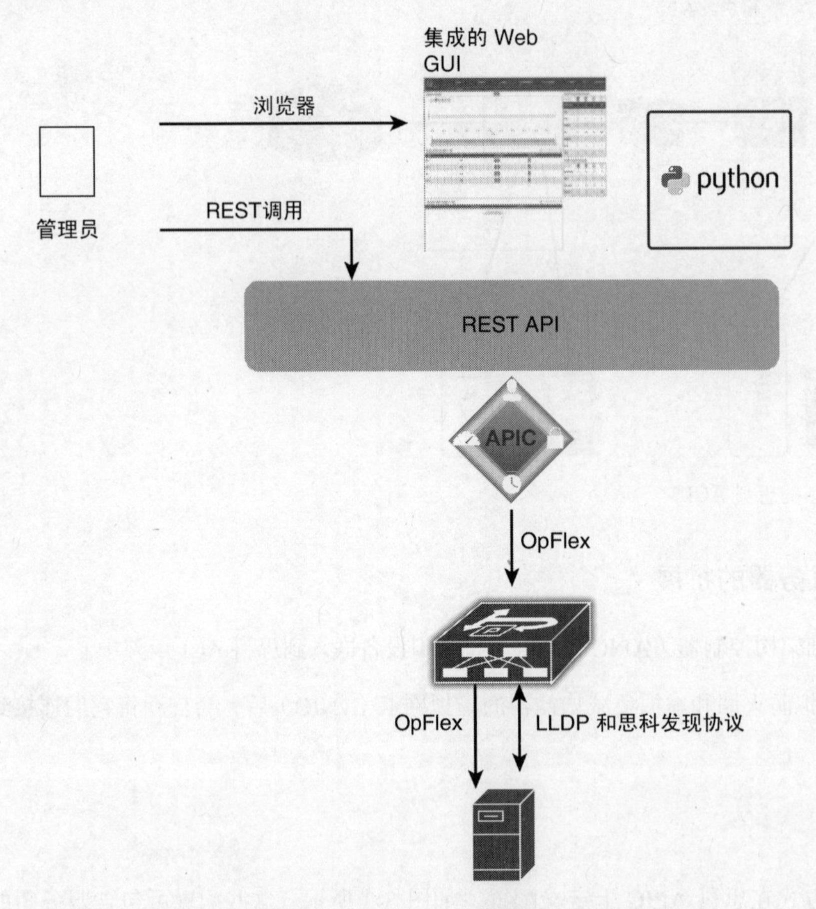

图 8-3 思科 APIC 提供了使用 REST、脚本或 GUI 配置服务的能力

8.1.5 服务图、功能和呈现

服务图的概念不同于简单的服务嵌入。服务图是一些功能（而不是网络设备）的串联。服务图指定，从一个 EPG 到另一个 EPG 的路径必须途经某些功能。思科 APIC 将服务图的定义转换为通过防火墙和负载均衡器的路径，此过程称为呈现。

如图 8-4 所示，思科 APIC 知道负载均衡器和防火墙（具体设备）池，并将用户意图通过可用的资源池转化成服务图。

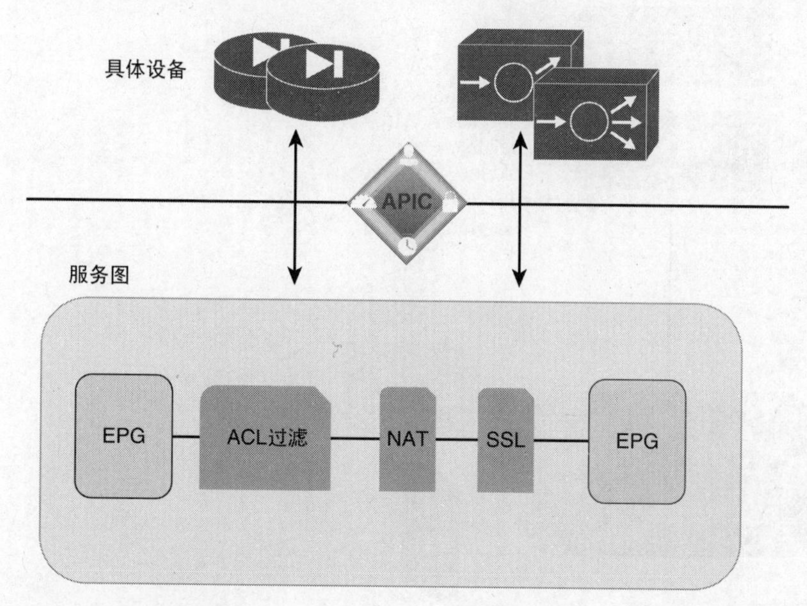

图 8-4 服务图的概念

因此，服务图更像是一个模板，它可移植到数据中心，使用本地的可用资源来呈现。呈现会涉及以下操作。

- 分配必要的网桥域。
- 配置防火墙和负载均衡接口上的 IP 地址。
- 在所有这些设备上创建 VLAN，以创建功能路径。
- 执行所有必要的工作，确保 EPG 之间的路径是服务图中定义的路径。

8.2 硬件和软件支持

思科 APIC 与防火墙或负载均衡器通信，以呈现用户所定义的图。思科 ACI 与防火墙或负载均衡器的通信需要用到它们的 API。管理员必须在思科 APIC 上安装插件来实现此通信。插件也称为设备包，防火墙和负载均衡器的供应商必须提供该插件，以便思科 API 可与它们通信。

如图 8-5 所示，设备包含有设备的描述，并列出它为思科 APIC 配置所公开的参数，以及支持思科 ACI 与此设备通信的脚本。

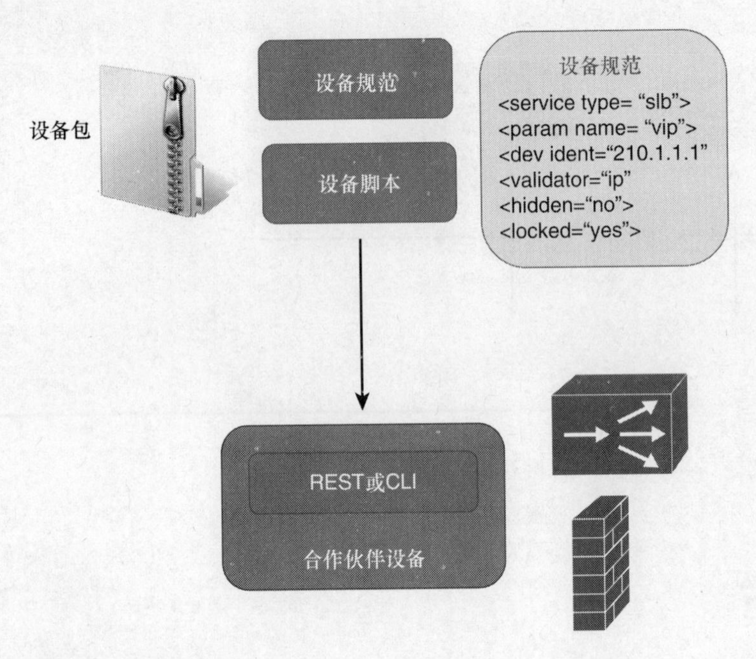

图 8-5 设备包

基于服务图执行任何配置之前，需要在思科 APIC 上安装插件，才能在思科 APIC 与该设备之间建立通信。

图 8-6 演示了如何将设备包导入思科 APIC 中。

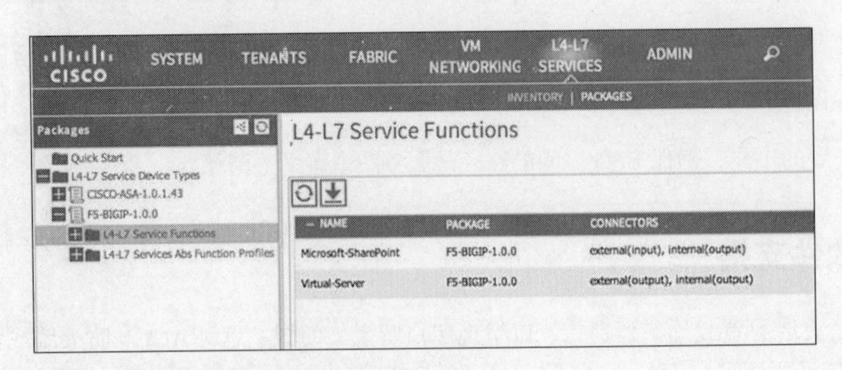

图 8-6 使用 GUI 导入设备包

8.3 思科 ACI 对服务嵌入的模拟

本节介绍如何在思科 ACI 中定义工作负载与服务的连接。要理解服务图的概念，必须熟悉思科 ACI 的整体目标。ACI 意欲创建可移植的配置模板-可应用在多个矩阵（数据中心）中的抽象配置。ACI 的目的是使网络管理员只需定义连接一次，就能够多次复制该模板。然后针对配置模板要应用到的矩阵的 IP 地址方案、VLAN 等，对模板进行调整。服务图概念正是此目标的一部分。

服务图定义了一系列来自元设备的功能，而不指定需要串联哪些具体的防火墙或负载均衡器。例如，服务图不会说具有 IP 地址 a.b.c.d 的防火墙必须连接到具有 IP 地址 a.b.c.e 的负载均衡器 Citrix。相反地，服务图表明，从具有给定软件版本的思科自适应安全设备（ASA）过滤的流量，必须与从 Citrix 类型的、具有某个版本的负载均衡器分担的流量进行串联。服务图的定义必须被转换为“具体设备”（或者换句话说，连接到该矩阵的设备）序列，以及连接它们的网桥域和 VLAN。这种转换就是使用特定矩阵中的 APIC 控制器所配置的而且已知的网络设备来呈现服务图。

8.3.1 服务图定义

服务图是一组功能序列。可使用 XML 格式或使用 GUI 来定义这些功能。GUI 允许选择使用设备包导入的功能并串联它们。

可通过 GUI 挑选个别功能并将它们组合起来，如图 8-7 所示。请注意，嵌入的功能或设备称为元设备；也就是说，它不是特定的负载均衡器或防火墙，而是某种类型的负载均衡器或防火墙。元设备（例如来自 Citrix 或 F5 类型的负载均衡器或来自思科 ASA 类型的防火墙的功能）与连接到矩阵的实际设备的关联，在呈现阶段中会得以执行。

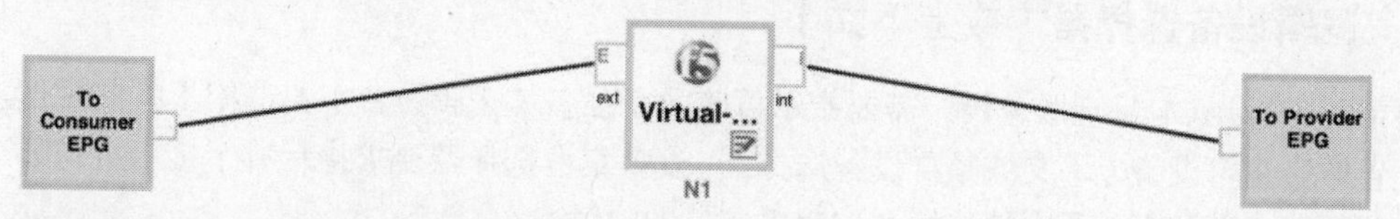

图 8-7 使用负载均衡器功能来创建服务图

服务图还定义了在该图进行实例化时，希望思科 ACI 在负载均衡器或防火墙上安排的虚拟服务和服务器池。图 8-8 显示了可添加到本例中使用的负载均衡器中的可选参数。

CONFIG PARAMETERS

FOLDER/PARAM	NAME	VALUE	MANDATORY	LOCKED	APPLY TO SPECIFIC DEVICE	APPLY TO SPECIFIC CONNECTOR	OVERRIDE NAME/VALUE TO
LocalTraffic				false			epg
Network				false			epg
Function Config	Function						
ClientSSL				false			epg
FastL4				false			epg
HTTP				false			epg
HTTPRedirect				false			epg
Listener				false			epg
NetworkRelation				false			epg
Pool				false			epg

图 8-8 呈现时要在服务设备上配置的参数

服务图在它与契约建立关联时呈现。呈现服务图时，配置会显示在该图中所包含的设备中。例如，对于 F5 BIG-IP 负载均衡器，可看到规划的接口和服务器池中显示了 Self IP。

8.3.2　具体设备与逻辑设备

服务图由抽象节点组成，这些节点就是元设备。思科 APIC 将用户在抽象图中表达的意图转换为一系列真实连接到矩阵中的具体设备。

防火墙和负载均衡器绝不会部署为单台设备。相反，它们通常部署为主备设备对的集群。思科 ACI 提供了一种抽象来表示这些集群。思科 ACI 将此抽象称为设备集群或逻辑设备。必须帮助思科 ACI 在服务图与防火墙和负载均衡器的集群之间执行映射。有必要告知思科 ACI，哪对具体设备构成了集群。

GUI 还会要求配置逻辑接口。逻辑接口定义集群的组建模块的命名约定，以及它与具体设备和元设备的映射。例如，F5 负载均衡器的元设备定义了外部和内部接口。思科 ACI 中的集群模型定义了两个接口，并可选择它们的名称（逻辑接口，LIf）。每个接口映射到一个元设备接口，也映射到一个物理（具体）设备接口。此过程使思科 ACI 能正确地呈现该图。

接口命名过程初看起来很复杂，但思科 ACI 允许将具体设备在设备集群中进行建模，然后选择这些设备集群来呈现服务图策略。

8.3.3　逻辑设备选择器（或上下文）

要帮助思科 ACI 呈现服务图，需要指示可将哪个设备（逻辑设备）集群用于哪些用途。此配置称为逻辑设备上下文或集群设备选择器。设备集群选择器要求指示哪个接口应与哪个网桥域关联，以及服务图中的连接器与逻辑接口的映射。

8.3.4　拆分网桥域

流量要正确地流经服务设备，需要确保网桥域和虚拟路由和转发（VRF）实例已经正确配置。

思科 ACI 将服务设备分为下列两种类型。

- **GoThrough 设备**：在网桥模式下运行的设备；也称为透明设备。
- **GoTo 设备**：在路由模式下运行的设备。

如果服务节点为 GoThrough 设备（2 层设备），则需要以下配置。

- 拆分网桥域（并创建 EPG 投影）。

- 在网桥域上禁用基于 IP 的转发。
- 启用基于 MAC 地址的转发。
- 启用“泛洪并学习”语义。

如果服务链的两端之间有一个路由跳（路由矩阵、GoTo 服务、GoTo IP 和 3 层外部连接域路由器），则需要执行以下配置。

- 执行 VRF 拆分和网桥域拆分。
- 创建 EPG 投影。
- 可以使用基于 IP 的转发，除非下一个网桥域连接到 GoThrough 设备。

思科 ACI 在思科 ACI 矩阵中的服务设备和 VRF 实例上添加静态路由。

8.4 配置步骤

配置服务嵌入等同于配置服务图，并将这些配置提供给 ACI，以使用连接到该矩阵的设备来呈现它。

需要执行以下步骤来配置服务设备，以便它们可用于呈现服务图。

第 1 步 配置负载均衡器或防火墙对的管理 IP 地址。

第 2 步 将管理接口连接到配置的管理 EPG，或者使用带外连接。

第 3 步 在主备或双活模式下配置服务设备。

第 4 步 将这些设备连接到叶节点。

第 5 步 还可将虚拟设备安装在虚拟化服务器上，以确保管理 vNIC 连接到思科 APIC 可访问的网络。

第 6 步 确保设备包已安装在思科 APIC 上。

然后使用 ACI 策略模型对这些设备进行建模，如以下步骤所示。

第 1 步 配置逻辑设备 vnsLDevVip。这表示了主备设备的集群。

第 2 步 在 vnsLDevVip 下配置具体设备 vnsCDev。这是构成设备集群的各个设备的信息。

第 3 步 创建逻辑接口 vnsLIf vnsLDevVip。

如果服务设备为租户单独使用，可在该租户上下文内执行这些配置步骤。如果服务设备在多个租户间共享，可在管理（mgmt）租户中配置它，然后将它导出到目标租户。

如果具体设备是虚拟设备，则可提供该虚拟机的名称、vNIC 名称（包含网络适配器的准确拼写和大小写形式，以及空格：例如 Network adapter 2），以及 VMware vCenter 配置的名称（在思科 APIC 中定义）。

根据设备是 GoTo 还是 GoThrough 设备，按照需要拆分网桥域，并将子网与它关联，以帮助确保转发路径已适合部署。

在租户上下文内，还应执行以下步骤。

第 1 步 创建服务图（vnsAbsGraph）。

第 2 步 创建呈现服务图的选择条件（逻辑设备上下文 vnsLDevCtx）。

第 3 步 将服务图与契约相关联。

也可以采用 XML 模型，使用 REST 调用来完成上述配置。

8.4.1 服务图的定义

理解如何配置服务图的关键是理解各个接口的名称和不同接口之间是如何彼此连接的。

定义服务图的边界

以下是服务图的 XML 格式的示例配置。

- 该服务图包含在抽象容器内。
- 该服务图容器以 AbsTermNodeProv-<选择的名称>/AbsTConn 开头。
- 以 AbsTermNodeCon-<选择的名称>/AbsTConn 结尾。

示例 8-1 显示了为这个抽象容器提供名称的组件。

示例 8-1 服务图边界的定义

```
<vnsAbsGraph name = "WebGraph">
[...]
<vnsAbsTermNodeCon name = "Consumer">
  <vnsAbsTermConn name = "consumerside">
  </vnsAbsTermConn>
</vnsAbsTermNodeCon>

<vnsAbsTermNodeProv name = "Provider">
  <vnsAbsTermConn name = "providerside" >
  </vnsAbsTermConn>
```

```
</vnsAbsTermNodeProv>
[...]
</vnsAbsGraph>
```

要定义这一系列功能（例如防火墙和负载均衡器）是如何彼此连接的，并且特别是连接到抽象容器，这些名称必不可少。服务图向 EPG 的附加方向取决于哪个 EPG 是契约的提供者，哪个是契约的使用者。这决定了哪个 EPG 连接到 vnsAbsTermNodeProv，哪个 EPG 连接到 vnsAbsTermNodeCon。

示例 8-2 演示了服务图与契约的关联，图 8-9 演示了两个 EPG 之间的数据路径和它们之间的服务图。

示例 8-2　连接两个 EPG 的契约拥有一个服务图的引用

```
<polUni>
<fvTenant name="Customer1">
   <vzBrCP name="webCtrct">
    <vzSubj name="http">
      <vzRsSubjGraphAtt graphName="WebGraph"/>
    </vzSubj>
  </vzBrCP>
</fvTenant>
</polUni>
```

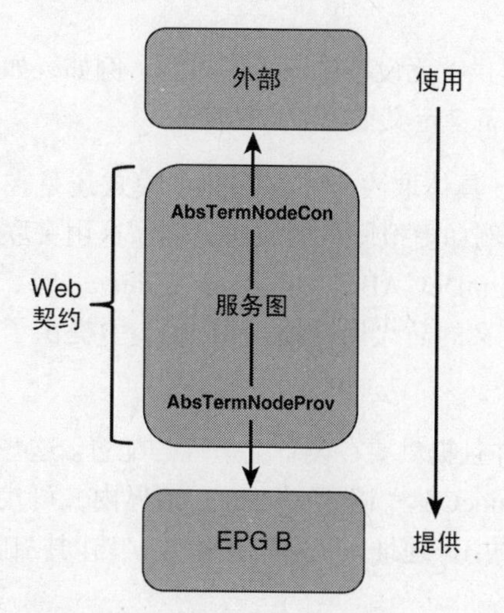

图 8-9　服务图与契约的关联

元设备

元设备是设备包所定义的功能或设备。安装设备包时，可通过 GUI 找到这台服务设备上定义了哪些接口。图 8-10 显示了提供负载均衡功能的元设备。要构建服务图，需要知道此元设备使用哪个标签来建立连接。在本例中，两个标签为“external”和“internal”。

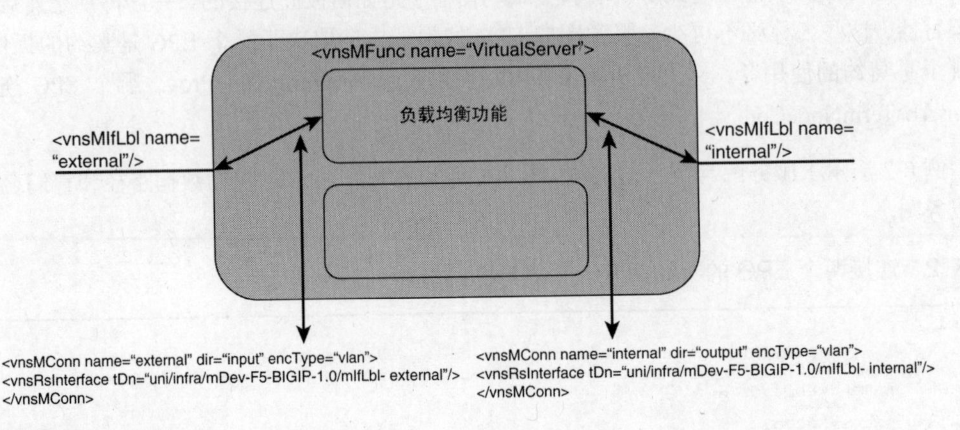

图 8-10 元设备

可由元设备以某个版本的思科 ASA 形式提供防火墙功能，或者元设备以某个版本的 Citrix 设备或某个版本的 F5 的形式来提供负载均衡。

定义抽象节点的功能

服务图是抽象节点序列（vnsAbsNode）。抽象节点提供了元设备中定义的功能。例如，如果该节点是防火墙，那么给定版本的 ASA 类型的元设备会定义抽象节点功能。

每个抽象节点是 GoTo 或 GoThrough 类型的设备，具体取决于它是在路由模式还是在网桥模式下运行。每个节点提供了特定的抽象功能，例如虚拟服务器或防火墙。这由关联配置来指定，例如<vnsRsNodeToMFunc tDn="uni/infra/mDev-ABC-1.0/mFunc- Firewall"/>，它表明这个特定的抽象节点提供了 ABC 元设备所定义的防火墙功能。图 8-11 中提供了直观的示例。

每个抽象节点提供之前给出的关联所定义的功能，并且提供要在设备上呈现的配置。这些配置由 XML 标记分隔：<vnsAbsDevCfg>和<vnsAbsFuncCfg>。在这些 XML 边界内，可找到一些信息，例如要提供给防火墙或负载均衡器接口的 IP 地址、负载均衡配置、访问控制列表等。

示例 8-3 演示了在服务图上下文中定义的负载均衡配置。

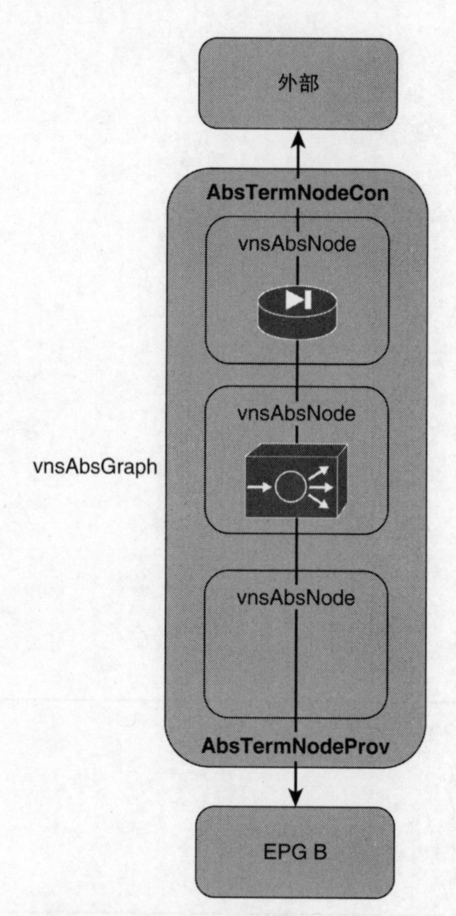

图 8-11 服务图是抽象节点序列

示例 8-3 负载均衡配置示例

```
<vnsAbsFuncCfg>
  <vnsAbsFolder key="Listener" name="webListener">
    <vnsAbsParam key="DestinationIPAddress" name="destIP1"
                    value="10.0.0.10"/>
     <vnsAbsParam key="DestinationPort" name="port1"
                    value="80"/>
     <vnsAbsParam key="DestinationNetmask" name="Netmask1"
                    value="255.255.255.255"/>
     <vnsAbsParam key="Protocol" name="protoTCP"
                    value="TCP"/>
     </vnsAbsFolder>
</vnsAbsFuncCfg>
```

定义抽象节点的连接器

图中的每个节点都有连接器，如图8-12所示。

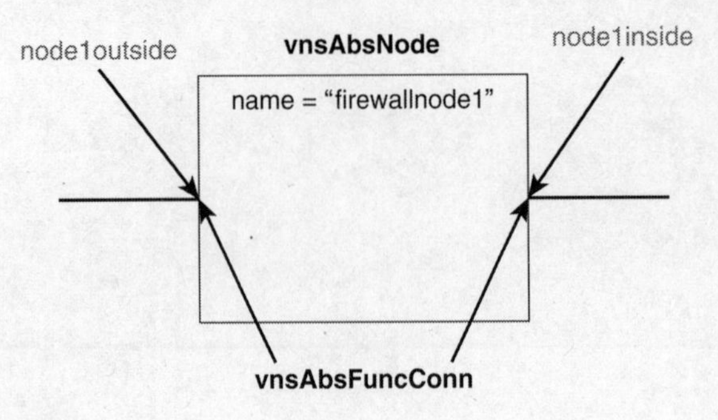

图8-12 抽象节点连接器

示例8-4展示了如何命名连接器。

示例8-4 抽象节点的连接器的定义

```
<vnsAbsNode name = "firewallnode1" funcType="GoThrough" >
   <vnsAbsFuncConn name = "node1outside">
   </vnsAbsFuncConn>
   <vnsAbsFuncConn name = "node1outside">
  </vnsAbsFuncConn>
</vnsAbsNode >
```

这些连接器必须映射到某个更精确的实体，这个实体与它们将呈现到的设备相关。元设备拥有在设备包中定义的接口。示例8-5表明连接器node1inside映射到元设备的“内部”接口，node1outside映射到元设备的“外部”接口。

示例8-5 抽象节点的连接器的另一个定义

```
<vnsAbsFuncConn name = "node1inside">
   <vnsRsMConnAtt
      tDn="uni/infra/mDev-ABC-1.0/mFunc-Firewall/mConn-internal" />
</vnsAbsFuncConn>

<vnsAbsFuncConn name = "node1outside">
   <vnsRsMConnAtt
     tDn="uni/infra/mDev-ABC-1.0/mFunc-Firewall/mConn-external" />
</vnsAbsFuncConn>
```

抽象节点的要素总结

总体来讲，在抽象节点中有以下要素。

- 为抽象节点提供的任意名称。
- 抽象节点是 GoTo 还是 GoThrough 设备（funcType）。
- 抽象节点将实现何种抽象功能（vnsRsNodeToMFunc）。
- 要安装在服务设备上的配置（vnsAbsDevCfg 和 vnsAbsDevCfg）。
- 抽象功能连接器的名称（vnsAbsFuncConn）。
- 使用元设备接口定义的引用（Rs）映射到哪个接口（vnsRsMConnAtt）。

连接抽象节点来创建服务图

服务图的目的是在抽象节点内定义一系列功能，这些功能彼此之间连接形成一系列防火墙、负载均衡、SSL 卸载等功能。图 8-13 演示了如何创建服务图。

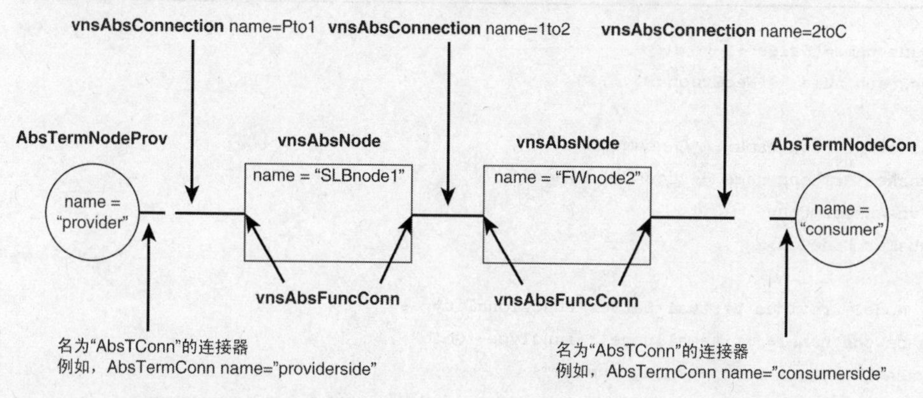

图 8-13 服务图示例

对于每个 vnsAbsNode，在示例 8-4 和 8-5 中使用名称定义两个 vnsAbsFuncConn 组件。来自每个 vnsAbsNode 的 vnsAbsFuncConn 之间通过 vnsAbsConnection 连接。

vnsAbsConnection 配置创建具有用户所选的任意名称的对象。这个对象有两个实体，它们需要结合在一起来创建连接，如示例 8-6 所示。

示例 8-6 将两个 vnsAbsNode 连接

```
<vnsAbsConnection name = "1to2" adjType="L3">
   <vnsRsAbsConnectionConns tDn="uni/tn-<name-of-tenant>/AbsGraph-<name-of-
graph>/AbsNode-<name-of-node>/AbsFConn-<name-of-connector>" />
```

```
    <vnsRsAbsConnectionConns tDn="uni/tn-<name-of-tenant>/AbsGraph-<name-of-
graph>/AbsNode-<name-of-node>/AbsFConn-<name-of-connector>" />
</vnsAbsConnection>
```

一种具体的连接情形是，将抽象节点链接到服务图的提供者或使用者端，如示例8-7所示。

示例8-7 将节点连接到服务图的边界

```
<vnsAbsConnection name = "Pto1"
<vnsRsAbsConnectionConns tDn="uni/tn-<name-of-tenant>/AbsGraph-<name-of-
graph>/AbsTermNodeProv-<name-of-boundary>/AbsTConn" />
<vnsRsAbsConnectionConns tDn="uni/tn-<name-of-tenant>/AbsGraph-<name-of-
graph>/AbsNode-<name-of-node>/AbsFConn-<name-of-connector>" />
 </vnsAbsConnection>
```

示例8-8演示了仅包含一个节点的完整服务图。

示例8-8 服务图示例

```
<polUni>
    <fvTenant name="Sales">
    <vnsAbsGraph name = "WebGraph">

    <vnsAbsTermNodeCon name = "Consumer">
        <vnsAbsTermConn name = "consumerside">
        </vnsAbsTermConn>
    </vnsAbsTermNodeCon>

      <!-- Node1 Provides Virtual-Server functionality -->
      <vnsAbsNode name = "firewallnode1" funcType="GoTo">
        <vnsAbsFuncConn name = "node1inside">
          <vnsRsMConnAtt tDn="uni/infra/mDev-ABC-1.0/mFunc-Firewall/mConn-internal" />
        </vnsAbsFuncConn>

        <vnsAbsFuncConn name = "node1outside">
          <vnsRsMConnAtt tDn="uni/infra/mDev-ABC-1.0/mFunc-Firewall/mConn-external" />
        </vnsAbsFuncConn>

        <vnsRsNodeToMFunc tDn="uni/infra/mDev-ABC-1.0/mFunc-Firewall "/>
        <vnsAbsDevCfg>

</vnsAbsNode>

    <vnsAbsTermNodeProv name = "Provider">
```

```
        <vnsAbsTermConn name = "providerside" >
        </vnsAbsTermConn>
    </vnsAbsTermNodeProv>

    <vnsAbsConnection name = "Cto1" adjType="L3">
        <vnsRsAbsConnectionConns tDn="uni/tn-Sales/AbsGraph-WebGraph/AbsTermNodeCon-
Consumer/AbsTConn" />
        <vnsRsAbsConnectionConns tDn="uni/tn-Sales/AbsGraph-WebGraph/AbsNode-firewall-
node1/AbsFConn-node1outside" />
    </vnsAbsConnection>

    <vnsAbsConnection name = "1toP">
        <vnsRsAbsConnectionConns tDn="uni/tn-Sales/AbsGraph-WebGraph/AbsNode-firewall-
node1/AbsFConn-node1inside" />
        <vnsRsAbsConnectionConns tDn="uni/tn-Sales/AbsGraph-WebGraph/AbsTermNodeProv-
Provider/AbsTConn" />
    </vnsAbsConnection>

    </vnsAbsGraph>
  </fvTenant>
</polUni>
```

8.4.2 具体设备和具体设备集群的定义

上一节介绍了如何定义一系列防火墙、负载均衡等功能。该抽象图是一种模型，需要基于连接到矩阵的资源来呈现。本节介绍如何对连接到矩阵的虚拟设备或物理设备进行建模，以便ACI可呈现与契约关联的抽象图。

图8-14演示了服务嵌入配置。顶部显示了服务图定义，而底部显示了可用于呈现该图的可用组件。

在图8-14的顶部，可以注意到vnsAbsNode序列：vnsAbsNode1和vnsAbsNode2。每个节点引用了元设备：vnsAbsNode1指向元防火墙，而vnsAbsNode2指向元负载均衡器。

图8-14的底部显示了矩阵上的可用元素。矩阵拥有网桥域BD1、BD2和BD3，以及逻辑设备（LDev）集合，这些设备是主备服务设备的集群。一个逻辑设备是防火墙集群；另外两个逻辑设备是负载均衡器的集群。这意味着要呈现vnsAbsNode2，ACI有两个选项可供选择。

图8-14演示了LDev的组成部分：两个具体设备（Cdevs），它们的接口（vnsCIf）映射到LDev接口（LIf）。依据元设备定义（mIfLbl），每个LIf还指向该接口的定义。

逻辑设备和具体设备的配置

示例8-9假设集群包含两个防火墙：防火墙1是主用的，防火墙2是备用的。它显示了名为Sales的租户的上下文内的逻辑设备。该逻辑设备的名称为firewallcluster1，是虚拟设备集群。

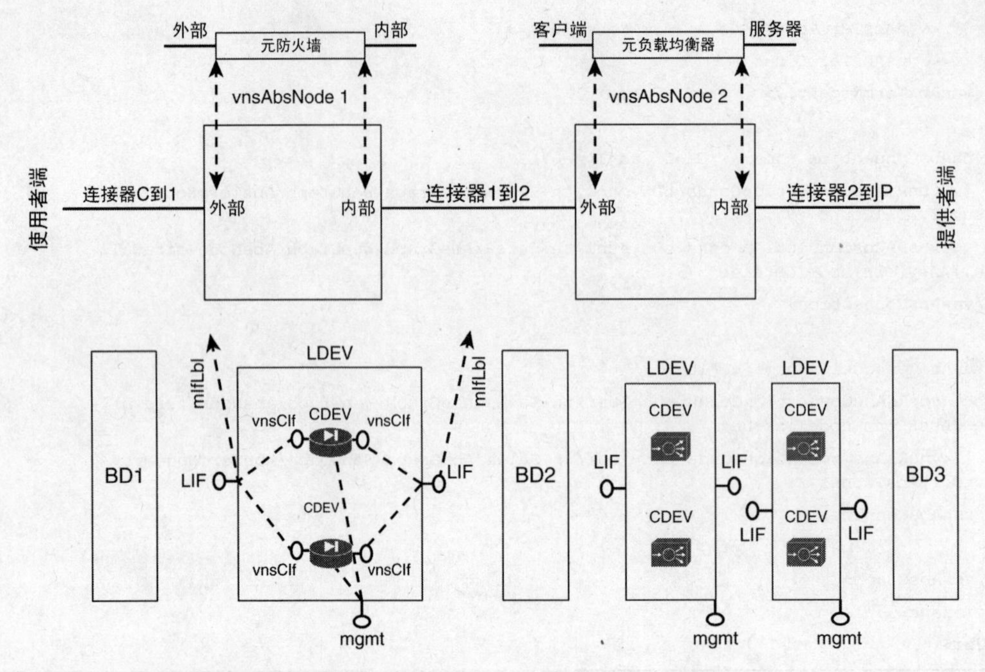

图 8-14 映射到矩阵服务设备的服务图

示例 8-9 逻辑设备的定义

```
<polUni>
  <fvTenant dn="uni/tn-Sales" name="Sales">
     <vnsLDevVip name="firewallcluster1" devtype="VIRTUAL">
        <vnsRsMDevAtt tDn="uni/infra/mDev-ABC-1.0"/>
        <vnsRsALDevToDomP tDn="uni/vmmp-VMware/dom-datacenter"/>
        <vnsCMgmt name="devMgmt" host="172.18.66.149" port="443"/>
        <vnsCCred name="username" value="admin"/>
        <vnsCCredSecret name="password" value="password"/>

        <vnsLIf name="fwclstr1inside">
           <vnsRsMetaIf tDn="uni/infra/mDev-ABC-1.0/mIfLbl-internal"/>
           <vnsRsCIfAtt tDn="uni/tn-Sales/lDevVip-F5Virtual/cDev-FW-1/cIf-1_2"/>
        </vnsLIf>

       <vnsLIf name="fwclstr1outside">
           <vnsRsMetaIf tDn="uni/infra/mDev-ABC-1.0/mIfLbl-external"/>
           <vnsRsCIfAtt tDn="uni/tn-Sales/lDevVip-firewallcluster1/cDev-FW-1/cIf-
 1_1"/>
       </vnsLIf>

    </vnsLDevVip>
```

```
  </fvTenant>
</polUni>
```

用于管理（vnsCMgmt）的IP地址指示如何连接到该逻辑设备。这是主备防火墙对的浮动IP地址；换句话说，是活跃设备的管理IP。

LDevVip下的vnsLIf配置定义了集群接口与每个具体设备的接口的关联。它还依据设备包而指定接口的类型。逻辑接口定义（vnsLIf）定义了两个接口，示例8-9将它们命名为fwclstr1inside和fwclstr1outside。无论防火墙目前是活跃或备用的，它们都映射到具体设备接口1_1和1_2。

这意味着，定义当前活跃的防火墙和当前备用的防火墙的两个具体设备，都必须使用相同的名称1_1和1_2来调用这些接口，这样，无论哪台设备是主用的或备用的，逻辑设备映射仍然有效。

请注意，逻辑设备的定义与服务图中定义的接口之间没有直接的映射关系，反而是与接口的元设备定义存在着关联。

具体设备的定义类似于示例8-10（虚拟设备）和示例8-11（物理设备）。在这两个示例中，两台vnsCDev设备使用逻辑设备。对于每个vnsCDev，其配置指定了管理IP地址和凭据。

该配置还指定了每个接口的具体位置。vnsRsCIfPathAtt配置指向矩阵上的特定端口或vNIC的名称。例如，在虚拟设备定义中，vnsCIf 1_1映射到特定的vNIC；而对于物理设备，它映射到矩阵上特定的物理端口。这样，逻辑设备被呈现时，它通过查看具体设备中的定义，知道如何呈现接口1_1。

示例8-10 作为虚拟设备的具体设备的配置

```
<polUni>
  <fvTenant dn="uni/tn-Sales" name="Sales">
    <<vnsLDevVip name="firewallcluster1" devtype="VIRTUAL">

      <vnsCDev name="ASA-1" vcenterName="vcsa" vmName="vASA-1">
            <vnsCIf name="1_1" vnicName="Network adapter 2"/>
            <vnsCIf name="1_2" vnicName="Network adapter 3"/>

        <vnsCMgmt name="devMgmt" host=<mgmtIP> port="443"/>
        [...]

      <vnsCDev name="ASA-2" vcenterName="vcsa" vmName="vASA-1">
            <vnsCIf name="1_1" vnicName="Network adapter 2"/>
```

```
            <vnsCIf name="1_2" vnicName="Network adapter 3"/>

        <vnsCMgmt name="FW-2" host=<mgmt. IP> port="443"/>
        [...]

    </vnsCDev>

    </vnsLDevVip>
  </fvTenant>
</polUni>
```

示例8-11 作为物理设备的具体设备的配置

```
<polUni>
  <fvTenant dn="uni/tn-Sales" name="Sales">
    <<vnsLDevVip name="firewallcluster1" devtype="PHYSICAL">

      <vnsCDev name="ASA-1">
        <vnsCIf name="1_1">
          <vnsRsCIfPathAtt tDn="topology/pod-1/paths-103/pathep-[eth1/19]"/>
        </vnsCIf>
        <vnsCIf name="1_2">
          <vnsRsCIfPathAtt tDn="topology/pod-1/paths-103/pathep-[eth1/20]"/>
        </vnsCIf>

        <vnsCMgmt name="devMgmt" host=<mgmtIP> port="443"/>
        [...]

      <vnsCDev name="ASA-2">
        <vnsCIf name="1_1">
          <vnsRsCIfPathAtt tDn="topology/pod-1/paths-103/pathep-[eth1/21]"/>
        </vnsCIf>
        <vnsCIf name="1_2">
          <vnsRsCIfPathAtt tDn="topology/pod-1/paths-103/pathep-[eth1/22]"/>
        </vnsCIf>
        <vnsCMgmt name="FW-2" host=<mgmt. IP> port="443"/>
        [...]

    </vnsCDev>

    </vnsLDevVip>
  </fvTenant>
</polUni>
```

逻辑设备上下文（集群设备选择器）的配置

对于哪台逻辑设备呈现设备图中的哪个 vnsAbsNode 的选择，是基于上下文的定义而进行的，该上下文是一组元标记，用于在服务图的逻辑定义与服务图的具体呈现之间建立映射。元标记包括契约名称、服务图名称和节点标签。逻辑设备上下文不仅定义使用哪台逻辑设备来呈现特定的服务图，还定义应将哪个网桥域用于哪个接口。示例 8-12 演示了如何配置此映射。

示例 8-12　逻辑设备上下文基础配置

```
<vnsLDevCtx
ctrctNameOrLbl=<name of the contract>
 graphNameOrLbl=<name of the graph>
 nodeNameOrLbl=<name of the node in the graph, e.g. N1>
/>
```

示例 8-13 中的配置指定在契约 webCtrct 使用服务图 WebGraph 时，名为 firewallcluster1 的防火墙集群可呈现该服务图中的节点 firewallnode1。此配置还指定，服务图中拥有标签 1toP 的连接器可由名为 fwclstr1inside 的 firewallcluster1 接口来呈现。

示例 8-13　逻辑设备上下文的示例配置

```
<vnsLDevCtx ctrctNameOrLbl="webCtrct" graphNameOrLbl="WebGraph"
  nodeNameOrLbl="firewallnode1">
  <vnsRsLDevCtxToLDev tDn="uni/tn-Sales/lDevVip-firewallcluster1"/>
  <vnsLIfCtx connNameOrLbl="1toP">
   <vnsRsLIfCtxToLIf tDn="uni/tn-Sales/lDevVip-firewallcluster1/lIf-fwclstr1in-
  side"/>
   <vnsRsLIfCtxToBD tDn="uni/tn-Sales/BD-SalesBDApp"/>
  </vnsLIfCtx>
  <vnsLIfCtx connNameOrLbl="Cto1">
     <vnsRsLIfCtxToLIf tDn="uni/tn-Sales/lDevVip-firewallcluster1/lIf-fwclstr1out-
  side "/>
     <vnsRsLIfCtxToBD tDn="uni/tn-Sales/BD-SalesBDWeb"/>
  </vnsLIfCtx>
</vnsLDevCtx>
```

命名总结

本节总结要成功地配置服务图，必须熟悉的关键术语。

图 8-15 显示了定义每个配置对象的 XML 标记的名称。管理员分配的名称值显示时带有引号。

要获得有关映射的帮助，请参阅表 8-1。

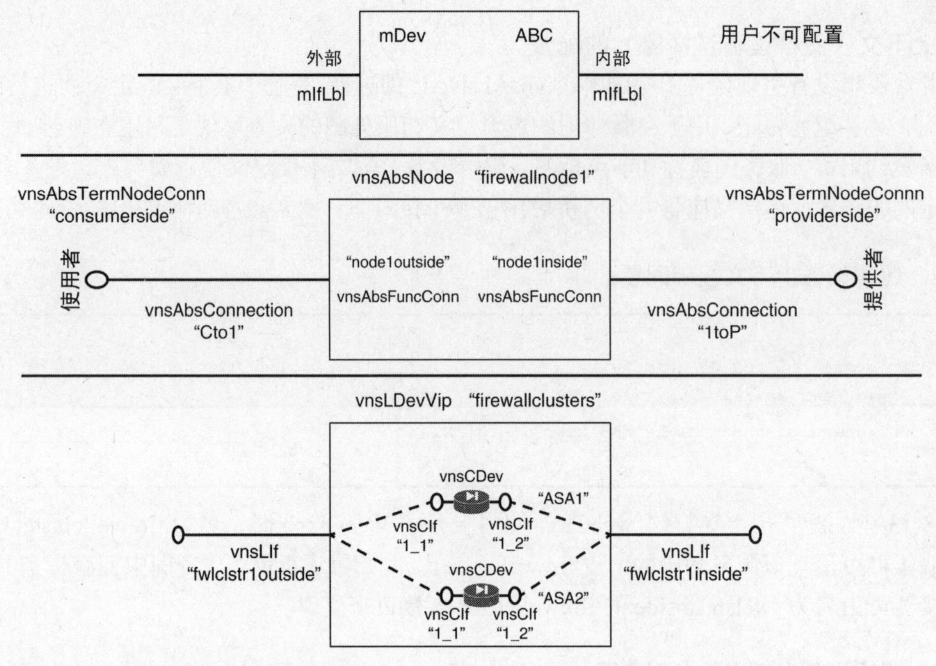

图 8-15 服务图的组建模块的命名

表 8-1 服务图组建模块中使用的接口的命名约定

元设备	具体设备	设备集群：LDev	抽象节点	逻辑设备上下文
mIfLb1 表示一个 mFunc 的设备 mConn	vnsCIf 映射到 vNIC 或物理接口路径	vnsLIf 包含对一个 mDev 的 mIfLb1 引用和对 vnsCIf 的引用	vnsAbsFuncConn	connNameOrLbl

8.5 小结

思科 ACI 提供了一种高级的数据中心网络架构的方法，该方法从应用部署中抽象出了网络构造。此外，它还提供了一些网络遥测、安全和4到7层自动化功能。

服务图的概念允许定义一系列功能，例如负载均衡、流量过滤等，以便这些功能可从给定数据中心的具体实现中抽象出来。

思科 APIC 与服务设备通信，以使用矩阵中的可用资源来呈现服务图。这些功能使用 GUI 实现或者在 Python 中以编程的方式实现，并可以使用 REST API 来实现自动化。

第9章

高级遥测

矩阵中网络设备数量的增长增加了故障排除和理解相关联事件的难度。工作负载（虚拟机）在矩阵中的分布式和可移动式部署更增加了其复杂性。而且在共享环境中监测服务水平协议（SLA）的需求也在增长。ACI 提供了以下一些新技术来满足这些要求。

- 原子计数器
- 延迟测量指标
- 健康评分和监测

新的遥测工具提供了全面的故障排除方案。这种方案让网络管理员能够快速确认、隔离和修复矩阵中的网络问题。

9.1 原子计数器

本节解释了原子计数器的原理并提供了将原子计数器和思科 APIC 相结合的实例。

9.1.1 原理

ACI 矩阵的原子计数器是指 ACI 矩阵全网的报文和字节计数器都是原子读取的。原子操作意味着不管计数器在矩阵的什么地方，也不管有什么样的延迟和距离，这些计数器中的数值都是一致的。

举例来说，假设一组原子计数器统计到某台主机在矩阵中从叶节点交换机 L1 通过主干交换机向叶节点交换机 L2 发送了 10005 个 FTP 报文。假定在两台交换机之间没有丢包，那么当读取在 L1 的计数器时，所读取的数值和 L2 的计数器是完全一样的。更进一步，不管是什么时候读取，这些数值也都是一样的。例如，当 FTP 流还在传输时，读取计数器会得到一个 0 到 10005 的数值，原子计数器意味着不管是什么时候读取计数器，入口计数器和出口计数器的数值都是一样的。就好像这两个计数器是被同时读取而且所有的报文在网络中是光速传输的。这种行为实际上并不是通过对计数器的原子读取来保证的，而是通过对计数器的自动更新（增加报文计数和把报文的长度加入字节数）进行相对于报文而不是时间的原子操作来保证的。换言之，全网中某指定报文会影响到的所有计数器都会在读取之前被更新。一旦所有计数器被更新，矩阵就会在计数器被读取之前停止修改这些计数器。

为了防止漏计（更新），会有两组计数器。当一组计数器正被读取时，另一组计数器则在被更新，反之亦然。这两组被称作偶数组和奇数组。这两组构成了计数器对。在报文的包头里有一个标示位用来指定每个报文应该更新的计数器。当这个标示位为零时，偶数组的计数器被更新，当标示位为 1 时，奇数组的计数器被更新。为了使这个功能更有用，每个报文都会被过滤器检查并决定 N 个计数器中哪几个会被更新。报文的包头会被用于 TCAM（三态内容寻址存储器是一种专业的高速存储器，它可以在单时钟周期内搜索存储器中的所有内容）的搜索，搜索结果可以告诉硬件哪个计数器对应该被更新。报文头中的标示位则会告诉硬件计数器对中的哪个（偶数组/奇数组）应该被更新。这样可以将系统配置为同时统计多种流量。例如，可以同时统计 FTP 流量和 Web 流量。为了上述原理能在整个 ACI 矩阵中无缝衔接，必须实现下述功能。

- 对叶节点交换机设置标示位进行全局性的协调。
- 等待传送中的报文从矩阵中传播出去。
- 在计数器重复之前读取所有计数器。

9.1.2 更多的解释和示例

上述原理是在 VXLAN 的报文包头通过在 M 位加标签而实现。这个位可以向矩阵表明用哪组计数器对本报文进行计数：标示位为 0 用奇数组计数器，标示位为 1 则用偶数组计数器，如图 9-1 所示。

如前所述，物理定律决定了不可能在报文移动甚至丢弃的过程中同时在多个节点上读取计数器。但是利用奇数和偶数组计数器，并结合对报文包头的标示，就可以保证计数统计的一致。这些计数器的原子操作是基于报文而不是时间。

在图 9-2 的示例中，两个工作负载之间有数据流。其中一个工作负载和叶节点交换机 2 直接相连，另一个和叶节点交换机 5 相连。因为叶节点交换机 2 和 5 与四台主干交换机全部相连，报文可以走四条不同的路径。请注意在路径 1 上，叶节点交换机 5 收到的报文（2 个）少于叶节点交换机 2 送给 5 的报文。这意味着还有两个报文在路上。用原子计数器可以迅速发现矩阵中报文的问题——不管是丢包还是重复的报文——而且还可以在矩阵中定位问题。

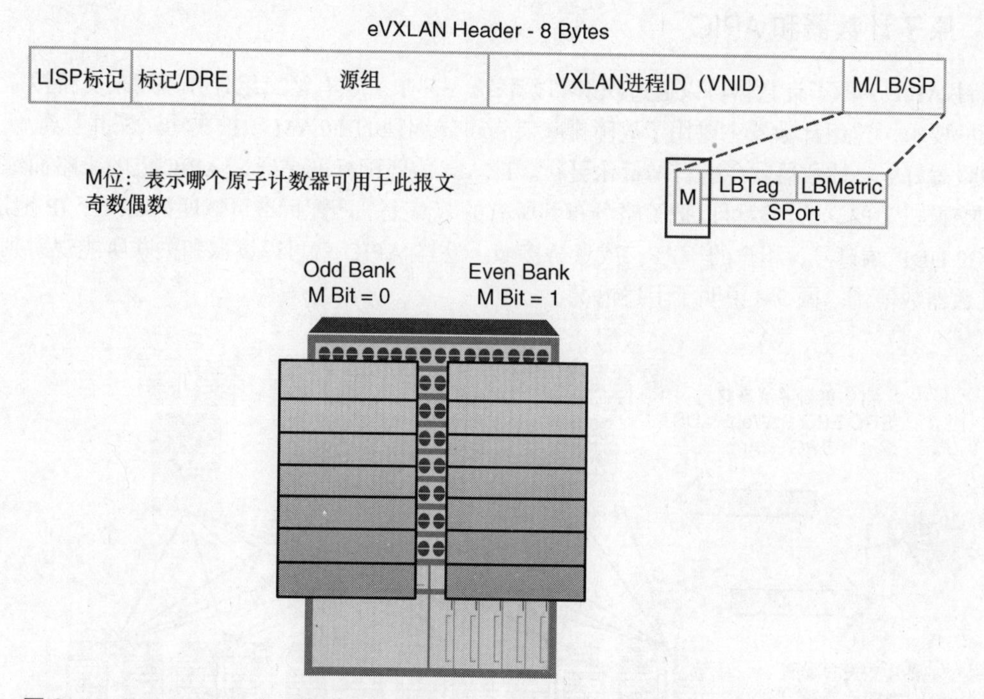

图 9-1 VXLAN 报文头中的原子计数器

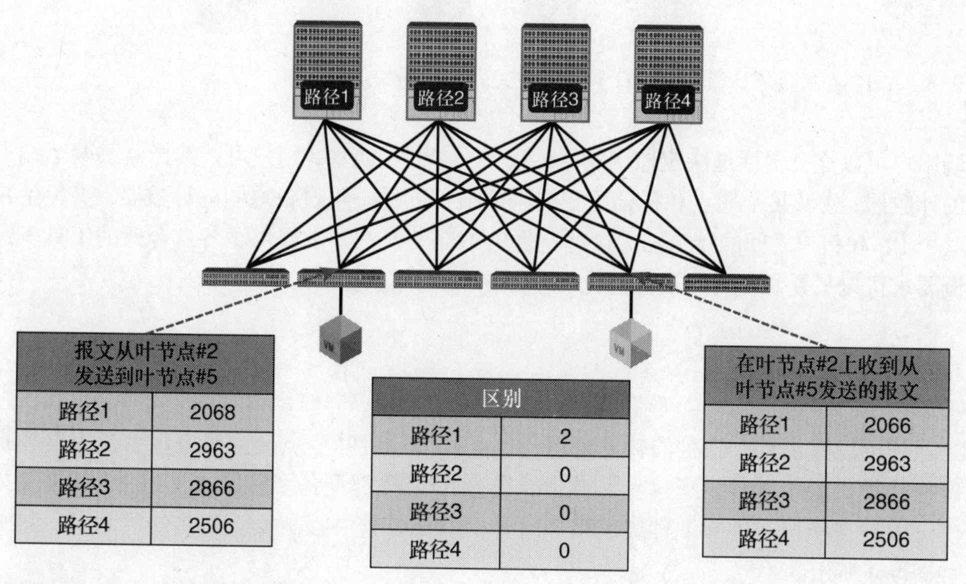

报文从叶节点#2发送到叶节点#5	
路径1	2068
路径2	2963
路径3	2866
路径4	2506

区别	
路径1	2
路径2	0
路径3	0
路径4	0

在叶节点#2上收到从叶节点#5发送的报文	
路径1	2066
路径2	2963
路径3	2866
路径4	2506

图 9-2 原子计数器的应用示例

9.1.3 原子计数器和 APIC

通过 APIC，原子计数器可以通过映射和关联统一起来。还有第二组计数器用来支持按需监测的要求；这组计数器主要用于故障排除。当事先编程的 TCAM 项被成功匹配并且奇/偶位也设置好了，计数器就会进行增量化更新。TCAM 的匹配标准是通过 APIC 上的策略而编程到交换机上的。这样就可以把策略分布到所有的节点上。匹配标准可以匹配 EPG，IP 地址，TCP/UDP 端口号，租户的 VRF，或者桥接域。这样 APIC 就可以读取和关联所能观察到的计数器数值了。图 9-3 说明了上述情况。

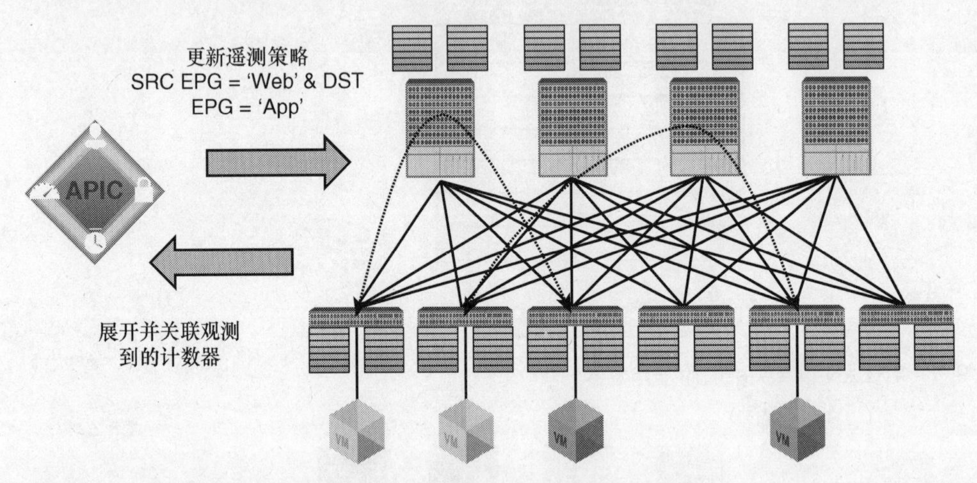

图 9-3 APIC 在桥接域、租户、EPG 和主机中关联计数器的角色

终端用户可以充分灵活地决定监测网络的哪部分特性。例如，用户可以选择监测两个端点之间的计数器；或者某个端点和符合给定应用网络特征的一组设备之间的计数器；或者在 EPG 中某个 EP 和租户之间的计数器。这些特性给不同的监测要求提供了各自合适的工具，这些监测要求可以只是总体的可视性，也可以是主机级别的细节。

9.2 延迟测量指标

ACI 矩阵可以提供低于微秒的转发延迟，也可以为每台叶节点交换机或每台主干交换机的故障排除提供低于微秒的延迟。每台 ACI 矩阵交换机都配备了秒脉冲（PPS）硬件输入端口。可以把交换机和外部纳秒级的精确时钟信号源相连并设置交换机本身的时钟。PPS 端口如图 9-4 所示。

PPS 端口的同步并不是精确时间协议（PTP）的强制性要求。然而，因为 PPS 端口同步可以避免 IEEE 1588 协议的多跳传输，端口同步可以为矩阵的时钟同步提供更好的准确性。通过 IEEE 1588 定义的 PTP 协议的支持，前述交换机进行时钟同步后，就可以作为 ACI 矩阵里所有其他交换机的 PTP 边界时钟信号源。叶交换机也可以作为服务器和各种应用的 PTP 时钟信号源；但这并不和 ACI 矩阵的低延迟特性相关。在使用 PTP 对所有交换机同步后，就可以对报文打上 PTP 时间戳。利用 PTP，所有矩阵交换机都会执行时间戳的功能。这样就可以监测 ACI 矩阵硬件层的延迟性能，每一台交换机都会对流经的数据执行 PTP 时间戳的读取和加盖操作。这些操作提供了 ACI 矩阵中数据流端到端的实时硬件延迟信息。这些数据可以用于理解端到端的基准延迟性能，并帮助定位由缓冲等引起的延迟。采用 ACI 的 API 模型，用户可以建立实时工具监测 ACI 矩阵的任何指定位置的延迟。

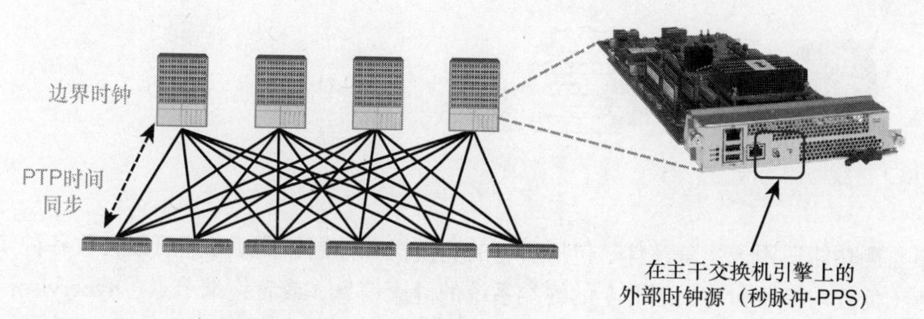

图 9-4　ACI 矩阵的 PTP 能力

在 ACI 矩阵中有下列 3 种延迟测量和追踪。

- 每个端口的平均延迟，最大延迟，累积延迟和抖动，最多 576 个节点。
- 每个端口可以纪录 99%的数据包延迟，最多 576 个节点。
- 柱形直方图，用 48-柱的直方图显示延迟分布，最多 576 个节点。

9.3 ACI 健康监测

思科 ACI 健康监测有以下四种主要方法来监测 ACI 矩阵，如图 9-5 所示。

- 收集统计信息。
- 收集故障和事件信息。
- 收集日志，诊断和取证信息。
- 计算健康评分的结果。

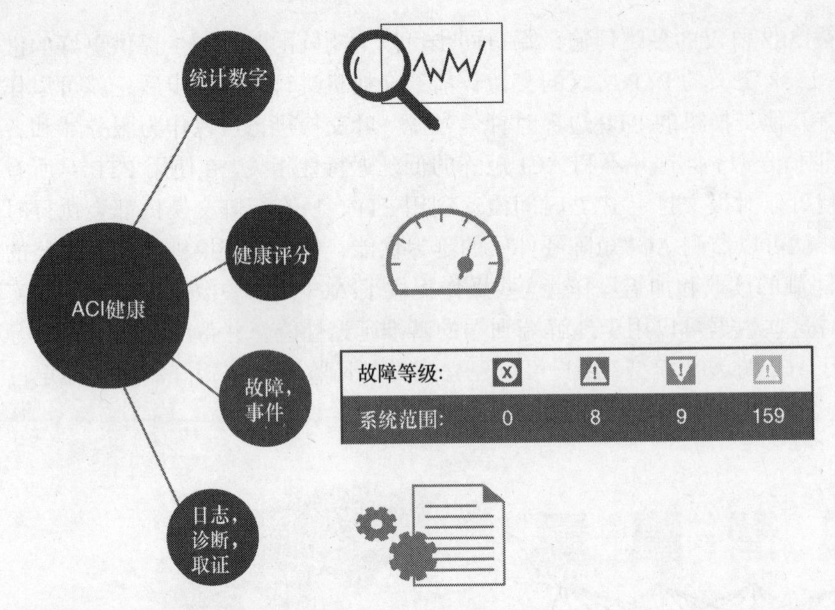

图 9-5 ACI 健康监测功能

ACI 健康监测功能适用于矩阵整体，包括所有的交换机和控制器。ACI 还可以接收各种使用 ACI 服务（负载均衡器和防火墙等）的终端系统的健康信息，或者终端节点（hypervisors 和虚拟机）的健康信息。

9.3.1 统计数据

ACI 健康监测器监控下列各类统计数据。

- **物理端口信息**：报文计数器、接口计数器、带宽利用率、丢包、错包等。
- **控制平面资源**：可用内存、CPU 使用率、延迟、磁盘大小等。
- **环境信息**：温度、风扇速度、功率。
- **网络资源**：资源表的使用率。
- **EPG 监测**：终端单播计数器输入/输出、终端组播计数器输入/输出、安全组违规计数器等。

监测器将统计数据组织成以下 3 个功能类别。

- **基础设备统计信息**：选择目标组收集物理统计信息，例如交换机编号、线卡编号、甚至端口编号。

- **租户统计信息**：收集每个租户的信息，包括应用网络特征、EPG 和终端节点。
- **路径统计信息**：提供指定 EPG 的信息，包括源和目的之间的主干交换机和叶节点交换机的信息。

这种多维度的统计方法使 ACI 终端用户能够实时收集多个系统的信息，并能隔离出感兴趣的节点和数据源，而不必依靠专用的工具手工收集和计算才能理解矩阵中发生的问题。这种统计方法允许用户非常迅速地定位应用和矩阵设备的信息。矩阵整体的统计信息会被持续存档。用户可以搜索几个小时、几天甚至几周之前他们感兴趣的事件信息。因为信息是为矩阵整体收集的，用户也可以关联数据并迅速找出问题的根本原因。

下面几节中描述的进程都可以在 APIC 的图形界面或 APIC 的 API 模型中找到对应的支持。

矩阵中有 4 个故障排除的层级。前两个级别是经常性随时发生的，后两个级别是根据需求而进行的更加详细的级别。图 9-6 描述了矩阵中的四层故障排除级别。

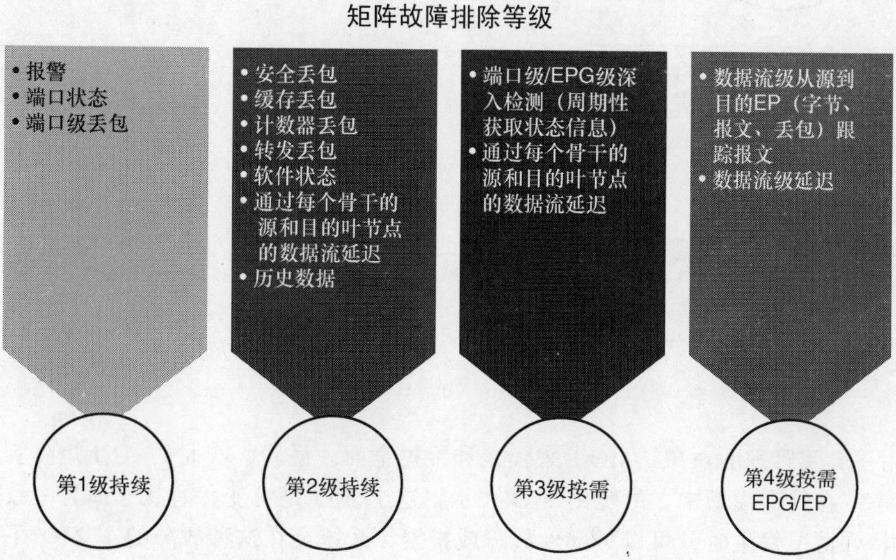

矩阵故障排除等级

- 报警
- 端口状态
- 端口级丢包

第1级持续

- 安全丢包
- 缓存丢包
- 计数器丢包
- 转发丢包
- 软件状态
- 通过每个骨干的源和目的叶节点的数据流延迟
- 历史数据

第2级持续

- 端口级/EPG级深入检测（周期性获取状态信息）
- 通过每个骨干的源和目的叶节点的数据流延迟

第3级按需

- 数据流级从源到目的EP（字节、报文、丢包）跟踪报文
- 数据流级延迟

第4级按需 EPG/EP

图 9-6 ACI 矩阵的故障排除级别

9.3.2 故障

ACI 矩阵中的故障由故障监测器监测。故障是由受管理的对象，例如策略，端口等来代表。故障的特性包括严重程度、ID 和描述。故障在 ACI 中是有状态的和可改变的，它们的存在周期由系统控制。最后，故障和其他 ACI 健康类别一样，是可以通过 ACI 的标准 API 来查

询的。

故障先由交换机上的操作系统（NX-OS）探测到。NX-OS 进程通知交换机的故障管理器。故障管理器根据事先配置的故障规则对故障通知进行处理。故障管理器会在 ACI 的对象信息模型中产生一个故障实体并根据故障策略来管理它的存在周期。最后，故障管理器会将状态变迁通知 ACI 控制器并触发更多动作，例如系统日志消息、SNMP Trap、远程通知等。图 9-7 描述了故障和事件的处理。

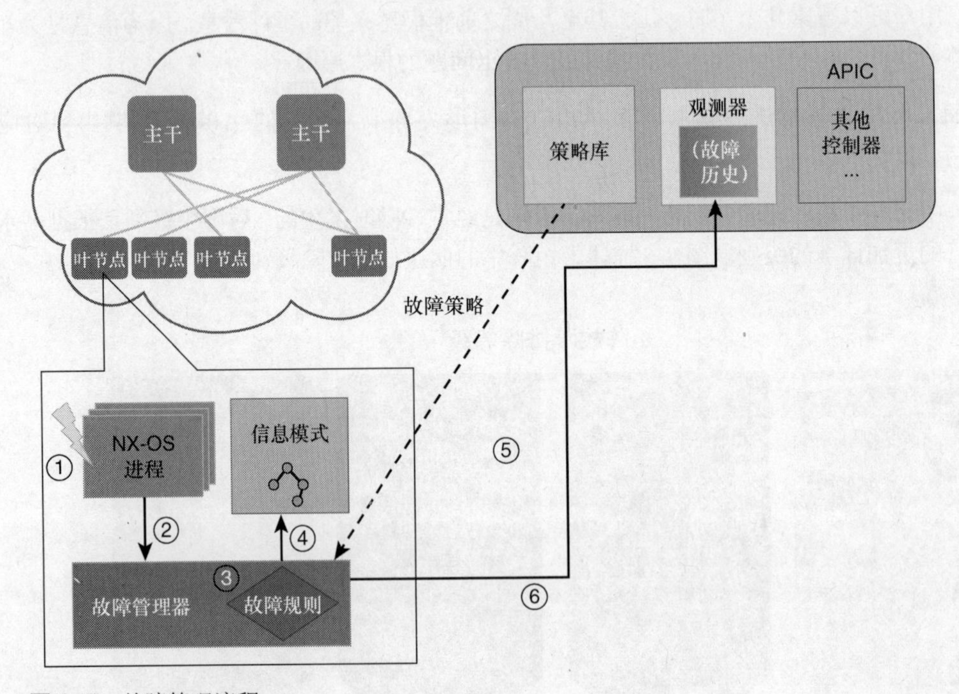

图 9-7 故障管理流程

APIC 用一套受管理的对象（MO）来代表和维护全面，最新，实时的 ACI 矩阵管理和操作状态。在这个模型中，故障由 MO 表示，这个 MO 是可变，有状态而且一致的。当某种特殊情况发生时，可以是部件故障或报警，系统会在这种故障的主 MO 下产生一个子 MO。

对于故障对象类，故障条件是由父对象类的故障规则定义的。在大部分情况下，故障 MO 是由系统在探测到特定状态时自动产生、升级、降级和删除的。在相应故障 MO 还存在时，即使有多个同样的状态发生，系统也不会产生更多的故障 MO。在故障被解决前，故障 MO 会在系统中一直存在。故障 MO 会被系统根据故障收集和保留策略来删除。故障 MO 在被解决并由用户确认可删除前是只可读取不可改变的。故障 MO 是由内部进程触发产生的，内部进程包括有限状态机（FSM）的变迁，探测到的部件故障，或者其他故障策略所指定的状态，有些状态可以由用户事先配置。举例来说，可以对诸如健康评分、数据流或温度等统计测量结果设置故障阈值。

管理信息模型中的组件是由相关的类和对象所组成。在 Cisco APIC 管理信息模型参考中，故障组件包含和故障相关的对象类。对象类是故障对象、故障记录和故障日志。

故障对象由下面两个类中的一个来代表。

- **fault:Inst**：当 MO 发生故障时，会在这个产生了故障情况的 MO 下生成故障实例 MO。
- **fault:Delegate**：为了提高一些可能被忽略的故障 MO 的可见性，APIC 会为某些故障在更可见的逻辑 MO 中产生故障代理 MO。产生故障情况的 MO 的身份信息会被保存在故障代理 MO 的 fault:Delegate:相应的特性中。

举例来说，当终端组中多个节点部署配置时，在其中一个节点上遇到了问题，系统会在代表这个节点的节点对象上产生故障报警。同时，系统还会在代表 EGP 的对象上产生一个相应的故障代理。故障代理允许用户在一个统一的地方看到所有和这个 EGP 相关的故障，而不用关心故障具体是在哪里触发的。

每一个故障都会在故障日志中产生一个故障记录对象。每个故障记录是不可改变的并用来记录某个故障对象的状态变迁。故障记录是在故障实例 MO 的产生、删除或关键特性，如严重度、生命周期，或故障实例对象确认等改变时产生的。故障实例对象是可改变的，但是故障记录不可改变，故障记录的所有特性在记录对象产生时都已经设置好了。

记录对象包含了故障实例对象的完整瞬时状态，并且被逻辑上组织成单独容器下的平整链表。这个记录对象包括了相应实例对象（fault:Inst）的各种特性，例如严重等级（初始、最高和旧事件）、响应、发生次数和生命周期；另外还包括了各种继承特性来反映故障实例的瞬时状态和发生改变的特性和时间。故障记录可以被用来进行基于时间或特性的过滤查询，特性过滤可以是基于严重等级的过滤，基于受影响 DN 的过滤，或基于其他特性的过滤。

故障记录对象产生后就会被加入到故障日志中。故障记录的产生还可能触发系统利用 syslog、SNMP trap，或其他方法将记录细节输出到系统外去。

最后，故障日志收集和保存所有故障记录。只有当故障日志已经被占满并且需要给新的记录分配更多空间时，旧的故障记录才会被清除。当日志空间足够时，一条故障记录可以在故障对象本身被删除后还可以保存很长时间。这些保存和清除行为是在故障记录保存策略对象（fault:ARetP）中定义的。

表 9-1 列出了故障种类和相应的描述。

表 9-1 故障类型

类型	描述
通用	检测到通用问题
设备	系统检测到物理组件不工作或者有其他问题
配置	系统不能配置组件
连接性	例如无法到达的网卡的连接性问题
环境	电源问题，温度问题，电压问题 或 CMOS 丢失
管理	无法启动的关键服务，实例中的组件包括不兼容的固件版本
网络	例如链路中断的网络问题
运维	系统检测到运维问题，例如日志容量限制，或发现失效的组件

故障监测有其生命周期。APIC 故障 MO 都是有状态的。这些故障是在其生命周期里当状态变迁超过一个状态时由 APIC 产生的。另外，故障的严重等级也可能随着时间的推移而改变，状态的改变也可以造成故障严重等级的改变。每个状态的改变都会产生故障记录，如果配置了向外报告机制，状态改变也会产生 syslog 或者其他外部报告。每个父 MO 只能有一个特定的故障实例 MO。如果同样的故障在故障 MO 激活时又发生了，APIC 只会增加发生次数。故障 MO 的生命周期如图 9-8 所示。

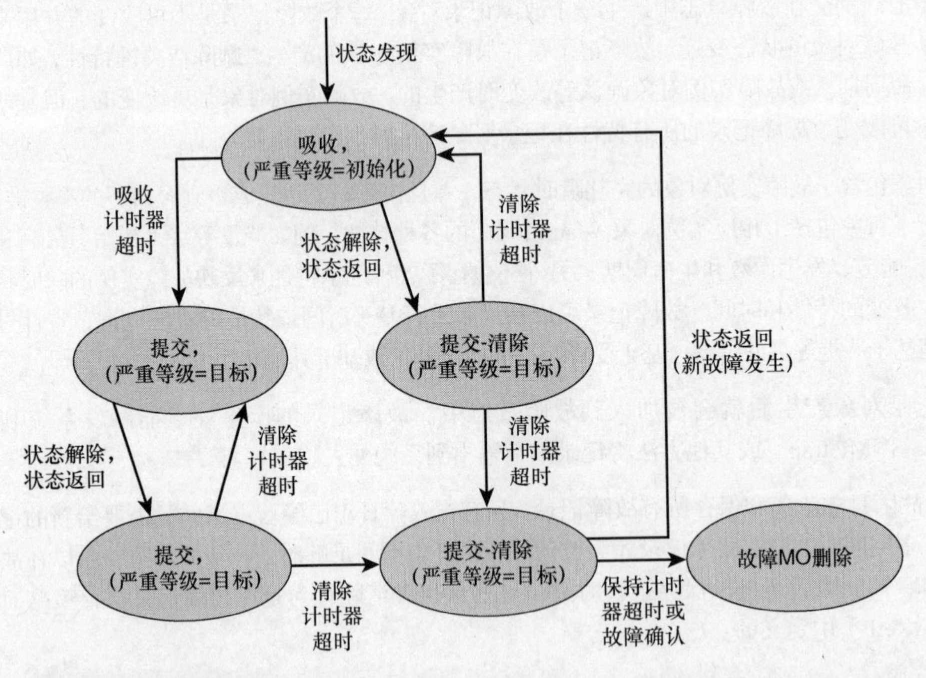

图 9-8 故障的生命周期

每个状态的特点如下所示。

- **Soaking**：当故障状态被探测到时产生故障 MO。初始状态是 Soaking，初始严重等级由故障类型的故障策略决定。因为有些故障只有在持续一定时间后才重要，所以根据故障策略，故障计时开始。在故障计时期间，系统会监测故障是否持续，是否缓和，或者是否重复发生。当故障计时结束，下一个状态决定于故障情况是否还存在。
- **Soaking-Clearing**：如果在计时过程中故障缓解，故障 MO 就进入 Soaking-Clearing 状态，并保持它的严重等级。同时清除计时开始。如果在清除计时过程中，故障又发生了，故障 MO 就会回到 Soaking 状态。如果故障在清除计时过程中没有再发生，故障 MO 就会进入 Retaining 状态
- **Raised**：如果故障情况持续，那么在故障计时超时后，故障 MO 就进入 Raised 状态。因为持续故障很可能比瞬间故障更严重，所以持续故障会被分配一个新的严重等级，也就是目标严重等级。目标严重等级是由故障类的故障策略决定的。在故障缓解前，故障会保持在 Raised 状态和目标严重等级。
- **Raised-Clearing**：当处于 Raised 状态的故障缓解后，故障 MO 会进入 Raised-Clearing 状态。故障严重等级还保持在目标等级，同时清除计时开始。如果故障在清除计时期间又发生了，故障 MO 就会回到 Raised 状态。
- **Retaining**：在处于 Raised-Clearing 或者 Soaking-Clearing 状态下清除计时期间，如果故障没有再发生，故障 MO 就会进入 Retaining 状态并将严重等级清零。保持计时开始，相应的故障 MO 会按照故障策略的规定被保持一段时间。即使故障已经缓解，保持计时也可以确保管理员注意到故障的发生，而不会过早删除故障。如果在保持计时期间，故障再次发生，系统会产生一个新的故障 MO 并放在 Soaking 状态。在保持计时超时前，如果故障没有再发生，或者用户已经确认了故障，故障 MO 会被删除。

故障计时，清除计时和保持计时是在故障周期属性对象（fault:LcP）中规定的。

9.3.3 事件、日志和诊断

ACI 矩阵中的事件是由该模块来监测的。故障由可管理的对象来明确表示，这些对象可以是策略，端口等。故障的特性包括严重等级、身份号和描述。故障是有状态和可变的，它们的生命周期由系统控制。最后，故障和其他 ACI 健康指数一样，可以通过标准 API 来查询。

APIC 采用 MO 的集合来维护完整，实时和动态的 ACI 矩阵系统的管理和操作状态。任何 MO 的配置和状态的改变都是一个事件。大部分事件都属于正常工作流，系统没有必要记录

这些事件也没有必要引起管理员的注意，除非事件符合下述条件。

- 事件在模块中被定义为必须通知的事件。
- 事件是用来跟踪某个要求审查的用户行为。

在思科 APIC 的管理信息模式框架中，事件软件包中包含了通用事件的对象类，当然其他软件包中也包含一些特定的事件类型。

可记录的事件是由事件记录对象代表，这个对象是不可变、无状态和长期存在的。这个 MO 是由系统产生用来记录在某给定时间点发生的特定情况。虽然事件记录 MO 是由另一个 MO 的变化触发，事件记录 MO 存在于事件日志中而不是触发事件的 MO 中。

每个新的事件记录 MO 都会被加入到以下三个独立事件日志中的一个，具体加到哪个日志决定于事件的起因。

- **审计日志**：用来保存用户行为的事件记录，这些事件包括登录、注销（aaa:SessionLR）或者配置改变（aaa:ModLR）等要求审计的行为。
- **健康评分日志**：用来保存系统或组件的健康评分变化记录。
- **事件日志**：用来保存其系统产生的其他事件记录（event:Record），例如链接状态的变化。

每个日志都会收集和保存事件记录。每个事件 MO 都会被保存在日志中，直到日志空间被占满并需要添加新的记录时，旧的事件 MO 才会被清除。每个日志的保存和清除行为是由每个日志相应的记录保存策略对象（event:ARetP）规定的。

每个事件记录对象的产生也可以触发通过 syslog、SNMP trap 或者其他方法把记录细节输出到系统外的目的地。

APIC 事件 MO 是无状态的。APIC 产生的事件 MO 是不会被修改或删除的；事件 MO 只能在事件日志循环时被更新的事件记录和日志空间需要时所删除。

9.3.4 健康评分

健康评分是一个介于 0 到 100 的数字。这个数字反映了下述特性。

- 系统状态的加权信息
- 丢包情况
- 剩余容量
- 延迟

■ 其他依赖于 ACI 矩阵的健康统计

健康评分可以反映矩阵整体，每个节点 EPG，甚至终端或 ACI 矩阵中嵌入的服务，例如负载均衡，防火墙等的健康状况。这个能力带给最终用户先监测矩阵整体的健康评分再深入到分析具体的问题所在的好处。需要重点关注的是，ACI 矩阵中嵌入服务，健康评分是由服务应用软件直接提供给 ACI 矩阵；矩阵本身并不计算这些服务的健康评分。健康评分的概念如图 9-9 所示。

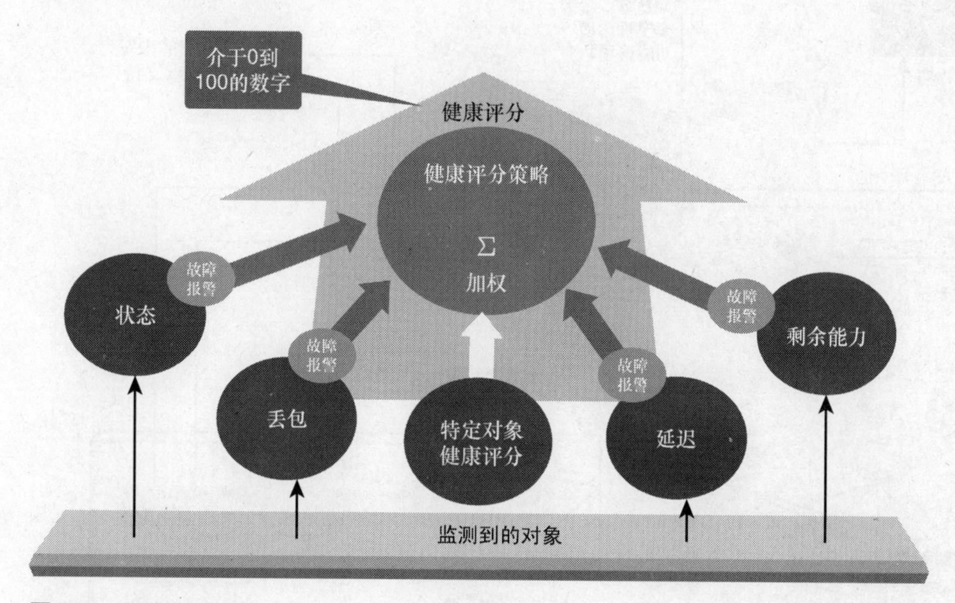

图 9-9 健康评分概念

健康评分间有层级关系，这种层级关系可以自然地用来计算健康评分值。例如，矩阵整体的健康评分由租户的评分决定，租户的健康评分由每个租户中的 EPG 的评分决定。更进一步，某个 EPG 的健康评分，是由 EPG 中的交换机数量、交换机端口数量和各个独立系统的健康评分决定。分层关系允许最终用户对矩阵的健康状况迅速形成感性认识并且找到特定的问题根源。最后，健康评分还考虑到了管理员对故障的确认情况。例如，如果有风扇出了故障并得到了用户的确认，那么健康评分就会得到改善。当然，除非风扇被替换，系统不会回到完全健康状态。

9.4 ACI 的集中式 Show Tech 支持

ACI 矩阵提供了集中式的支持来收集全方位的 Show-Tech 信息。Show-Tech 的输出包含了 Cisco TAC 用来排除故障所需要的大部分信息。Show-Tech 的集中化是通过特定进程而实现的，这个进程会定期收集所有交换机的 Show-Tech 输出并将信息模型数据点，故障管理器，健康评分和其他所有 APIC 的数据进行关联。如图 9-10 所示，这些信息由 APIC 收集整理并可以保存在外部存储器中。ACI 简化了故障排除步骤和数据收集过程，这个特点让用户能够更快地隔离和找出网络问题的根源。

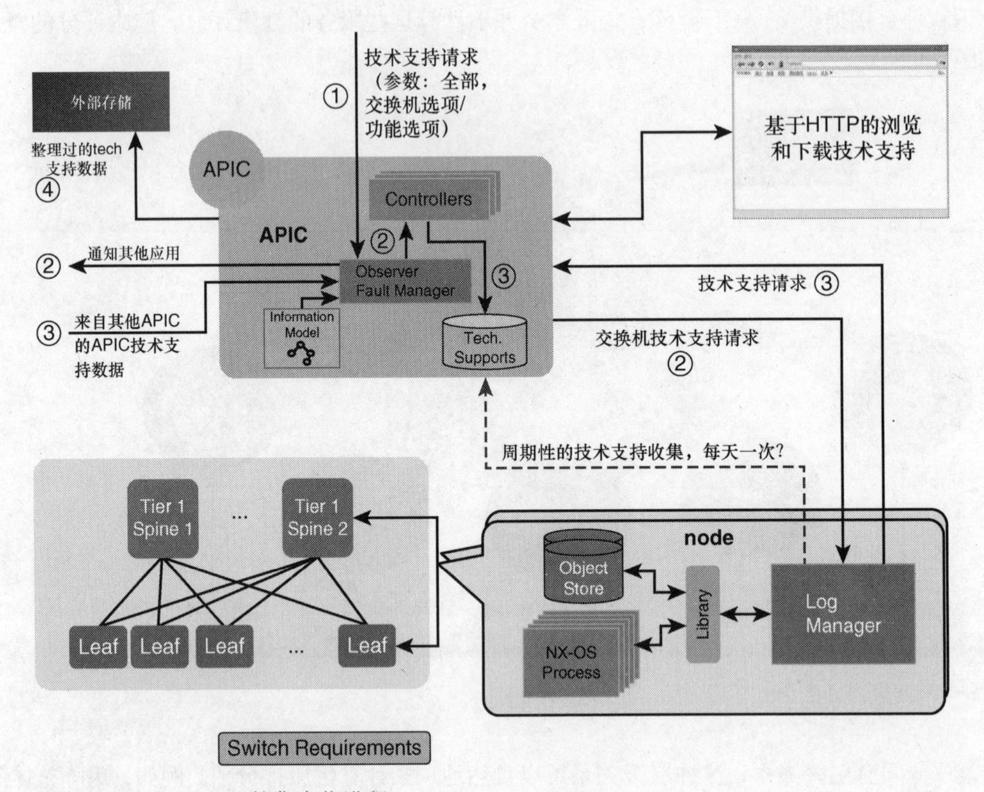

图 9-10 Show Tech 的集中化进程

9.5 小结

思科 ACI 和策略模型采用集中式的方法进行诊断并且利用在每个节点上的原子计数器，延迟监测，故障和诊断信息监测等为系统健康提供整合的测量参数。在 ACI 矩阵上进行故障排除，应该采取全矩阵模式：检查矩阵上所有组件的矩阵整体的统计数据，故障和诊断信息。当达到阈值时，健康评分和故障信息反映了整体状态变化并且对管理员示警。这时候，管理员就可以注意某个特定节点，检查原子计数器或者必要的诊断信息，如 show tech-support，并把相应信息进行关联，如图 9-11 所示。

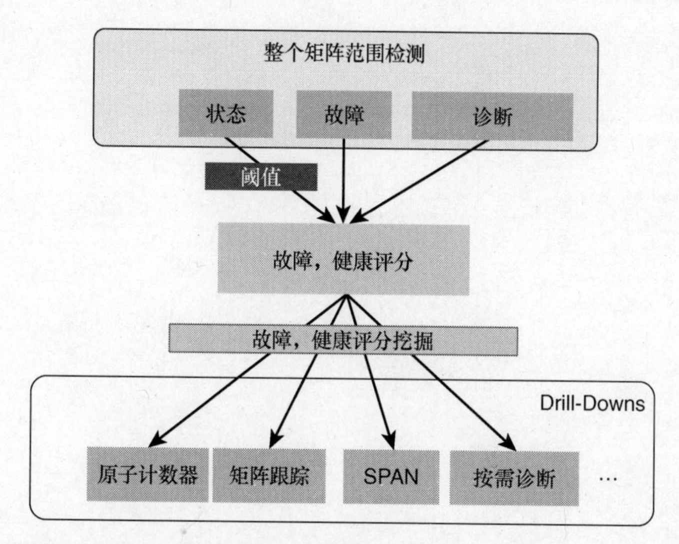

图 9-11 ACI 网络矩阵的故障排除方法

第 10 章

数据中心交换机架构

本章的目的是解释用于数据中心交换机的架构特点，它分为 3 个部分。

- 交换机硬件架构，解释转发平面与管理和控制平面分离，即使在软件升级时，也允许投入生产的数据中心无中断运行。
- 基于交换机硬件架构进行交换的基本原则。
- 数据中心服务质量。本节将结合交换机架构和交换功能实现的背后的逻辑来描述 QoS。

10.1 数据、控制和管理平面

本节解释数据，控制和管理平面之间在同时维护其各自的独立功能时是如何交互的。为了支持诸如思科在线软件升级（ISSU）等功能，这些组件之间的隔离是必要的。隔离可以确保在数据平面或者控制平面失效的时候，系统可以一起关闭，以避免流量进入黑洞。思科控制平面监管（CoPP）功能保护控制平面，防止网络攻击或不同协议竞争 CPU 资源利用率而造成的过多动作。

10.1.1 数据、控制和管理平面隔离

可以想象一下，网络设备以 3 种不同的组件：数据、控制和管理平面结合起来进行操作。

控制平面是交换机用以关注本机如何与其邻居进行交互的组件。控制平面和设备本身有关，而与交换的数据无关，允许交换机决定当报文到达时该做什么。例如，提供并接收生成树消息（网桥协议数据单元），参与路由协议，等等。特定的控制平面协议活动可被卸载到数据平面上，以提供更好的性能，例如链路汇聚控制协议（LACP）活动，或双向转发检测（BFD）。

网络设备的管理平面，包括和设备管理本身相关的所有活动，例如 SSH、Telnet、简单网络

管理协议（SNMP）、syslog，等等。被称为引擎模块的专用 CPU 模块作为控制管理平面活动的宿主机。尽管控制和管理平面同时存在于引擎中，但它们却是完全不同且隔离的实体。

网络设备的数据平面代表了报文转发活动（交换、路由、安全、NAT，等等），或者更简单地说，是报文从设备的入端口转发到了出端口。数据平面的能力是基于硬件的，由称为特定用途集成电路（ASIC）的专用芯片完成。

解耦这 3 个平面具有以下好处，如图 10-1 所示。

- 在数据，控制和管理平面的活动之间提供保护。
- 不管控制平面或者管理活动（如由于 SNMP 产生的高 CPU 利用率），始终具有线速数据转发能力。
- 在不中断业务的情况下升级交换机软件的能力，这样在数据平面还在继续转发报文的时候，CPU 就可以重新启动。然后 CPU 可以恢复到使用新的软件和固件并启用升级前备份好的机器状态。此功能被称为在线软件升级（ISSU）。

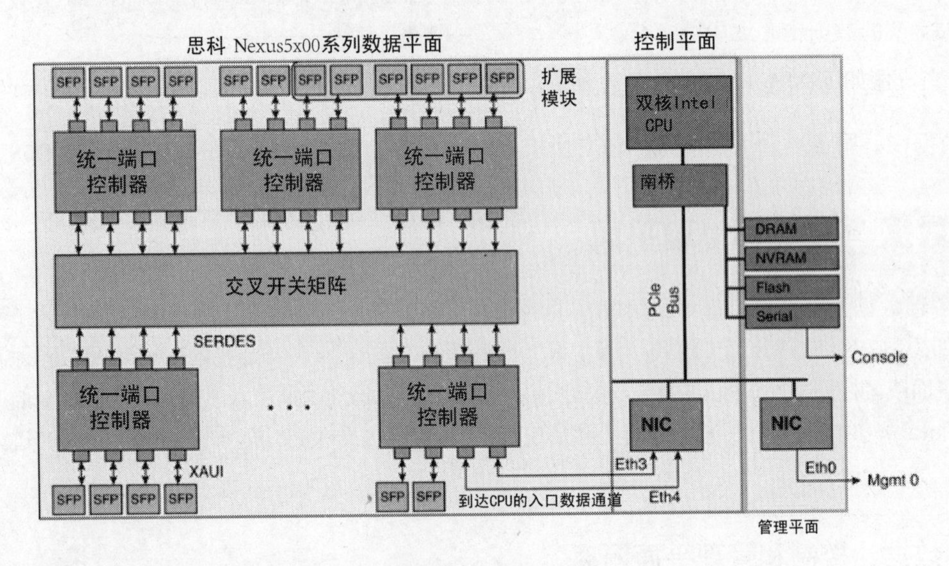

图 10-1 Nexus5000 交换机的交换机架构示意图

10.1.2 控制、数据和管理平面的交互

本节详细介绍控制接口和管理接口及功能。控制平面和数据平面相交互，根据所使用的思科 Nexus 交换机系列的型号，通过一个或多个连接到 ASIC 上的接口相连接。

思科 Nexus 9000、6000、5000 和 3000 系列交换机有 3 种不同的以太接口为控制和管理平面提供功能。

- **Eth0**：交换机的 mgmt0 端口。这是直接连接到控制平面的带外管理网络。
- **Eth3**：控制平面上的带内接口，处理交换机的数据端口上的流量。该端口处理流向交换机 CPU 的低优先级的控制报文，例如因特网组管理协议（IGMP），TCP，用户数据协议（UDP），IP 和地址解析协议（ARP）流量。它被定义为入境低优先级，负责处理低优先级的数据流量。
- **Eth4**：这也是控制平面上的带内接口，处理交换机数据端口上的流量。该端口处理流向交换机 CPU 的高优先级控制报文，例如生成树协议（STP）、LACP、思科发现协议（CDP）、数据中心桥接交换（DCBX）、光纤通道，以及以太网光纤通道（FCoE）流量。它被定义为入境高优先级，负责处理最高优先级数据流量。

思科 Nexus7000 系列有两种内部以太网接口来承载控制和管理平面的流量。

- **Eth1**：交换机的 mgmt0 端口。这是直接连到控制平面的带外管理网络。
- **Eth0**：处理来自于交换机数据端口流量的带内接口。该端口管理所有流向交换机 CPU 的报文，例如 IGMP、TCP、UDP、IP、ARP、STP、LACP、CDP、DCBX、Fibre Channel 和 FCoE。

此外，思科 Nexus9500 系列还有系统控制器，它通过接管如引擎上的电源/风扇、线卡和交换矩阵之间的系统内部通讯等，卸载更多的控制平面的功能。

10.1.3 使用 CoPP 保护控制平面

控制平面管理（CoPP）保护 CPU 避免一种类型的流量独占 CPU 运算周期，并限制其他类型的流量。例如，在广播风暴攻击时，CoPP 限制了每秒钟能够到达 CPU 的 ARP 报文的数量，允许其他类型的报文也能够到达 CPU 模块，而不被丢弃。这种概念并非是数据中心特定的，在所有的思科网络设备上都是这样。这是控制平面的一个重要组成部分。对应数据中心特定的实现将在本节后面介绍。

CoPP 被应用到带内接口（或者在某些平台上是带内-高和带内-低接口），被特别用于所有的控制平面流量。

> **注意** CoPP 并不对连接到控制平面的带外管理接口上的流量进行管理。为限制特定管理接口上的报文，访问控制列表（ACL）可被直接应用到接口上。

控制平面报文类型

流经控制平面的报文可以分为下列 4 种类型。

- **接收报文**：以路由器作为目的地址的报文。目的地址可以是2层地址（如路由器的MAC地址）或者是3层地址（如路由器接口的IP地址）。这些报文包括路由器的更新和保持活动的消息。此类还包括组播报文，即被路由器发往组播地址的报文，例如，在保留的224.0.0.x地址范围的组播地址。
- **例外报文**：需要由引擎模块特别处理的报文。例如，如果目的地址不在转发信息库（FIB）中，并且导致转发查找未果，那么引擎模块会发送ICMP无法到达报文给发送方。另一个例子是带有IP选项设置的报文。
- **重定向报文**：被重定向到引擎模块的报文。例如动态主机配置协议（DHCP）侦听或动态ARP监测等功能会重定向一些报文到引擎模块。
- **收集报文**：如果某个目的IP地址的2层MAC地址不在邻接表中，引擎模块收到报文就会向主机发送ARP请求。

所有这些不同的报文可能会被恶意地用于攻击控制平面，并使思科NX-OS设备过载。CoPP进程将这些报文分类成不同的级别，并提供机制分别控制引擎模块接收此类报文的速率。

CPU具有管理平面和控制平面，这对于网络运行至关重要。任何对CPU模块的破坏或者攻击都会导致严重的网络宕机。例如，流向CPU模块的过度流量会对整个思科NX-OS设备造成过载并降低性能。对引擎模块的攻击有许多种，例如拒绝服务攻击会对控制平面产生很高速率的IP流量。这些攻击会造成控制平面花费大量的时间处理此类报文，并导致无法处理正常流量。

DoS攻击的示例如下所示。

- 因特网控制消息协议（ICMP）回应请求。
- IP分片。
- TCP SYN泛洪。
- TTL超时行为攻击。

这些攻击会影响设备的性能并有以下负面影响。

- 降低服务质量（如较差的语音，视频或关键应用流量）。
- 高CPU处理器利用率。
- 路由震荡导致丢失路由协议更新或保持活动消息丢失。
- 不稳定的2层拓扑。
- 缓慢或不响应的CLI交互进程。

- 处理器资源耗尽，例如内存和缓存。
- 输入报文的任意丢包。

例如，当发送到交换机的报文 TTL=0 时，产生了 TTL 攻击。根据 RFC5082 规定，交换机需要丢弃 TTL=0 的消息。TTL 攻击发送大量的 TTL=0 的消息到交换机，通常会导致很高的 CPU 处理器利用率。CoPP 采用两种方法避免上述问题发生。首先，当 TTL=0 的报文收到时，最高会有每秒 20 个 ICMP 响应报文被发送回去，这对于故障排除来说是非常有用的。其次，当收到的消息的数量超过 20 时，通常会是以百万计，CoPP 为保护 CPU 使用率不增长，会采用硬件静默丢包。

CoPP 分类

为进行有效的保护，思科 NX-OS 设备对到达引擎模块的报文进行分类，允许管理员基于报文的类型来分配不同的速率控制策略。例如，对于 Hello 消息这类协议报文的限制可能会比较低，而对于那些设置了 IP 选项发送到引擎模块的报文就会有限制。模块化 QoS CLI（MQC）使用 class map 和 policy map 为 CoPP 配置了报文分类和速率限制策略。

CoPP 速率控制机制

当报文被分类后，思科 NX-OS 设备有两种不同的机制来控制到达引擎模块的报文的速率。一种被称作为管理，另外一种被称作限速或者整形。

可以使用硬件管理器来定义在遵循或者违反特定情况时针对流量的各自不同的动作。这些动作包括传输报文，标记报文，或者丢弃报文。管理在思科 Nexus 交换机上采用下列方法实现。

- 报文转发率（PPS）：对于特定类型报文所允许的每秒钟发送到 CPU 的报文数量。
- CIR 和 BC：
  - 承诺信息速率（CIR）：需要的带宽，以比特率标注。
  - 承诺突发流量（BC）：在给定单位时间内可以超过 CIR 的突发流量的长度，但并不影响调度。

根据数据中心交换机的具体情况，CoPP 可以用 PPS 或者是 CIR 和 BC 的组合来定义。

例如，思科 Nexus 7000，6000 和 5000 系列交换机通过采用 CIR 和 BC 配置机制来使用 CoPP，而思科 Nexu3000 系列交换机采用 PPS 概念使用 CoPP。无论使用哪种实现方法，结果都是一样的。PPS 配置方法会更易于执行。

推荐的实际操作是采用 CoPP 的默认设置，并在交换机第一次配置的时候，采用合适的设置。CoPP 设置根据所使用的交换机——仅 2 层、仅 3 层或 2 层和 3 层——来自动配置。

推荐对 CoPP 进行持续的监测。如果发生了丢包，需要检查是否是 CoPP 无意丢包还是在响应故障或攻击。在上述情况下，分析状况并评估是否需要使用不同的 CoPP 策略，或修改定制化的 CoPP 策略。

10.2 数据中心交换机架构

本节介绍数据中心交换所使用的交换机架构的关键概念：直通转发，交叉开关矩阵和 SoC 交换机架构。本节会探讨上述技术的相关改进，如超级帧功能，超速和队列模型，以及线头阻塞（HOLB）和虚拟输出队列（VoQ）这些重要的概念。本节还谈及交换架构和多种思科数据中心产品。

为更好地理解交换转发架构，下列的数据中心交换机交换矩阵的关键需求的详细说明是很重要的。

- 提供无丢包交换矩阵基础架构，可以在造成拥塞的输入端口实现流量控制。
- 实现 100%的高速吞吐量。
- 产生极低的超低延迟。
- 避免队列头拥塞。

典型的交换机架构是总线型、网状、2 级、交叉开关矩阵和集中共享内存，通常称为 SoC。交换机 ASIC 称之为 SoC，或者是片上系统，或片上交换机，这都是指一体化，全功能的 ASIC 芯片。在数据中心，两种主要使用的交换机架构是交叉开关矩阵和 SoC。数据中心交换机可以是这 2 种类型的混合体；例如，带有交叉开关矩阵的 SoC、带有 SoC 矩阵的 SoC，等等。交叉开关矩阵的队列机制可以是输入型，或者输出型的，采用共享内存的 SoC，如图 10-2 所示。

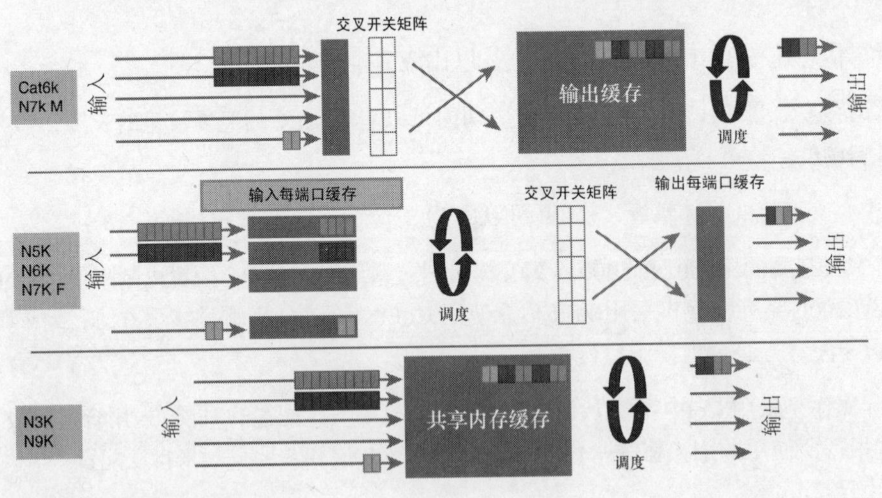

图 10-2 交换机架构概述

交换机基于在每个接收到的数据帧上的目的地址进行即时转发判定。在以太网，在帧开始位分隔符之后的第一个字段就是目的地址。因此在查找信息的开始位，交换机就知道数据帧需要被送到哪个输出端口。在向这个输出端口做出转发决定前，就不需要等待整个数据帧全部到达。这就使交换机在剩下的数据被接收前，就立刻开始转发数据帧。这种机制被称作直通转发交换。它不同于在查表和转发决定做出前，整个数据帧被先保存下来的存储转发交换。因此，直通转发机制减少了查表和转发决定操作的延迟，这极大地提高了交换机的性能。图 10-3 展示了相比存储转发型交换机随报文长度而增长的延迟，直通转发型交换机提供了稳定的超低延迟（ULL）。直通转发型交换机采用第一个比特位进，第一个比特位出的数据帧处理方法。

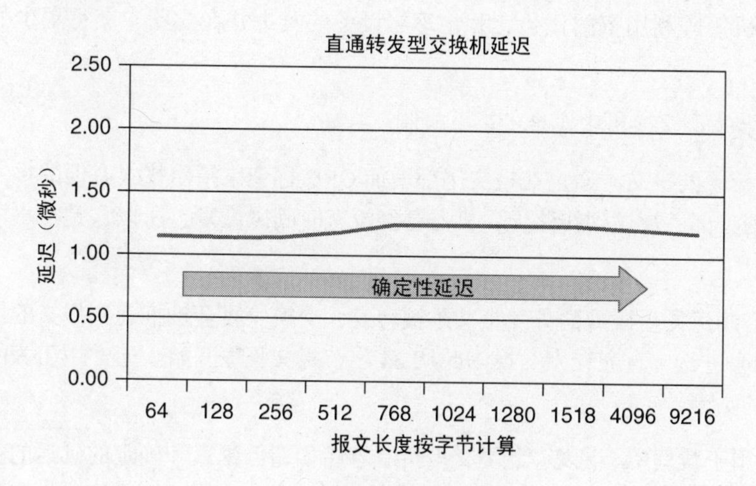

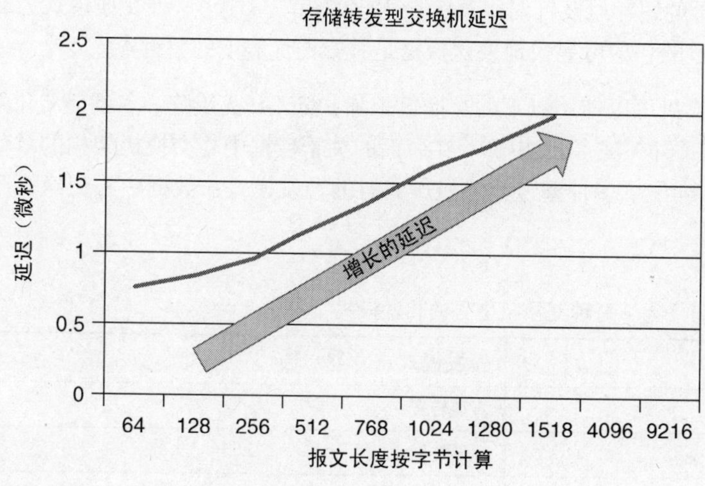

图 10-3 不同交换机的网络延迟结果

市场上第一台以太网交换机是被思科公司收购的 Kalpana 公司开发的直通转发型交换机。同样也被思科公司收购的，Kalpana 公司的竞争对手，Grand Junction 系统公司，提供了存储转发交换技术。开发存储转发型交换机的动力来自于在转发前，就能侦测到整个数据帧的能力。这可以确保：

- **碰撞检测**：报文作为整体存储下来，使避免数据帧发生碰撞成为可能。
- **不转发有误码的报文**：转发前检查 CRC 校验位。

存储转发型交换机是市场上最常见的交换机类型。在过去 5 年里，在思科领导下和其他交换机供应商的合作下，直通转发型交换机的销量在数据中心市场有所回头。这主要是因为其所获得的延迟性能，交换机矩阵利用率的优化，和物理层设备的改进并在线路上获得更少的 CRC 误码。

存储转发受益于在直通转发型交换机中实现的以下机制。

- 对于未能通过 CRC 校验的报文，通过在报文尾部增加 CRC 标记来指出格式有误的报文的机制。因为报文的首部已被送到线路上，机器已经没有时间来恢复，所以这是唯一可行的机制。
- 无分片报文机制。为确保发生碰撞的分片报文不被转发，交换一直会被推迟到报文的最初 64 个字节结束才会进行。直通转发交换因此从 64 字节报文长度开始。通常用于表的查找总是会有延迟的。

直通转发型交换机主要用于数据中心网络。此类交换机有着诸如超低延迟和确定的延迟的主要优点，这导致了需要更少的缓存以及针对组播流量优化的矩阵复制。这种交换模式为实现更好地应用和存储性能的目的，尽可能快地发送数据是其架构优势上的关键点。

直通交换或存储转发型交换机可以使用以下的交换机矩阵：交叉开关矩阵、多级交叉开关矩阵 SoC，或多级 SoC 等交叉开关或 SoC 矩阵。在后面的关于数据中心交换机架构的章节中将介绍这些功能。表 10-1 列出了多种型号交换机所具有的转发模式：数据中心交换机产品中的直通转发或存储转发模式。

表 10-1 每种交换机型号的转发模式

交换机型号	转发模式
思科 Nexus 9000 系列	直通转发
思科 Nexus 7700 系列	存储转发
思科 Nexus 7000 系列	存储转发
思科 Nexus 6000 系列	直通转发

续表

交换机型号	转发模式
思科 Nexus 5500 系列	直通转发
思科 Nexus 5000 系列	直通转发
思科 Nexus 3500 系列	直通转发
思科 Nexus 3100 系列	直通转发
思科 Nexus 3000 系列	直通转发
思科 Nexus 2000 系列	直通转发
思科 Catalyst 系列	存储转发

这些出现的特例值代表了直通转发型交换机机制只有当接收端口速率高于或等于输出端口和位于其间的交换矩阵的速率（当架构中是有矩阵存在的情况下）时，才有可能发生。例如，表 10-2 显示了思科 Nexus6000 和 5000 系列交换机的直通转发动作。在表中的特例是基于存储转发的 1GE 到 1GE 的速率。这是运行在 10 或 40GE 的交叉开关矩阵，带来了 1GE 到更高矩阵速率的速率不匹配的结果。

表 10-2 Nexus 6000 和 5000 系列交换机直通转发模式

源速率	目的速率	交换模式
40GE	40GE	直通交换
40GE	10GE	直通交换
10GE	40GE	存储转发
10GE	10GE	直通交换
10GE	1GE	直通交换
1GE	10GE	存储转发

10.2.1 交叉开关交换矩阵架构

交叉开关型交换机是交换矩阵的构建组件。交叉开关型交换机矩阵架构提供了多个无冲突路径、更高的带宽能力、无阻塞的架构和更多的端口数量。

在交叉开关型交换机中，每个输入都通过交叉节点，单独连接到每个输出。交叉节点是交换功能的最小单元，使用多种诸如晶体管、AND 门和光电二极管的电子元器件来搭建。图 10-4 显示了交叉开关网结构机制的示意图。

图 10-4 交叉开关网

由于交叉节点是为每个连接存在的，所以交换机的交叉开关矩阵被认为是严格非阻塞的。只有当多个报文在同一时刻发往同一输出端口时才会发生阻塞。交叉开关交换机的复杂度在于交叉节点的数量很多。例如，对于 nXn 交叉开关（n 个输入，n 个输出端口），所需的交叉节点的数量复杂度是 N^2。仲裁器和调度器被用于避免交叉开关矩阵的阻塞场景。图 10-5 演示了在每个输入-输出交叉上的交叉开关网的交叉节点概念。

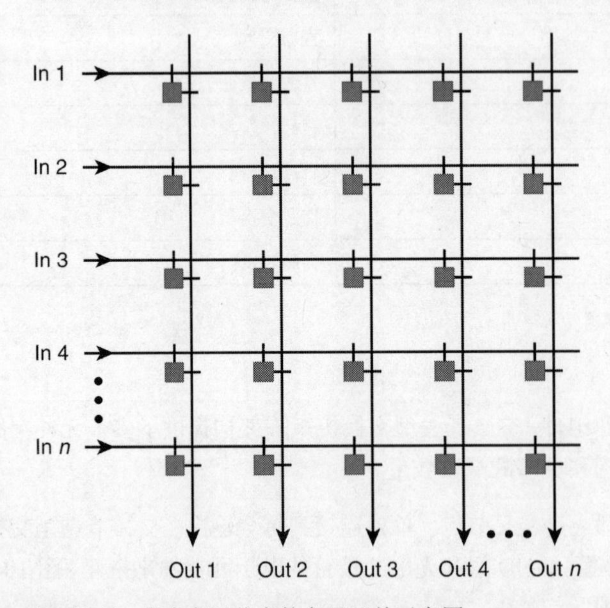

图 10-5 带有交叉节点的交叉开关示意图

交叉开关架构有如下好处。

- 很高的扩展性，在单台物理设备上实现很高的端口密度和端口速率。
- 无阻塞架构，实现行为确定的网络设计。
- 能够提供无丢包的传输，因此可以承载诸如光纤通道数据帧的丢包敏感的流量。此功能是由流量控制模型机制提供的。因为拥塞是在入端口发生的，所以这种流量控制机制更易于实现。

通过交叉开关矩阵进行单播交换

流量在交叉开关矩阵实现负载均衡：每个端口可以访问所有的输出端口。对于单播流量，流量到达给定的输入端口，将交叉开关矩阵上的交叉节点路径连接到特定的输出端口，从而单播被发送出去。多个流量可以同时发送到同一个矩阵。图 10-6 显示了在不同的源和接收端口对之间，平行地转发单播报文。

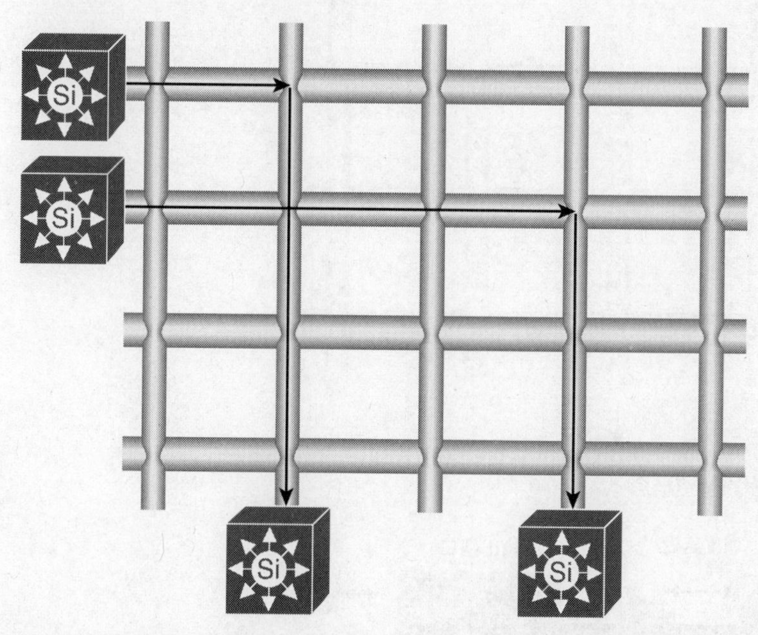

图 10-6 通过交叉开关的单播交换

通过交叉开关矩阵进行组播交换

组播流量发送到交叉开关矩阵，在矩阵上进行复制。这样做的结果是，在组播数据帧到达时，会在交叉节点产生大量的组播流。其所带来的一个好处是，源线卡或端口 ASIC 不需要在报文前往的其他线卡或端口 ASIC 目的地进行复制。

交叉开关矩阵超速

交叉开关矩阵的时钟速度比矩阵上的物理端口接口的速度快好几倍。这就称作超速。为达到每个端口100%的吞吐率能力，也就是线速，就需要超速。当从多个输入端口接收到流量到达一个输出端口而发生竞争的时候，调度器决定报文应该被发往输出端口的顺序。这些动作会花费时间使得一些报文因为等待而降低转发速度，并造成空闲时间和报文间隔。空闲时间是报文等待直到调度器允许报文通过矩阵。因为仲裁进程很自然会造成空闲等待延迟，所以不可能获得线速。为解决这个降速的影响或是调度器增加的延迟，交叉开关矩阵都备有超速功能。图10-7显示了在交叉开关矩阵中超速的概念，图10-8显示了交叉开关矩阵型交换机的超速。

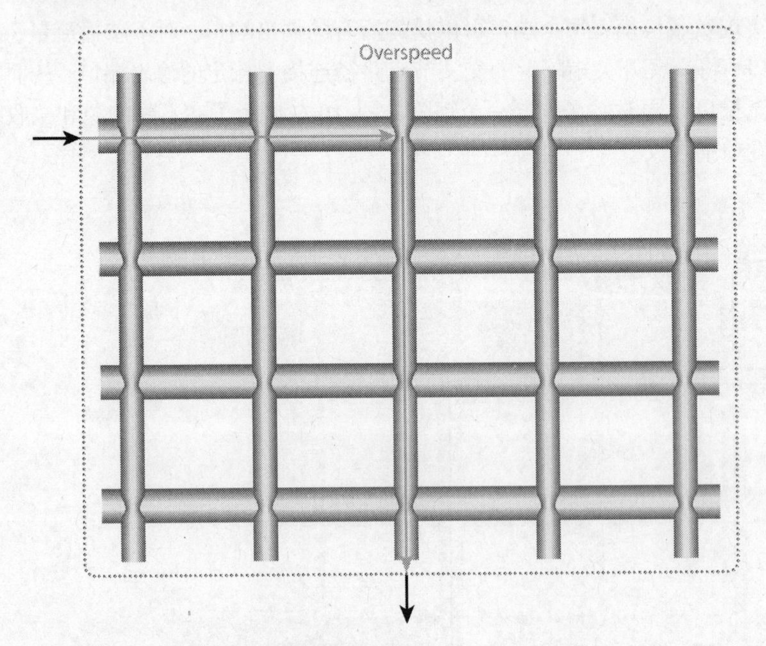

图10-7 交叉开关矩阵的超速概念

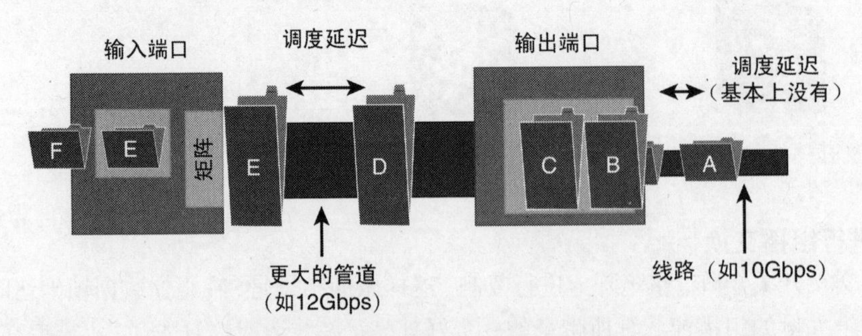

图10-8 直通交换交叉开关型交换机中的超速

交叉开关矩阵中的超级帧功能

超级帧功能是指当报文发送到交叉开关矩阵时，将报文捆绑成更大尺寸的数据帧。这在每个传输或仲裁确认时进行。超级帧只有在交叉开关矩阵传输数据帧时被使用。当报文离开交叉开关矩阵到达输出接口时，超级帧会被删掉。因此对于流量通过交换机而言这是透明的。

当数据帧被发送到交叉开关矩阵时，有两个因素会增加延迟：由于调度活动造成的报文间距，和在矩阵传输中出于信号完整性目的，而增加的额外的过载包头。这个过载包头有固定的长度。

因此当它和报文间距一起被加入到小包时，在报文长度上会有可见的较大的增长。这降低了给定更小报文长度的数据流量的整体可能的吞吐率。在需要时，按报文长度将报文绑定形成的超级帧功能使吞吐率不受影响。图 10-9 显示了超级帧功能的概念。

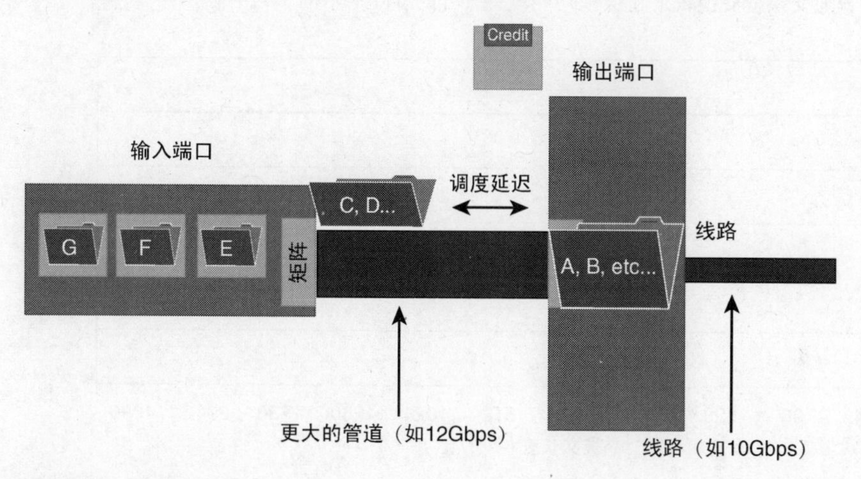

图 10-9　超级帧功能

超级帧功能是交叉开关矩阵内在机制的一部分，而且基本上是不可配置的。没有固定的超级帧的尺寸大小。由于不需要等待放满超级帧，所以不会增加交换机的延迟。例如，如果在队列里只有一个 64 字节的报文，并且输出端口是空闲的，那么调度器就会立刻允许这个报文进入矩阵。

图 10-10 显示了没有超级帧功能时的性能。这证明超级帧功能是获取线速吞吐率的交叉开关矩阵的构建组件。只要报文长度是 4096 字节或更大，不使用超级帧功能也能获得线速。开启超级帧功能，对于 64 字节的发送到线路上的最小报文也可以得到线速吞吐率。图 10-11 显示了在思科 Nexus5000 系列交换机上超级帧功能打开后的相同的吞吐率测试。

注意　思科交换机不允许用户关闭超级帧功能。图 10-10 和图 10-11 的目的是显示超级帧功能的效率。

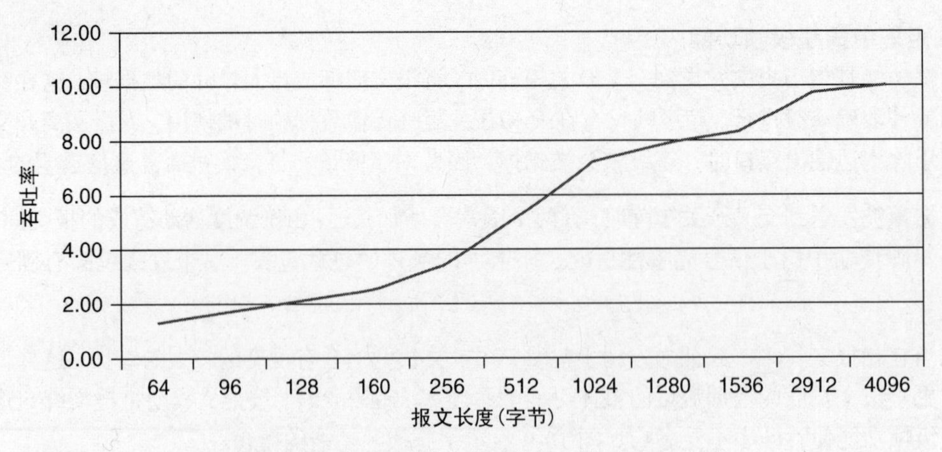

图 10-10 在直通交换型交换机上超级帧功能没有打开的吞吐率示例

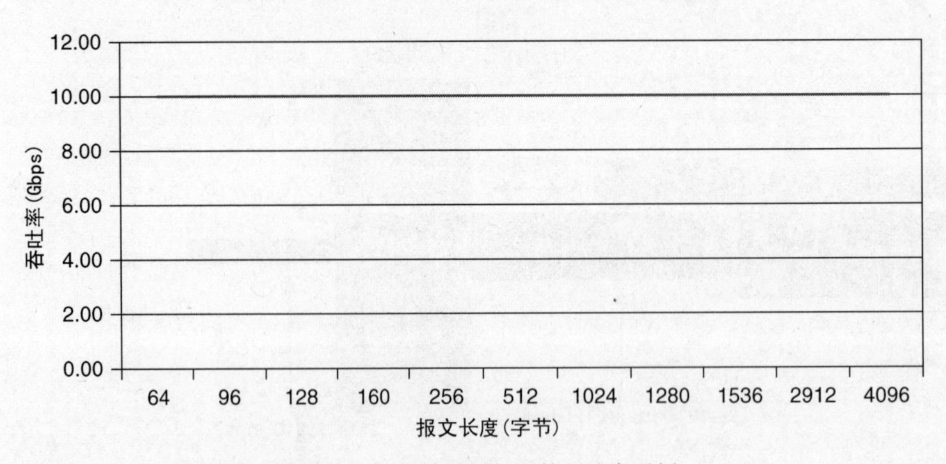

图 10-11 在直通交换型交换机上超级帧功能打开的吞吐率示例

调度器

调度器，也被称为仲裁器，其功能是为流经矩阵的数据帧服务。调度器是交换机矩阵的关键构建组件。它不仅避免队列头阻塞，而且提供有效的缓存调用，但必须有能力隔离拥塞的源端口或拥塞的输出端口。调度器还有加权机制以确保流量的优先级和在大流量下不丢包的能力。在负载下，调度器必须能够将吞吐率最大化。

思科 Nexus 系列交换机使用了下例两种模型在矩阵和端口之间进行通信调度。

- **信用模型**：基于令牌信用交换，调度器给想要通过交换机的流量分配信用。信用被超级帧使用后返回给调度器。数据帧可能会在队列里等待直到收到信用。等待的位置根据队列机制不同而不同：输入、输出或者集中。这是在思科 Nexus9000、7000、5000、3000 和 2000 系列交换机中最常见的调度模型。

- **冲突模型**：在端口和矩阵调度器之间有两个消息进行交换：ACK/NACK。在此模型中，没有必要等待信用。一个或多个输入端口竞争一个输出端口。从调度器接收到 ACK 消息的输入端口，发送流量到交叉开关矩阵。其他输入端口会收到 NACK，这是禁止使用矩阵的消息。然后他们会尝试另外的矩阵路径直到收到 ACK 消息。这个模式在思科 Nexus6000 系列交换机上被实现，和基于信用调度器的 Nexus5000 相比，该模式降低了通过矩阵的结构性延迟。

为获取线速吞吐率，可以将矩阵超速，超级帧功能和调度器的有效使用相结合。理想的调度器在大部分的流量情况下确保线速，和非常小流量负载情况相比，会带来线速环境下的很低的延迟。通常在线速情况下调度器服务数据帧所带来的延迟，在整个交换机延迟中所占比例最多为 10%。

交叉开关矩阵直通转发架构小结

结合了直通交换的交叉开关矩阵交换机架构，使交换机在各种报文长度下都能实现线速并保持持续稳定的超低延迟。这就使基于无损以太网，超低延迟和大数据/超级计算环境下的确定延迟的存储网络成为可能。矩阵有着比最低需求更多的交叉节点、虚拟输出队列、超速和超级帧功能。直通交换在报文尺寸上提供最佳和确定的性能，这个技术被用在思科 Nexus9000、6000、5000、3000 和 2000 系列交换机上。Nexus6000 和 5000 系列交换机采用交叉开关矩阵的直通交换模式，思科 Nexus9000 和 3000 系列是基于中央内存的。思科 Nexus7000 系列交换机采用存储转发交叉开关矩阵交换机制，其交叉开关矩阵具有超速，超级帧功能等好处。下面的章节将描述交叉开关矩阵的每种队列模型。中央内存（在 SoC 上采用）将在本章后续的“中央共享内存（SoC）”一节中介绍。

输出队列（经典交叉开关矩阵）

在设计高带宽交换机时，一个主要的关注点是内存带宽的限制。内存是交换机所具有的队列机制的构建组件，因此交换机速度的限制因素之一是内存的速度。高效使用内存带宽的交换机可以运行的比其他交换机更快。根据交换机的架构的不同，队列技术可位于输入端、输出端、输入输出端，或在中央位置。队列技术有 3 种：输出队列、输入队列和中央共享内存。在交叉开关矩阵交换机架构中会使用输出或输入队列。本节介绍输出队列模型，如图 10-12 所示。

在输出队列交换机中，所有队列都被放置在交换机的输出部分。输出队列交换机具有可提供高吞吐率和保证 QoS 的能力。在输入端缺乏队列意味着所有到达的数据帧必须立刻被输送到他们的输出端口。从 QoS 和吞吐率角度看，这是有利的，因为数据帧立刻出现在输出端口并且 QoS 得到了保证。不利的地方在于当太多的数据帧同时到达时，输出端口会需要大量的内部带宽和内存带宽。例如，假定同时能收到 X 个数据帧，当数据帧到达内存时，输出队列内存需要支持对每个数据帧的 X 次写操作。为实现该场景，交换机就需要支持 X+1 倍的内存加速比。

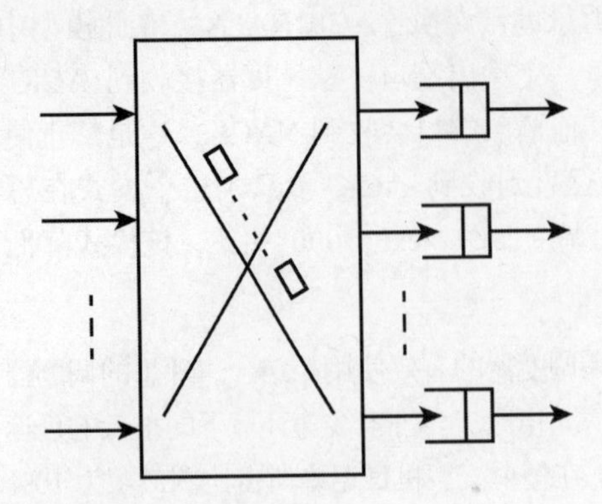

图 10-12　输出队列

两类思科数据中心产品线交换机使用输出队列：基于 Catalyst6500 模块化交换机（本书并未讨论，在此只是用作比较）和带有 M 系列线卡的思科 Nexus 7000 系列模块化交换机。这些交换机具有很大的输出队列内存或输出缓存。它们是存储转发交叉开关矩阵架构的。由于它们提供了很大的内存，所以也能提供很大的表项空间供 MAC 地址学习、路由、过滤表等。然而其端口密度和速率会比其他类型的交换机要小。

输入队列（输入交叉开关矩阵）

输入队列，不像输出队列那样，对内存没有加速比的要求。输入端口的队列不需要在同时发送或接收多于一个的数据帧。因此，内存只需要运行在线速的 2 倍速度就可以了，这就使得输入队列成为搭建高带宽交换机的关键。然而，输入队列却有线头阻塞（HOLB）的问题。通过采用虚拟输出队列技术（VoQ）很容易解决此问题。HOLB 将在下节介绍。图 10-13 显示了输入队列。

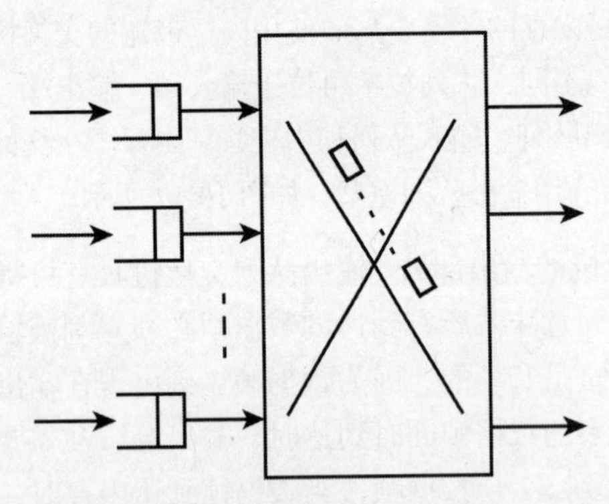

图 10-13　输入队列模型

此输入队列模型，也被称作输入队列或者输入缓存，在思科 Nexus7000 F 系列线卡和

Nexus5500 和 Nexus5000 系列交换机上使用。这些交换机受益于在以下方面的增强。

- 紧耦合调度器和交叉开关矩阵，提供 20%加速比。
- 专用的单播和组播调度器。
- VoQ 用以避免 HOLB。
- 3 倍矩阵超速。
- 比需要多 3 倍以上的交叉开关节点，更好地处理多对一的拥塞场景和超级帧功能。

所有这些功能的组合使交换机对直到线速上限的任意负载，任意报文长度，在开启任何功能下（ACL 等）都能够提供相同的延迟和性能。

理解 HOLB

当去不同输出端口的数据帧到达同一个输入端口，前往空闲的输出端口的数据帧会被在它前面的前往一个拥塞的输出端口的数据帧所阻塞。因此，前往空闲的输出端口的数据帧不得不在队列中等待直到其他输出端口不再被阻塞，这产生了被称为 HOLB 的反压，这种现象对应该不受影响的流量产生了不必要的影响。这种反压会造成数据帧乱序和通信降级，而且吞吐率会被 HOLB 所影响。研究表明，在特定的情况下，在 HOLB 出现时，吞吐率会被限制到 58.6%。图 10-14 描述了 HOLB。

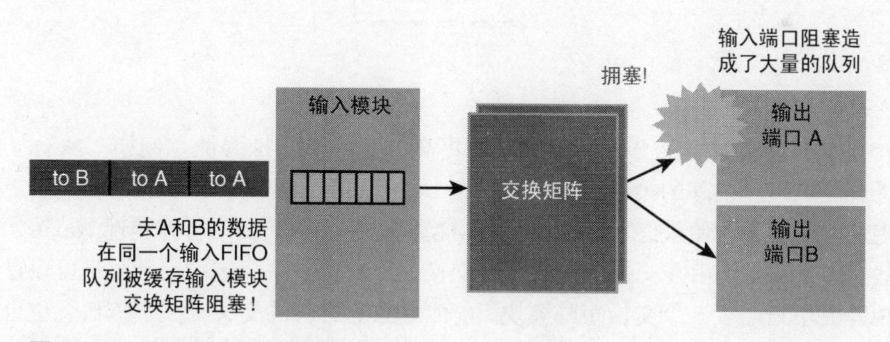

图 10-14 交换机 HOLB 现象

使用 VoQ 克服 HOLB

交换机行业在很长的时间里，由于 HOLB 所造成的问题，很少使用输入缓存。最近这个问题终于被 VoQ 所解决。在 VoQ 交换机中，所有的输入端口形成了一个简单的队列结构，这包括多先进先出（FIFO）队列、每输出端口队列等。采用这些机制，在每个 FIFO 队列里的所有的数据帧可以前往相同的输出队列。因此数据帧不会被它前面的前往不同输出端口的数据帧所阻塞，有 VoQ 的地方就没有 HOLB。尽管 VoQ 看上去很复杂，但 VoQ 输入队列的内存带宽实现和单个 FIFO 输入队列结构是一样的，这是因为在大多数情况下，数据帧在一个时间点上只能到达和离开一个输入端口。使用指针，所有输入端口的队列可以共享同一个物理内存。使用 VoQ，由于调度器需要能够服务比单个 FIFO 输入队列结构更多的队列，所以调度器会更加高级。请注意，VoQ 和缓存功能是在调度器所在的交换机的输入 ASIC 上执行的，并不是在交叉开关矩阵模块上进行的。图 10-15 演示了 VoQ。

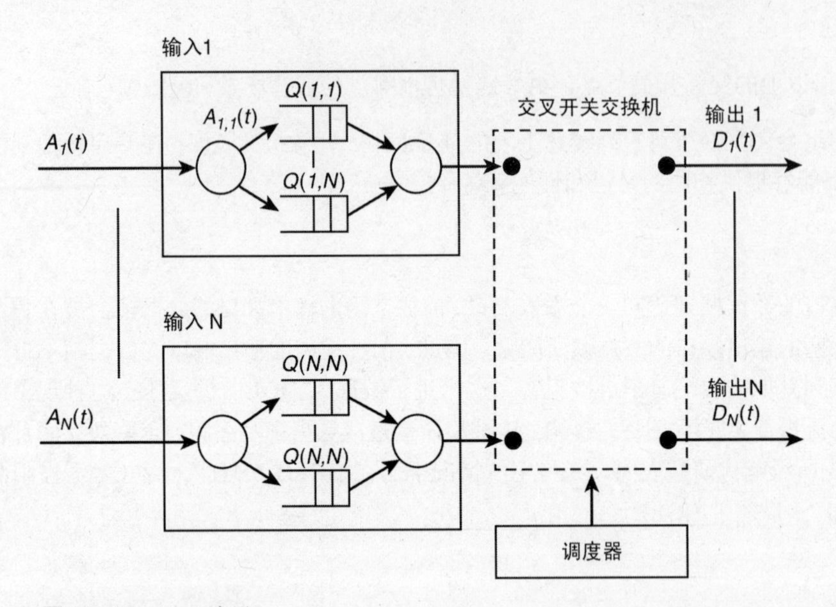

图 10-15　VoQ 演示

特定的架构可以实现多级交叉开关矩阵以获得更高的矩阵带宽扩展性。例如，Nexu7000 有 3 级交叉开关矩阵。矩阵的第一和第三级是在 I/O 模块上实现的，第二级是在交换矩阵模块上实现的。这种做法使最终用户能够控制交换矩阵过载率，例如可以实现 Nexus7000 机箱上的线速转发。这是由在交换机上的 2 级交换矩阵的数量来决定的，其数量可以是从一个交换矩阵模块到最多 5 个交换矩阵模块。前面介绍的所有的交叉开关矩阵概念也可以继续应用到多级交叉开关矩阵。多级交叉开关矩阵实现了数据中心主干-叶节点矩阵网络架构的同样的扩展性原则（在本书前文谈及），这样可以支持比单台交换机更大的带宽。这个技术不同于采用流机制的主干-叶节点，交叉开关矩阵是基于报文的。图 10-16 演示了多级交叉开关矩阵。

在交叉开关交换机架构中，矩阵执行了组播流量的复制工作。对于输入或输出队列来说，调度工作早于或晚于矩阵模块。交叉开关矩阵的多级交换的案例是 Nexus7000。

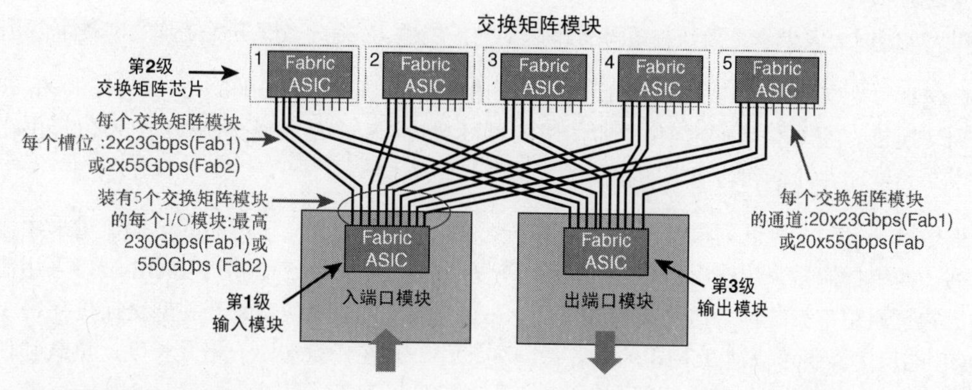

图 10-16 多级交叉开关矩阵

10.2.2 中央共享内存（SoC）

中央共享内存是另外一种数据中心交换机架构，通常用在低带宽交换机上。内存被所有的输入和输出端口所共享。每个输入和输出端口在一个时间点上只能访问一个交换机内存。内存被分区成多个队列，每个输出端口一个。内存分区可以是静态的或动态的。这种队列技术为数据帧提供和输出队列技术相同的动作：逻辑上共享内存实现可以被看作是所有队列放在中央内存区域的输出队列机制。另外的好处是带来更低的数据帧丢包的可能性：因为内存是共享的，未使用的缓存可以分配给负载高的端口。共享内存架构的挑战之一是要有满足内部加速比需要的内存，和输出队列模型，需要工作在比线速还快 2 × N 倍，N 是端口的数量。图 10-17 显示了 SoC 队列模型。

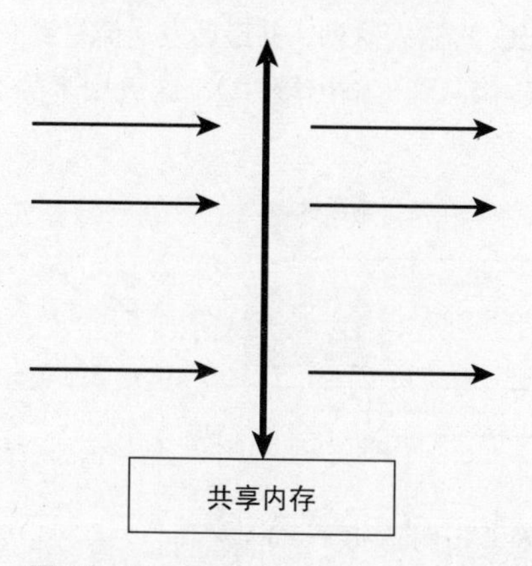

图 10-17 SoC

SoC 在过去几年随着纳米技术和时钟速度的发展而变得越来越普及，SoC 能够在很小的尺寸里放置很大数量的晶体管（超过 10 亿），这就直接将交换机以太网端口映射到了 SoC。对于 SoC 所支持的端口密度排除了需要交叉开关矩阵方案，在编写本书时，通常是从 48 到 128 个 10GE

端口。这仍旧大大少于交叉开关矩阵所能达到的扩展性，实际上交叉开关矩阵的扩展性会更高。

SoC 包括片上交换的单片 ASIC 交换机，例如柜顶交换机 Nexus 3000、3100、3500 和 9000 系列交换机。在这些柜顶交换机中所使用的思科 Nexus SoC 是直通交换型的，可以提供在任意报文长度，吞吐率和功能下的相同的延迟。

最近思科开发了 3 种队列模型的混合方式：Nexus 6000 产品线。该产品的单播流量采用输入队列，而组播流量采用输出队列(减少了矩阵复制的总量)，每 3 个物理 40GE 端口采用输入输出共享通用中央缓存。这种混合方式使 Nexus 6000 直通交换交叉开关型交换机在每 3 个 40GE 端口上配备了高达 25MB 的大容量队列缓存，并在任意端口、报文长度、负载和任何 L2/L3 功能都打开的情况下，提供相同的 1 微秒超低延迟。

10.2.3 多级 SoC

有了 SoC 类型的交换机架构，就有可能把多个 SoC 组合起来实现更大的扩展性。有两种实现方式：带有 SoC 的交叉开关矩阵，以及带有 SoC 的 SoC 矩阵。

带有 SoC 的交叉开关矩阵

这种结构包括使用 SoC 进行所有的交换和队列操作，并使用矩阵来互联多个 SoC。当 SoC 位于输入或输出交叉开关矩阵时，SoC 可为不同操作而进行编程，这种架构类似于输入或输出队列交叉开关矩阵架构。

例如，Nexus7000 系列线卡使用 SoC 和交叉开关矩阵互联所有的 SoC。该模型是输入队列交叉开关模型，位于输入端的 SoC 有转发引擎，带有 VoQ 的输入队列，并最后发送流量到交叉开关矩阵，如图 10-18 和图 10-19 所示。请注意出现了输出队列（输出缓存），这被用来静态

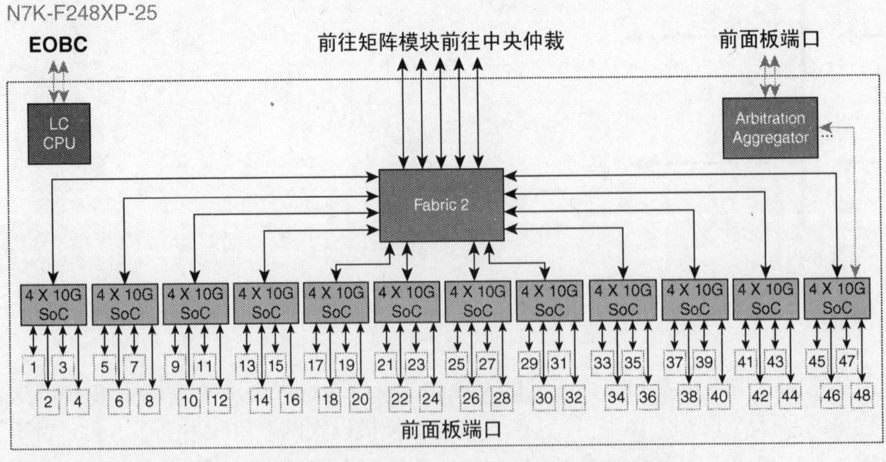

图 10-18 思科 Nexus F2 系列线卡上的 SoC 和交叉开关矩阵架构

地适应数据帧，这些数据帧已经通过了输入队列级，并在交叉开关矩阵中传输，在要前往目的输出端口遇到了拥塞。因为矩阵是非丢包组件，所以在这种特别的场景下，数据帧必须在输出端口被缓存。图 10-18 和图 10-19 显示了思科 Nexus F 系列线卡的交叉开关矩阵和 SoC 架构，以及在同样线卡上的 SoC 内的功能。

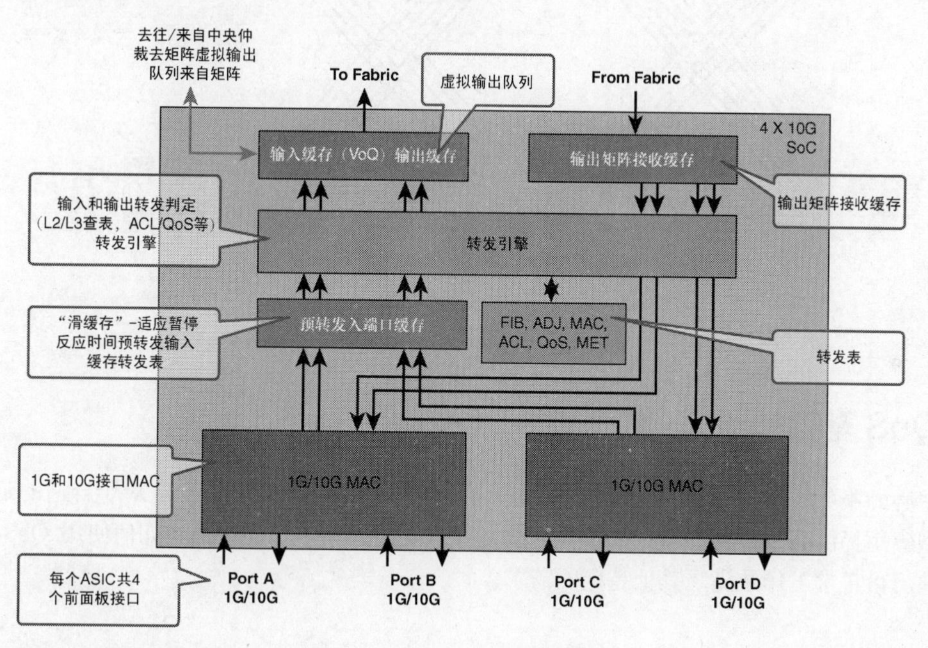

图 10-19　思科 Nexus F2 系列线卡上的 SoC 功能示意图

SoC 矩阵

这种架构包括搭建无阻塞交换架构和具有同样结构的 SoC，避免需要使用不同的 ASIC 型号来将交叉开关矩阵和 SoC 进行互联。然而，这会潜在地带来 SoC 之间的通信复杂度和整体更高的搭建最终产品所需的 SoC 密度。例如，需要实现同步在所有 SoC 上的所有交换和路由表项的机制，否则，诸如泛洪或缺乏 MAC 地址学习的问题就会发生。更新的 SoC 提供了专用的、更快的有时被称作 High-gig 端口的 SoC 直接的互联链路。这种模式在 SoC 之间有控制和通信机制，可以避免图 10-20 所担心的问题。

从端口数量角度看，64 个无阻塞端口的 SoC，如果需要搭建 128 个非阻塞端口的交换机，那么就需要总共 6 个 64 端口的 SoC，如图 10-20 所示。4 个 SoC 被用来作为端口侧，2 个被用来作为非阻塞矩阵。这个概念可实现很高的扩展性，也就是端口密度，和交叉开关矩阵相比，其扩展性高于特定的交叉开关矩阵。思科 Nexus9000 系列交换机使用了这种 SoC 矩阵概念，在编写本书时，它成为了市场上可获得的最高密度的模块化交换机。

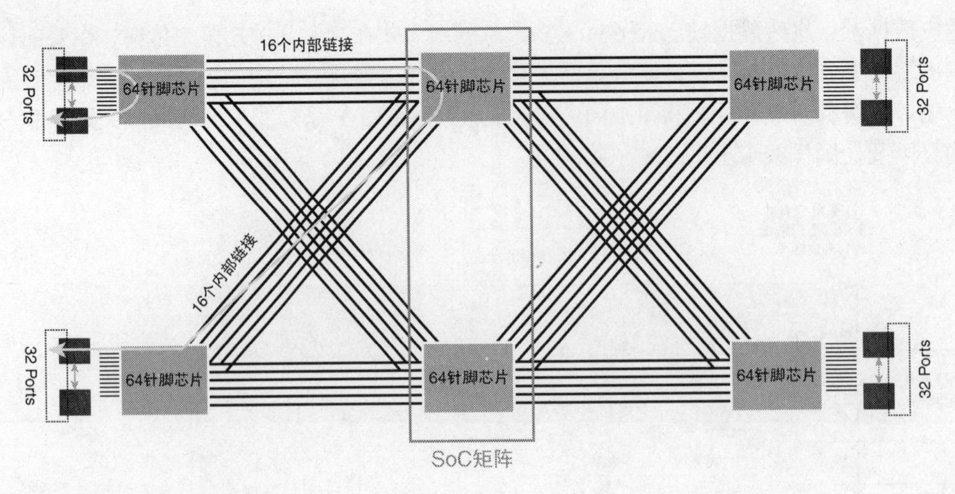

图 10-20 矩阵 SoC 架构

10.3 QoS 基础知识

数据中心的服务质量需求和园区网的需求是不同的。在数据中心使用 QoS 对于合适的延迟敏感型应用提供高于长流型应用的优先等级是很重要的，在本节还会描述如何使用 QoS 保证存储流量正常工作及满足其他特定的需求。

10.3.1 数据中心 QoS 需求

其切入点是查看流量、应用和 SLA，例如语音和视频的 QoS 需求。现在，VoIP 和视频是主流技术。搭建网络设备提供网络上可靠和高品质的 VoIP 和视频已经有很多文档并被广泛理解。理解在数字媒体上的语音和视频流在每一跳和端到端的行为是很关键的。例如，对于语音流量，编解码器接收了模拟数据流并产生 20 毫秒采样的二进制数据，如图 10-21 所示。为确保语音流量不被中断，延迟在发送端和接收端解码后不能超过人耳 150 毫秒的感知间隔。为满足这个需求，网络设备要有优先队列。因此，当流量到达网络终点，它看上去和其出发时是一样的。视频增加了不同的需求：数据率是不一致的，例如，如果视频流正在传送，数据可以被缓存，但如果视频是实时的，它应该不能被缓存。

和语音相比，视频对丢包更加敏感，具有更高的数据量，而且编解码器每 33 毫秒采样一次。

企业和园区对在硬件网络设备上的特殊的语音和视频嵌入 QoS 的需求，导致出现了一些 RFC 来对如何将应用映射到 QoS 模型上提供了指导。这就是 Medianet：RFC4594 如表 10-3 所示：理解 QoS 有助于满足搭建有特别需求的思科网络设备。

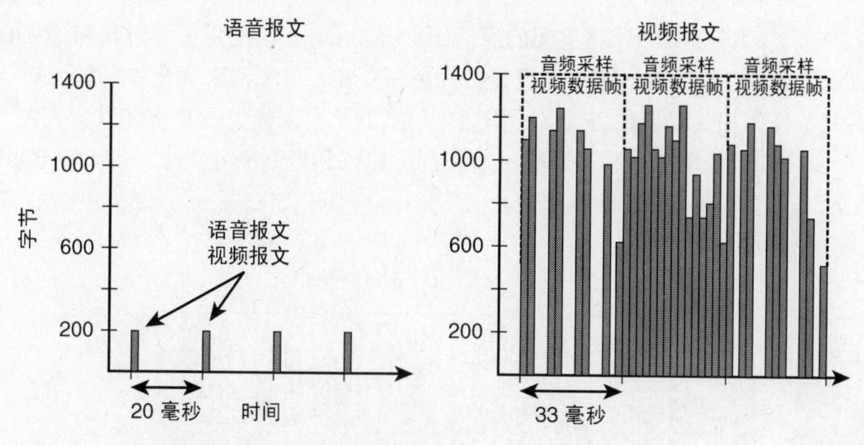

图 10-21 在报文级别上的语音和视频采样

表 10-3 Medianet RFC4594

应用等级	每跳行为	准入控制	队列和丢包	应用实例
VoIP 电话	EF	Required	Priority Queue (PQ)	Cisco IP Phones (G.711, G.729)
广播视频	CS5	Required	(Optional) PQ	Cisco IP Video Surveillance/ Cisco Enterprise TV
实时交互	CS4	Required	(Optional) PQ	Cisco TelePresence
多媒体会议	AF4	Required	BW Queue + DSCP WRED	Cisco Unified Personal Communicator, WebEx
多媒体视频流	AF3	Recommended	BW Queue + DSCP WRED	Cisco Digital Media System (VoDs)
网络控制	CS6		BW Queue	EIGRP、OSPF、BGP、HRSP、IKE
呼叫信令	CS3		BW Queue	SCCP、SIP、H.323
Ops/Admin/Mgmt (OAM)	CS2		BW Queue	SNMP、SSH、Syslog
交易数据	AF2		BW Queue + DSCP WRED	ERP App、CRM App、Database App
大量数据	AF1		BW Queue + DSCP WRED	Email、FTP、Backup Apps、Content Distribution
尽力服务	DF		Default Queue + RED	Default Class
清道夫	CS1		Min BW Queue (Differential)	YouTube、iTunes、BitTorrent、Xbox Live

数据中心需求

类似于传统园区网的特别要求，新兴的数据中心在诸如计算存储，虚拟化，云计算等方面也有特别的要求。该领域的特别需求是要理解如何在矩阵中处理包括 FcoE、iSCSI、NFS 等协议的收敛性和如何处理进程间和计算机间的通信（如 VMotion）。这些需求与语音和视频 QoS 以及园区网 QoS 是不同的。数据中心的设计目标是用吸收流量峰值来优化端到端的矩阵延迟的平衡，并避免任何相关的流量丢失。平衡矩阵的功能是实现最大吞吐率和最少丢包（也称为吞吐量），如图 10-22 所示。另外还有一些不同的协议和机制需要考虑，如 802.1Qbb、802.1az 和 ECN，这些都将在下面的章节讨论。

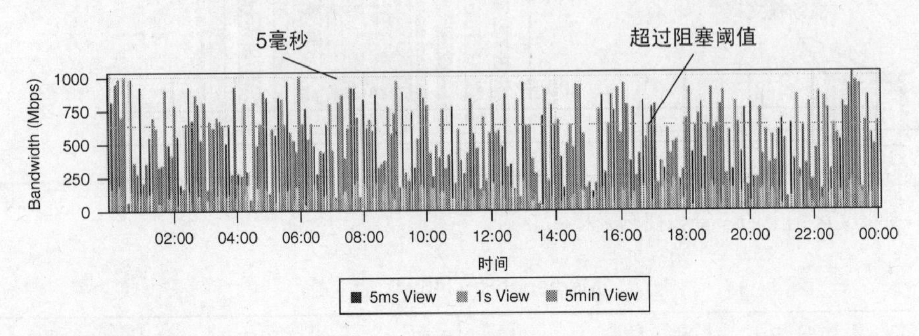

图 10-22 吞吐量

不同数据中心场景的 QoS 类型

数据中心设计会产生以下许多不同的流量类型。

- 非丢包存储流量
- 高性能计算工作负荷
- 存储
- vMotion

从 QoS 需求的视角来看有以下不同趋势。

- **超低延迟网络**：该设计是没有网络 QoS 的，尽量少地使用队列，以避免对应用在网络中造成延迟。
- **高性能计算和大数据工作负荷**：流量是东西向突发的，incast 现象（多对一会话）和速率不匹配问题需要吞吐率和缓存能力。
- **超大规模数据中心**：需要通过丢弃流量来优化 TCP 吞吐率，这是通过 ECN 和 DCTP 来表述的。
- **虚拟化数据中心**：QoS 可以帮助处理不同流量类型的优先级，这些流量可以是非虚拟化数据中心中的常见流量，也可以是虚拟化服务器上如 vMotion 等的特定流量。

信任、分类和标识边界

QoS 的一个关键考虑是理解在哪里分类和标记流量。在园区网环境，信任边界开始于第一条连接网络设备的线缆，默认情况下，假定是不信任外部网络的，如图 10-23 所示。在数据中心，默认情况下，通常是信任。因此，默认的 QoS 的设置是不同的。

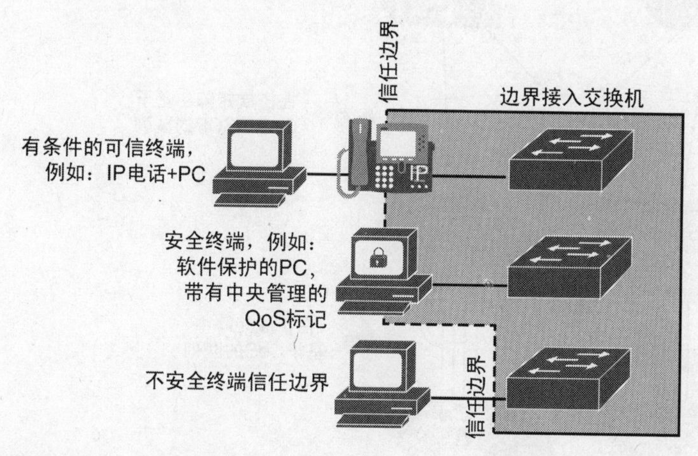

图 10-23 信任边界

在数据中心，QoS 信任边界是虚拟机连接到虚拟交换机的地方。访问边界被移到服务器里并且默认是信任的。2 层 QoS（基于 COS）是在从主机一直到 3 层边界的任何网络设备上执行的。3 层 QoS（基于 DSCP）是在网络设备前往外部时执行的。

图 10-24 描述了信任边界和在何处分类和标记。加上默认的信任行为，数据中心 Nexus 交换机默认是信任任何到达交换机上的标记：COS 或 DSCP。如果需要，改变默认行为到非信任是可行的。离开 VM 的流量通常是不被标记的。因此对于不同的 VM 流量，虚拟交换机需要被配置来标记 CoS 值。

数据中心 QoS 模型是 4 种、6 种或 8 种的分类模型。可以得到的分类的数量根据所用的硬件不同和数据中心矩阵所用的硬件配置而不同。对于数据中心 2 层 QoS 或基于 CoS 的 QoS，有较高的需求，这是因为 IP 和非 IP 流量都要被考虑到（FCoE）。因此，常见的共同特性是使用基于 CoS 的 QoS。

在多租户环境下，如表 10-4 所示，FCoE 使用 CoS 值 3，表 10-3 语音运营商控制流量采用 CoS3。这里可能会有潜在的重叠和冲突。在这个场景下，整体设计和选择哪个 CoS 值用于标记这些流量类型中的某个，都要具体问题具体分析。常见的语音和 FCoE 不会出现在同一个地方，但它们是可以同时存在的，每个都使用 CoS 值 3。在此情况下，这些流量一起汇聚到交换机上时就需要重新映射。

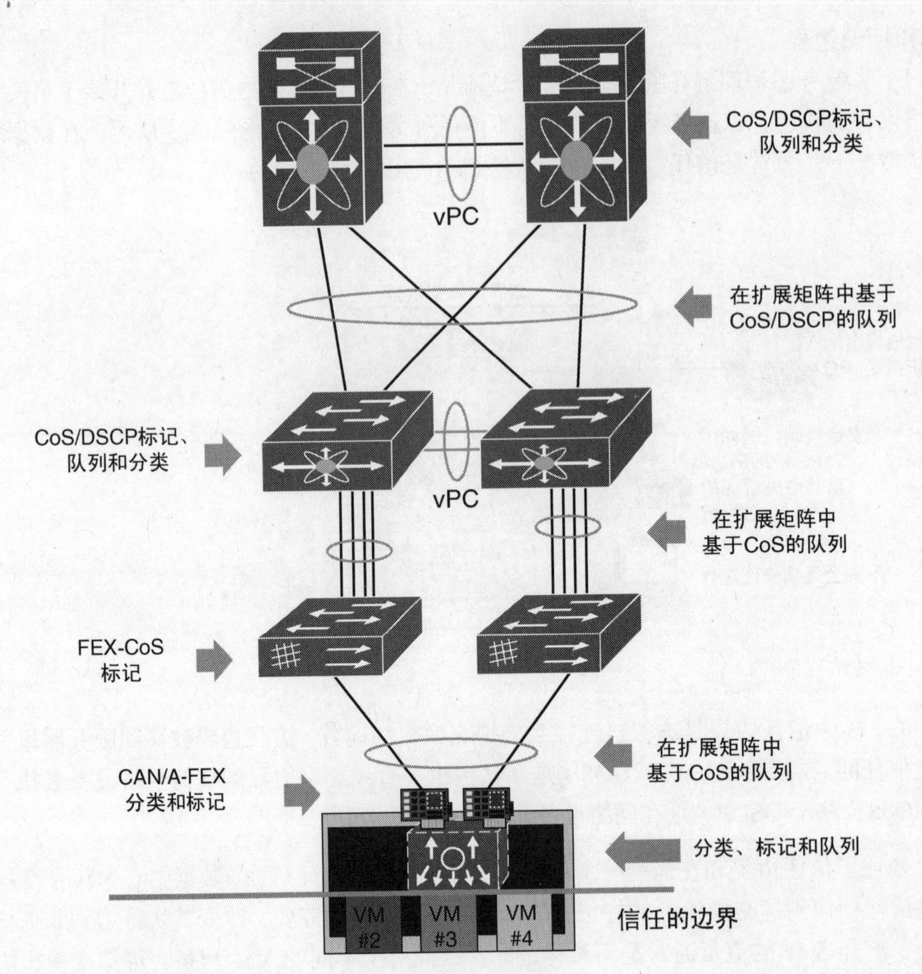

图 10-24 数据中心拓扑中的 CoS 和 DSCP 边界

表 10-4 流量类型的 CoS 建议值

流量类型	网络分类	CoS	分类，属性，BW
基础架构	控制	6	白金，10%
	vMotion	4	银，20%
租户	交易	5	金，30%
	银，交易	2	铜，15%
	铜，交易	1	尽力服务，10%
存储	FcoE	3	不丢包，15%
	NFS 数据存储	5	银
未分类	数据	1	尽力服务

10.3.2 数据中心 QoS 功能

本节从讨论缓存的基本交换概念和过度缓存开始介绍 QoS 功能。这些概念适用于所有平台上，而非只是数据中心。接下来会详细介绍，思科 Nexus 产品在数据中心特定的功能实现，并且包括处理存储流量和高优先级流量，以及新兴的诸如数据中心 TCP 和 flowlet 交换。

理解缓存调用

理解缓存是理解 QoS 功能、交换机架构和更广泛的如何设计数据中心矩阵的关键。本节介绍当使用缓存时，主干交换机和叶节点交换机选择的缓存大小对设计主干-叶节点式数据中心的影响。

数据中心交换机的缓存被用在下列 4 种场景。

- **由多对一会话造成的过载**：也就是所谓的 incast 或者多打一的会话，如图 10-25 所示。在此场景下，多个输入端口发送流量去一个特定的输出端口。当调度器处理数据帧到特定的虚拟输出队列时，由于调度器忙，其他到达的数据帧不得不等待它们返回。等待延迟是调度器延迟的因素之一，对于 Nexus 交换机来说是以纳秒来衡量的。在此等待时间里，数据帧被缓存在输入端直到被处理。数据中心里常见的此类案例是服务器通过交换机上行端口发流量到互联网或远端存储设备。

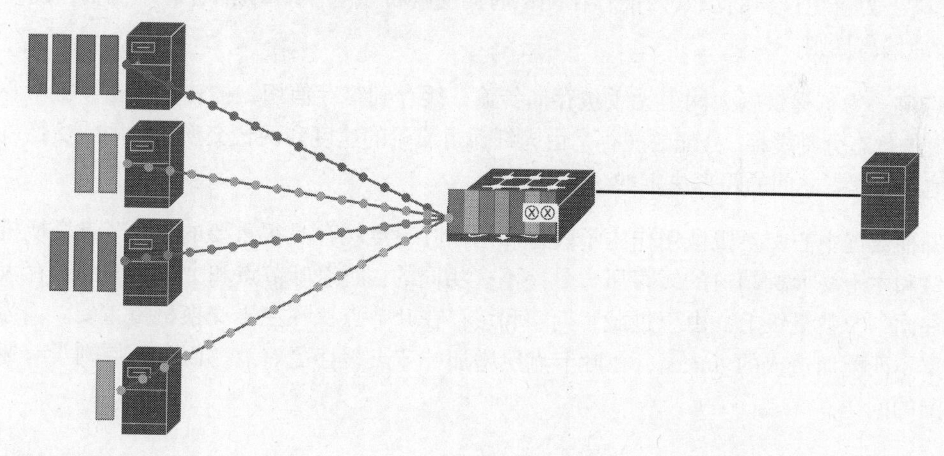

图 10-25 Incast

- **速率不匹配**：这也被称为上联速率不匹配，如图 10-26 所示。当接收端口的速率和输出端口的速率不同的时候，缓存开始工作。会有两种场景：低速到高速，以及高速到低速。在低速到高速的场景中，输出端口的线性化延迟的数值相对其他端口是较低的，为了被更快地发送到输出端口，这会需要足够的数据帧被存储，而这些都发生在缓存内存中。在其他场景，高速到低速时，数据帧到达的速度高于输出端口的线性化延迟，因而缓存也会发生。

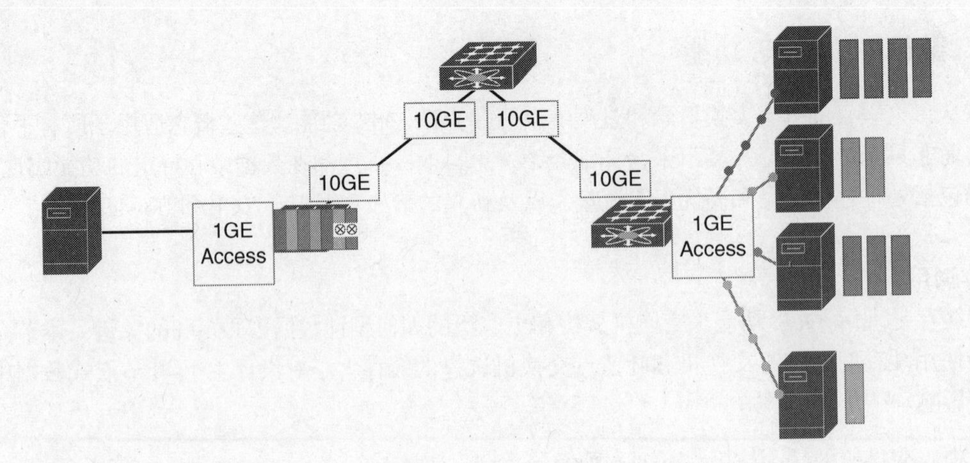

图 10-26 速率不匹配

- **突发流量**：这发生在当突发报文发送到线路上，并且其数值高于交换机在线速时可以处理的每秒报文数。例如，在 10GE 接口上高于 10GE，交换机将对突发报文进行缓存。这可以在非常短的持续时间下的组播突发报文的高频交易（HFT）环境中看到。这也称作瞬间突发。这可在数据中心基准测试中的测试交换机吞吐率时看到。如果测试仪在端口上发送 100%吞吐率，它实际上可以比交换机在同个端口上认为 100%的吞吐率更高。为避免这样的场景，推荐在测试时向交换机发送 99.98%的吞吐率流量，以补偿标准偏离规则。

- **存储**：为了提供以太网上无丢包存储传输，缓存到缓存信用，被转换成在数据中心交换机上的静态分割缓存。分配的缓存是由光纤通道流量的速度和两台交换机之间或交换机和目的地或发起者之间的距离决定的。

理解哪种数据中心交换机被用作主干缓存和用作叶节点缓存是很重要的。叶节点交换机上联端口和主干交换机端口的缓存压力是差不多相同的，所以叶节点和主干之间的缓存大小需要在同一个数量级上。由于过载，拥塞和缓存在叶节点比在主干交换机更重要。因为会有速率不匹配而造成的 incast，在叶节点层增加叶节点缓存更有效，而主干层则没有速率不匹配的问题。

过度缓存

硬件交换提供性能，扩展性和可靠性。然而，只有有限数量的逻辑功能可以被嵌入到交换机的 ASIC 中。这是受限于 ASIC 的尺寸、ASIC 的频率以及 ASIC 可以承载的门电路的数量。ASIC 越大，半导体可能的失效率就越高。

在硬件上，以下类别将受限于可以获得的逻辑空间大小。

■ 缓存大小

■ 表项大小（2 层、3 层、单播和组播）

■ 硬件功能的数量（转发、ACL、NAT 等）

思科 Nexus 交换机被设计部署在数据中心的特定场合，缓存大小被优化以满足这些用途。叶节点层比主干层需要有更多的缓存能力，主干和叶节点上的缓存数量级需要成比例。随着交换机能够处理越来越快的速度（10GE、40GE 和 100GE），传输到交换机上相同数量的流量所需的缓存数量会明显越来越少。

图 10-27 显示了在东西向网络中 1TB 的 Hadoop terasortjob 数据传输的网络视图。在网络上相同工作和负载的两个场景下检测了缓存的使用量。第一个案例包括 1GE 网卡和交换机端口，第二个案例是 10GE 端口。由于 10GE 网卡工作完成的更快，所以观测到的主要区别是缓存使用量。和 1GE 相比，端口速率是 10GE 时，交换机缓存使用量更少。

速率越高，对于相同应用工作所需的缓存就越少。图 10-27 显示了测试结果。

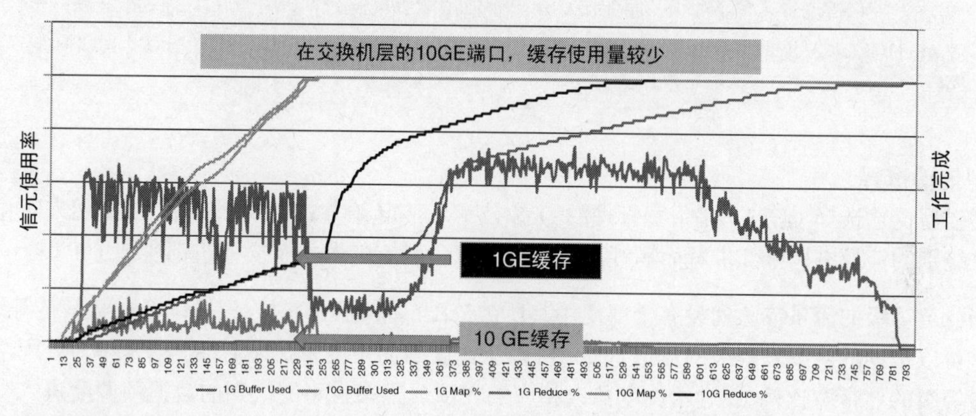

图 10-27 SoC 交换机上 10GE 或 1GE 端口在相同测试中的缓存使用量率

优先流量控制

优先流量控制（PFC）是用来提供针对存储类型流量的无丢包传输媒介能力的 QoS 技术。PFC 在 IEEE802.1Qbb 文档中定义。该技术的理念是使用 PAUSE 数据帧信令消息方式：交换机和其他节点，不管是不是其他交换机，目标对象还是发起者，发送在 IEEE802.1p 中定义的特定 CoS 位指定为此等级流量的 PAUSE 帧。此 CoS 位是被指定为无丢包等级的流量，一般而言，FCoE 使用 CoS3。剩下的其他等级的流量被赋予其他 CoS 值而继续传输，并依靠上层协议可以重传。尽管这种非丢包等级的 PFC 不是为了 FCoE 而设计的，但目前它主要是用作 FCoE。图 10-28 演示了 PFC。

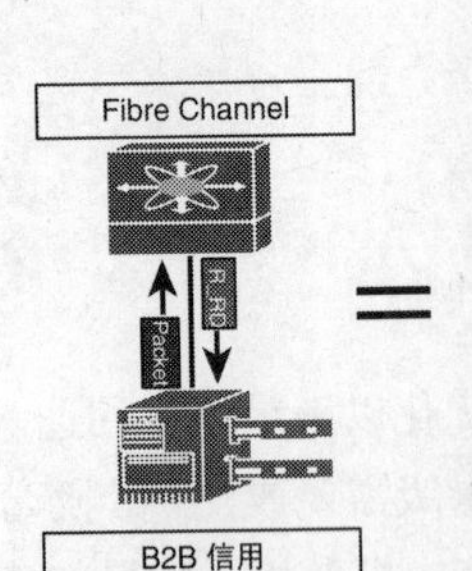

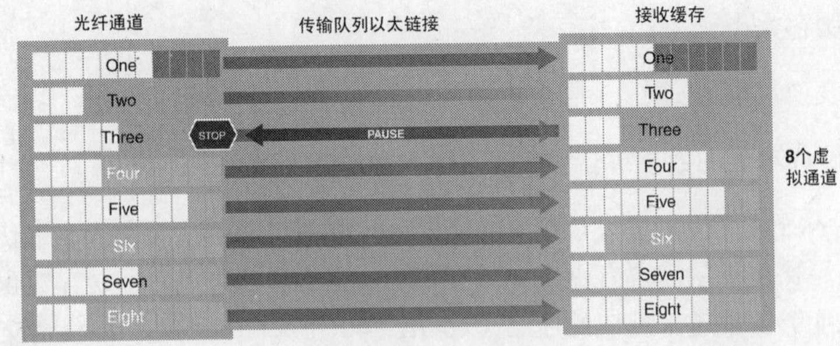

图 10-28 优先流量控制

例如，交换机的某个上联端口发生拥塞。当交换机缓存使用量开始上涨到某个特定的阈值，交换机发出 PAUSE 帧，并往下游转发，要求流量发送方暂停发送。反过来，也是这样，Nexus 交换机也遵循此规则，当收到请求时，暂停流量，然后当其缓存用满时，它就发出 PAUSE 帧并且转发它。

被赋予其他 CoS 值的其他流量继续传输并依靠上层协议实现重传。

注意 需要对 iSCSI 流量非常小心。不要对 iSCSI 流量使用非丢包队列，因为当在多跳拓扑下使用时，会产生 HOLB。只有非常特定的设计场景会从 iSCSI 在非丢包级别中获益：即在当目标对象和发起者在同一台交换机内已经没有多跳时。因此，推荐是一般情况下不要将 iSCSI 放置在非丢包队列。

增强型传输选择

增强型传输选择（ETS）是带宽管理的 QoS 技术。其定义为 IEEE802.1Qaz. ETS 用来防止单个级别的流量占用全部带宽而牺牲其他级别流量。所有的 Nexus 交换机都实现了 ETS。

当特定等级的流量或队列没有全部使用其所被分配的带宽比例时，它可以释放给其他等级。这可以帮助适应突发等级的流量。另外可以从调度器的角度来描述 ETS。ETS 作为分配给流量等级的“带宽比例”，它给调度器以相应的权值。当来自不同级别的数据帧调度进入交叉开关矩阵或 SoC，它们将会获得一个和等级相应的权值，然后调度器会根据这个权值来分配数据帧数量。图 10-29 显示了针对 3 种不同级别的流量（HPC、存储和 LAN）的 ETS 配置。

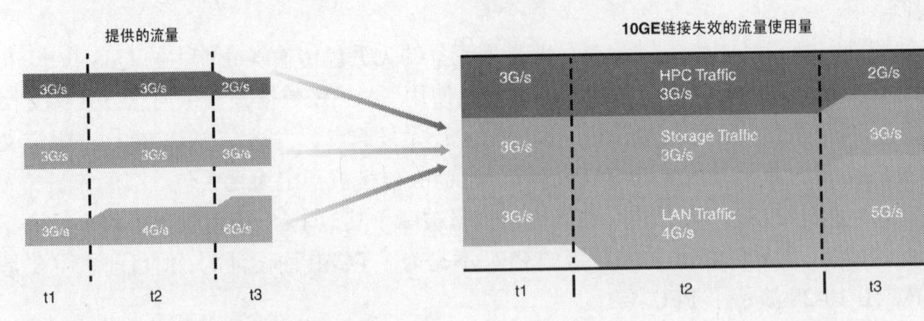

图 10-29 ETS 实现的 3 种队列

数据中心网桥交换

数据中心网桥交换（DCBX）是 ETS 对 IEEE 标准 802.1Qaz 的扩展。DCBX 和潜在的 DCBX 邻居进行以下以太网功能的协商。

- **PFC**：特定队列的流量类型。
- **ETS**：分配给每个队列的带宽比例总量。
- **CoS**：数据中心网桥邻居设备使用的 CoS 值。

DCBX 通过从一个节点到另一个节点配置和发布参数，简化了管理。DCBX 负责发出以太网和光纤通道的逻辑链路的通和断的信号。它可以等同看作是带有新的 TLV 域（Type-Length-Value）的 LLDP。它的最早的，作为标准的草案，被称作为 CIN（Cisco、Intel、Nuova）。DCBX 在 CIN 中增加了额外的 TLV。当 DCBX 协商失败时，它会对每个优先级实施暂停，而不在 CoS 值中使用优先级；当使用 FCoE 时，虚拟光纤通道（vFC）接口也不会启动。然而当有邻居连接到 Nexus，并且它不具备 DCBX 功能时，DCBX 可以手工配置。DCBX 可以概述为管理数据中心 QoS 配置（PFC、ETS、CoS）的握手信号。思科 Nexus 交换机全都具备 DCBX 功能，并且默认该功能是打开的。

注意 TLV 代表了可被编码作为协议中的 Type-Length-Value 或者 TLV 组件的选项信息。TLV 也称为 tag-length 值。其类型和长度是固定长度的（通常 1 至 4 个字节），其值域是可变值。

vFC 代表了 FCoE 的光纤通道部分。vFC 被配置作为虚拟光纤通道接口。

ECN 和 DCTCP

早期拥塞通知（ECN）和数据中心 TCP（DCTCP）是有助于提高数据中心吞吐率的机制。它们将拥塞事件从网络中排除出去，并且帮助避免 TCP 丢包。当 TCP 丢包时，TCP 报文的窗口大小减半丢包，并且吞吐率不断缓慢增长，产生非优化吞吐率。ECN 和 DCTCP 被用来尽可能避免这种 TCP 丢包。

ECN 是 TCP 的扩展，可以提供端到端的拥塞通知以避免丢包。网络基础设施和终端都必须支持 ECN 才能正常工作。ECN 使用 IP 包头的 DiffServ 域的两个最低位，编码成 4 个不同的值。在拥塞期间，路由器标记报文的 DSCP 头以向接收主机表明拥塞（0x11），主机会通知源主机降低传输率。Nexus 设备支持 ECN，这意味着当 ECN 功能在主机上打开时，Nexus 设备就能逐渐减速，恰当的避免丢弃 TCP 或者是反过来，而当主机拥塞时，它就标记 ECN。

DCTCP 是 ECN 的增强。DCTCP 的目的是在拥塞范围内按比例做出反应，而不仅是只针对拥塞是否出现进行反应。它降低了发送速率的变化，减少了队列的需求。DCTCP 标记是基于瞬间队列长度的。通过了解报文长度或拥塞深度，可对突发流量产生更快的反馈，以达到更好地处理。

采用不同的 ECN 标记，鉴于 ECN 是固定值的 50%，DCTCP 降低窗口尺寸到一个可变数值，

表 10-5 显示了其中的差别。

表 10-5 DCTCP 有助于 TCP

ECN Marks	TCP	DCTCP
1 0 1 1 1 1 0 1 1 1	Cut window by 50%	Cut window by 40%
0 0 0 0 0 0 0 0 0 1	Cut window by 50%	Cut window by 5%

优先队列

Nexus 交换机上的优先队列概念不同于 Catalyst 交换机上的优先队列。理解这些不同，对于数据中心的设计非常重要。

Nexus 交换机上只有一个优先队列，不可能对流量进行整形或速率限制。优先队列的原则是任何被映射到优先队列的流量总是被调度器首先处理，而且该队列所使用的带宽是没有限制的。它是不考虑包括存储流量在内的其他所有流量的。当决定使用优先队列时，由于它会用完所有的带宽，所以请特别小心。通常它是用于语音控制流量或特定的需要优先级的低带宽流量。另外当使用优先队列时，带宽会按比例分配给所有剩下的队列。一旦优先队列被使用了，它们就会收到一定比例的可用带宽。带宽比例只有当遇到拥塞时才会使用。如果只有一个等级的流量正在流经交换机，它将会用尽所有它所需的带宽。

举例来说，假设正在使用 3 个 QoS 队列：高优先级、大流量和清道夫流量。大流量分配得到 60%的带宽，清道夫流量得到 40%带宽。优先级并没有在配置中分配比例并且通常显示值是 0。假定在链路上使用 10GE 流量，优先队列会获得 20%,也就是 2GE。剩下 80%，也就是 8GE，被分配给大流量和清道夫流量。大流量然后就获得 8GE 的 60%，也就是 4.8GE，而清道夫流量就有 8GE 的 40%，也就是 3.2GE。

作为 Nexus 只有一个优先队列并且没有整形功能的例外是，当在 Nexus7000 上使用特定线卡时。通常这会是 M 系列线卡，它提供了更接近于为企业核心或汇聚离开数据中心的流量而设计的 Catalyst 交换机的功能。

迁移到 F 系列线卡的趋势将鼓励在数据中心采用这种对优先队列的特别处理方法。

Flowlet 交换：Nexus9000 矩阵负载均衡

思科 Nexus9000 产品线在硬件上实现了被称为 flowlet 交换的新的矩阵负载均衡功能。当前的最新技术，等价多路径（ECMP），使用 5 元组作为哈希算法的参数将流量导入 3 层矩阵中不同的上联路径。到目前为止，ECMP 不能在多个路径上发送相同数据流的多个突发流量，也不能考虑到矩阵的使用率。

在 ACI 中，等价多路径被 flowlet 负载均衡所替代，以减少生成拥塞热点的机会。Flowlet 负载均衡通过根据所有路径上源和目的交换机之间所能获得的带宽来将流量进行更平均地分担的方法来实现此结果。flowlet 交换可以对给定数据流（称为 flowlet）不同的突发流量进行负载均衡，并且能够在矩阵拥塞时调整负载均衡的权值。

采用 flowlet 负载均衡，矩阵通过数据平面硬件检测可以跟踪在输入和输出叶节点交换机之间的全部路径上的拥塞。它可以发现交换机到交换机端口或外部线路的拥塞和内部 SoC 到 SoC 或内部线路的拥塞。正在发生的数据流可以被动态地从拥塞路径切换到非拥塞路径。采用 flowlet 负载均衡就不会发生报文乱序。对于每个报文数据流会有算法计算其距离，并且报文间距必须大于相同数据流在矩阵中传输时每个报文所花的时间。图 10-30 演示了 flowlet 负载均衡。

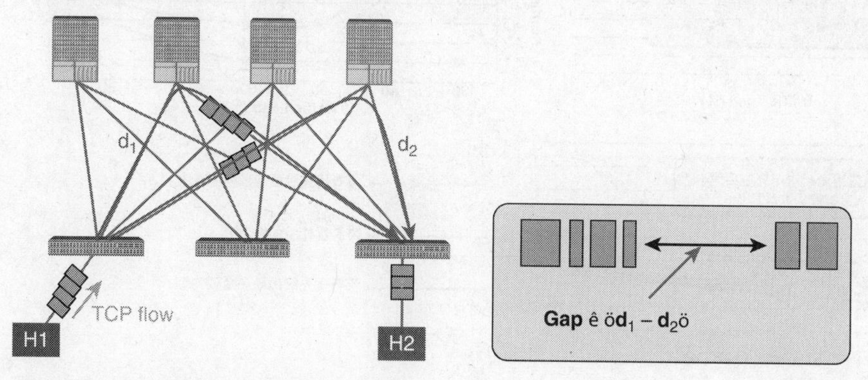

图 10-30 穿过矩阵的 flowlet 负载均衡

ACI 还能提供被称之为动态数据流优先的使小流量数据流比大流量数据流（长流）获得更多优先级的能力。数据中心的流量总是各种数据帧长度的混合。生产网流量同时有大流量和小流量的数据流。动态数据流优先将小流量数据流放在优先队列里，从而获得比大流量数据流更高的优先级。为小流量数据流提供比长流更高的优先级，和长流传输完成时间上相比，基本上没有影响，但对于小流量数据流传输完成却有很大的帮助。图 10-31 描述了优先级。

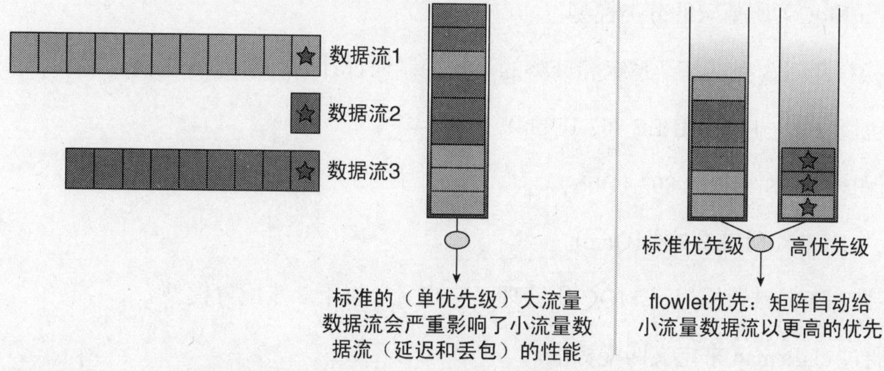

图 10-31 与大流量数据流相比，flowlet 对小流量数据流的优先

图 10-32 描述了和 ECN/DCTCP 相比，思科 Nexus9000 系列交换机的 flowlet 交换对应用性能的提升。该图片显示了在正常情况下和链路失效情况下，不同等级的流量传输完成的时间。和数据中心 TCP 相比，采用动态数据流优先和拥塞检测的 flowlet 负载均衡技术带来以下好处：它并不需要修改主机堆栈，它是协议独立的（TCP 和 UDP 对比），在拥塞时，它提供了更快的检测时间。

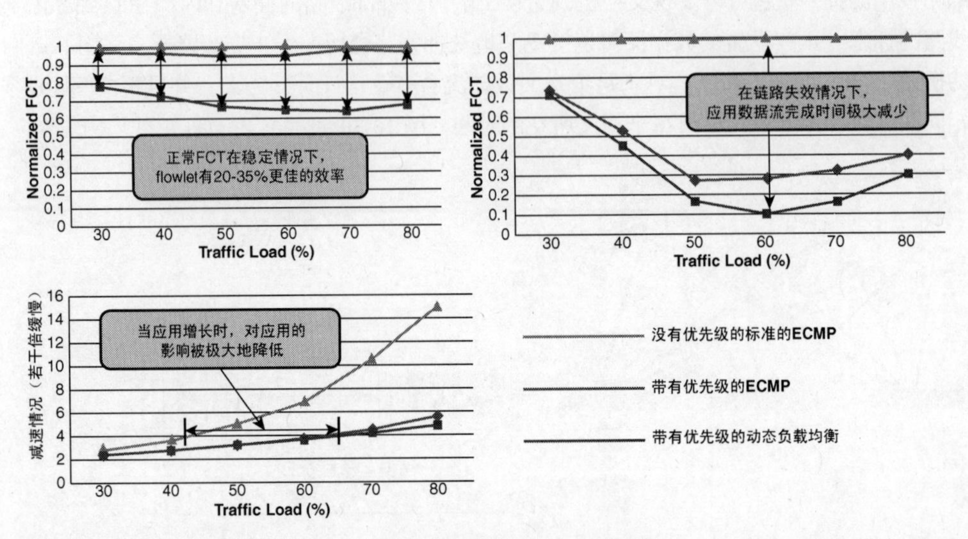

图 10-32 和 ECN/DCTCP 相比，flowlet 交换提升了应用性能

注意 更多的信息可以在下面的 SIGCOMM2014 参考文献“CONGA：数据中心分布式拥塞感知负载均衡”找到（http://simula.stanford.edu/~alizade/publications.html）。

10.3.3 Nexus QoS 的实现：MQC 模型

QoS 配置模型在 Nexus 数据中心交换机上是跨平台保持一致的。所有的模块都使用模块化 QoS CLI （MoC）所基于的分类模型。

Nexus 交换机支持为提供基于系统和分类的流量控制而设计的一套 QoS 功能。例如：

- 无丢包以太网：PFC（IEEE 802.1Qbb）。
- 流量保护：ETS（IEEE 802.1Qbb）。
- 配置： DCBX（IEEE 802.1Qaz）。

这些功能被加入并被通用思科 MQC 所管理，它定义了以下 3 步配置模型。

第 1 步 通过 class map 来定义匹配标准。

第 2 步 通过 policy map 来关联每个定义的分类所相关的动作。

第 3 步 通过 service policy 将策略应用到系统或接口上。

Nexus1000v/3000/5000/6000/7000/9000 采用 MQC qos-group 功能来区分和定义策略配置中的流量，详情请参见表 10-6。

表 10-6 QoS 配置原则

	（1）QoS 类型	（2）QoS 网络类型	（3）队列类型
分类	ACL、CoS、DSCP、IP、RTP、Precedence、Protocol	系统分类匹配的 qos-group	由 qos-group 系统分类匹配
策略	在系统分类中设置 qos-group，该流量被映射到 set DSCP（7k/5500/3k）	MTU Queue-Limit (5k) Set cos Mark 802.1p ECN WRED (3k)	带宽管理：保证调度 DWRR 比例，优先级和暂停无丢包：严格优先调度；在给定队列策略中，只有一个分类可被配置为优先级

QoS 功能默认是打开的，并且是一个默认分类（NX-OS 默认）。

QoS 策略定义了系统如何分类流量并分配到用户定义的 qos-group。qos-group 以某个数值被映射到硬件队列；例如，qos-group 1 是指第一个硬件队列。思科 Nexus 7000 产品采用预先定义的 qos-group 名称，思科 Nexus 6000、5000、3000 产品使用 qos-group 数字概念。QoS 策略可以被放在端口上，或放在全局系统上。

网络 QoS 策略定义了系统策略，例如所有端口会认为哪个 CoS 值作为丢包或非丢包，或数据帧的 MTU 大小等。network-qos 命令只有对于整个系统全局有意义。

入口队列策略定义了入端口如何缓存所有通过矩阵的去往目地的入口流量。出口队列策略定义了出端口如何在线路上传输。从概念上说，它控制了所有入端口是如何调度通过矩阵前往出端口的流量（通过控制向仲裁器报告可用带宽的方式）。队列策略可以在接口或者全局系统执行。

对于 network-qos 策略类型，在所有交换机上对应用策略保持一致是很重要的，如图 10-33 所示。

- 在交换机上对所有接口定义全局队列和调度参数。区分丢包和非丢包等级、MTU 等。
- 对于所有端口，每个系统应用一个 network-qos 策略。
- 在数据中心网络，network-qos 策略应该在全网范围内保持一致，特别是在无丢包端到端一致性上是必须的要求的时候。

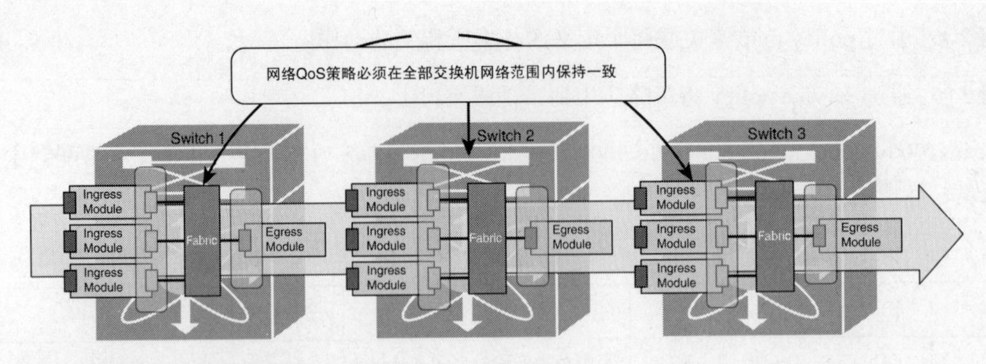

图 10-33　network-qos 策略一致性

例如，数据中心网络有需要 MTU 是 1500 字节的流量。它同时有 MTU 是 9216 字节的存储流量。如果数据中心网络流量和存储流量都需要通过同一台主干交换机，并且有相同的流量模式，那么在全部网络设备上 MTU 可被设置成超长帧 9216 字节。这会在整个数据中心网络范围内提供 network-qos 策略的一致性。

10.4　小结

本章描述了基于 SoC 矩阵的交叉开关矩阵架构的交换机架构的区别。它和传统通用目的交换机相比的一个区别是队列机制。在数据中心，队列主要是在输入端口，而不是输出端口，这可以得到更佳的性能。交叉开关矩阵技术从历史上看，能够提供扩展到更大端口密度的能力。交叉开关交换机架构和直通交换相结合，可以在不同的报文长度下，使线速交换获得稳定的超低延迟能力。这些架构支持存储网络运行无丢包以太网，超低延迟，以及具有确定延迟的大数据环境。其所支持的优化还使用直通交换机制和交叉开关矩阵，而后者具有比最小需求还要多的交叉节点、虚拟输出队列、超速和超级帧功能。使用 SoC 矩阵来搭建多级 SoC 架构已经成为一个更加新的趋势。表 10-7 总结了每种型号的交换机的架构。

表 10-7　每种型号的交换机架构

交换机型号	交换种类	架构队列	技术
Nexus9500	直通交换	多级 SoC	中央共享输出
Nexus9300	直通交换	SoC	中央共享输出
Nexus7700/7000 F	线卡存储	转发多级交叉开关矩阵和 SoC	输入缓存
Nexus7000 M	线卡存储	转发多级交叉开关矩阵和 PC	输出缓存
Nexus 6000	直通交换	交叉开关矩阵和 UPC	输入和输出共享
Nexus 5000/5500	直通交换	交叉开关矩阵和 UPC	输入队列
Nexus 3500	直通交换	SoC	中央共享输出

续表

交换机型号	交换种类	架构队列	技术
Nexus 3100	直通交换	SoC	中央共享输出
Nexus 3000	直通交换	SoC	中央共享输出
Nexus 2000	直通交换	SoC	中央共享输出

*PC 是指端口控制 ASIC，UPC 是统一端口控制 ASIC，能够处理 FC/FCoE

在数据中心，交换机需要适应多种应用以及存储。不同的应用模式根据环境的不同而出现：ULL、HPC、大数据、虚拟化数据中心、MSDC 等。存储可以是光纤通道或者基于 IP。这些需求推动了交换机架构来适应为数据中心环境开发特别的 QoS 功能：PFC、ETS 和 DCBX。在更高的 40GE 和 100GE 端口密度的需求下，更新的交换机提供了更高密度的交叉开关矩阵架构和无阻塞多级 SoC 矩阵架构，例如思科 Nexus9000 系列交换机，提供了高达 100 万条路由表和超低延迟直通交换能力。本章还描述了最新的在等价链路上进行流量分担、拥塞检测和小流量数据流优先的技术。这些新技术大大增强了吞吐率，降低了阻塞热点形成的机会，并且在链路失效时改善了应用完成时间。

总结

作为本书作者，我们希望能彻底地、更精确地解释和澄清当前数据中心所发生的变化，以及如何采用思科 ACI 技术搭建现代化的数据中心。我们相信网络正处于由应用部署速度和数据中心运维更经济的需求所驱动的巨变的前夜。

网络正在采用已经被服务器管理领域所证实的运维模型。在阅读本书时可以得出这样的结论，数据中心的未来具有众多变化带来的下列特征。

- 使用策略来定义网络负载的连接，而不仅仅是使用（或协同）传统的子网、VLAN 连接和 ACL。
- 将基于主机路由和映射数据库的路由流量转向终端。
- 脚本的应用，特别是将 Python 作为最广泛使用的语言之一。
- 为开发人员应用自动化工具和自助分类，使他们能启停他们自己的网络。
- 新兴技术帮助更易于从同一切入点（控制权）运维大大小小的基础设施。
- 新兴的故障排除工具可以更易于将潜在的“应用”上的性能问题与网络关联起来。

本书还讨论了下列议题。

- 策略驱动的数据中心概念和涉及到的运维模型。
- 如何用这些概念来搭建思科 ACI 网络。
- 设计 ACI 解决方案的方法论。
- 如何将服务集成到网络中。

- 如何集成虚拟化管理程序，如何集成 OpenStack。

撰写本书的目的是解释新的数据中心的概念和方法论，以及展示思科 ACI 架构，实现设计和整体技术。